服务器配置与应用
（Windows Server 2016）

柴方艳　主　编
赵　杰　张　岐　副主编

電子工業出版社
Publishing House of Electronics Industry
北京·BEIJING

内容简介

本书以目前性能稳定并被广泛使用的 Windows 系列网络操作系统 Windows Server 2016 为平台，对 Windows 网络操作系统的应用进行全面讲解。全书以大量的系统配置实例兼具通俗易懂的理论知识及完整清晰的操作过程为特点，内容涵盖安装 Windows Server 2016、配置网络与工作组环境、配置文件和打印服务器、Active Directory 域服务、本地安全策略与组策略应用、磁盘管理、配置 DHCP 服务、配置 DNS 服务、搭建网站和 FTP 站点、部署远程访问服务、PKI 与证书服务、搭建虚拟环境，以及备份与常见故障排除。本书以企业网络规模逐渐扩大的项目建设为背景，通过分析具体项目需求，提出需求的解决办法，引导读者完成学习目标。通过本书的学习，读者可完成中小企业局域网常用网络服务的搭建及服务器的运维。本书注重职业能力和实践技能的培养，按项目实施流程设计操作步骤，突出实用性和实践性。

本书可作为高等院校计算机相关专业的教材，也可作为广大计算机系统管理和系统维护人员的参考用书，还可作为计算机网络方面的培训教材。

图书在版编目（CIP）数据

服务器配置与应用：Windows Server 2016 / 柴方艳主编. —北京：电子工业出版社，2021.1
ISBN 978-7-121-40117-6

Ⅰ. ①服… Ⅱ. ①柴… Ⅲ. ①网络服务器－配置 Ⅳ. ①TP368.5

中国版本图书馆 CIP 数据核字（2020）第 242292 号

责任编辑：满美希　　文字编辑：宋　梅
印　　刷：北京盛通商印快线网络科技有限公司
装　　订：北京盛通商印快线网络科技有限公司
出版发行：电子工业出版社
　　　　　北京市海淀区万寿路 173 信箱　邮编　100036
开　　本：787×1092　1/16　印张：17　字数：435 千字
版　　次：2021 年 1 月第 1 版
印　　次：2023 年 6 月第 4 次印刷
定　　价：69.00 元

凡所购买电子工业出版社图书有缺损问题，请向购买书店调换。若书店售缺，请与本社发行部联系，联系及邮购电话：（010）88254888，88258888。

质量投诉请发邮件至 zlts@phei.com.cn，盗版侵权举报请发邮件至 dbqq@phei.com.cn。

本书咨询联系方式：mariams@phei.com.cn。

前 言

Windows Server 2016是稳定的64位Windows Server操作系统，与之前的版本相比，在安全性、弹性计算、降低存储成本、简化网络、应用程序效率和灵活性等方面得到了显著的改善，其在整体操作性上更加贴近于Windows 10。Windows Server 2016操作系统为企业提供了一个安全、可靠、易于管理的高效服务平台。

本书以一个规模逐渐扩大的信息技术企业的网络需求为背景，从分析项目需求入手，为读者创设网络环境，内容以解决项目需求为主线，学习目标明晰。本书全面介绍了Windows Server 2016操作系统管理与常用网络服务配置方法，其内容涵盖安装Windows Server 2016、配置网络与工作组环境、配置文件和打印服务器、Active Directory域服务、本地安全策略与组策略应用、磁盘管理、配置DHCP服务、配置DNS服务、搭建网站和FTP站点、部署远程访问服务、PKI与证书服务、搭建虚拟环境，以及备份与常见故障排除。

本书共13章，按网络规模和网络项目实施流程来设计内容，以解决企业网络项目需求为目标，先介绍与项目需求相关的知识，再以案例的形式介绍满足需求而采取的操作步骤。各章均设置实训部分和习题部分，实训部分针对读者所学习的知识进行进一步领悟和运用，以达到熟练操作并拓展提升的目的。案例的选取力求还原真实的工作需求，使读者可以轻松、愉快地完成学习过程。全书内容具体安排如下：

第1章　介绍网络管理模式、Windows Server 2016的安装过程和Windows Server 2016的基本配置。

第2章　介绍Windows网络组件、网络参数的配置、网络测试工具的使用，以及本地用户和组的管理。

第3章　介绍NTFS的作用、应用规则，设置与访问共享文件，以及打印服务器配置与管理。

第4章　介绍域网络的作用及域环境网络搭建，域环境用户、组和组织单位的管理与应用，以及非域控制器域管理工具。

第5章　介绍本地安全策略和组策略的内容和作用，以及应用组策略实现用户环境控制、组策略应用规则和软件部署的方法。

第6章　介绍磁盘类型、磁盘分区，基本磁盘和动态磁盘规划与管理，以及运用存储池配置虚拟磁盘。

第7章　介绍DHCP租约过程、更新与释放租约的方法，以及DHCP服务器和客户端的配置与维护。

第8章　介绍DNS域名空间和域名查询模式相关知识、DNS服务器和DNS客户端的配置，以及DNS服务器的维护。

第9章　介绍IIS与WWW服务的相关知识，运用IIS搭建并配置Web服务器和FTP服务器，保障网站安全。

第10章　介绍远程访问服务的应用背景及相关协议，搭建远程访问服务器实现远程访问，搭建 RADIUS 服务器来控制远程访问。

第 11 章　介绍公钥加密技术和证书颁发机构等相关知识，搭建证书服务器，实现更安全的网站访问。

第 12 章　介绍服务器虚拟化的相关知识，创建虚拟交换机、Hyper-V 虚拟机，安装操作系统，管理虚拟机，在公有云上创建虚拟机。

第 13 章　介绍使用 Windows 备份工具备份和还原数据，以及高级启动选项中所有选项的作用和适用范围，以排除系统启动过程中的常见故障。

本书内容全面、结构清晰、图文并茂，所有操作可按照屏幕截图分步骤进行，读者可以边看书边上机操作，通过演示操作，更好地理解基础知识。为方便阅读，将每章内容涉及的主要英语单词整理出来放在每章首页。本书的基础知识介绍所占篇幅较少，充分体现以应用技术为重点，尽量避免讲解高难度的专业理论，使读者更容易上手。

本书由黑龙江农业经济职业学院柴方艳担任主编并负责全书的统稿工作，牡丹江师范学院赵杰和宁波职业技术学院张岐担任副主编。其中，第 6、7、8、9、13 章由柴方艳编写，第 3、4、5 章由赵杰编写，第 1、2、12 章由张岐编写，第 10、11 章由黑龙江农业经济职业学院庄伟编写。

本教材配套有教学课件、授课计划、操作视频，如有需要，请登录电子工业出版社华信教育资源网（www.hxedu.com.cn），注册后免费下载，或发邮件至作者邮箱 54332630@qq.com 索取。

柴方艳

2020 年 10 月

目　　录

第1章
安装 Windows Server 2016

项目需求：

ABC 公司是一家集计算机软／硬件产品营销、技术服务和网络工程于一体的信息技术企业，随着业务拓展和规模的扩大，需要购买 5 台服务器，作为文件服务器、打印服务器、域控制器和网站服务器等，考虑到服务器的硬件条件和能提供的网络服务，新购入的服务器要安装 Windows Server 2016 操作系统，并配置服务器的防火墙和 IE 安全级别。

学习目标：

- 理解客户机和服务器的概念
- 了解 Windows Server 2016 版本
- 会安装并激活 Windows Server 2016
- 会配置 Windows Server 2016 的防火墙
- 会完成 IE 增强的安全配置

本章单词

- Workgroup：工作组
- Client：客户机
- Server：服务器
- Essential：基础的
- Standard：标准的
- Datacenter：数据中心
- Core：核心
- Administrator：管理员
- Command Prompt：命令提示符
- PowerShell：命令行外壳程序

1.1 Windows Server 2016 概述

计算机网络采用通信设备和线路将处在不同地理位置、操作相对独立的多台计算机连接起来，通过配置相应的系统和应用软件，可以在原本各自独立的计算机之间实现软 / 硬件资源共享和信息传递。可以选择使用 Windows 操作系统来搭建网络，以便管理网络中的资源。通过 Windows 操作系统搭建的网络大致可分为工作组（Workgroup）网络和客户机 / 服务器（Client/Server）网络。

1. 工作组网络

工作组网络又称对等模式网络，网络中计算机的地位完全相同，不存在处于管理或者服务核心地位的计算机，计算机之间没有客户机和服务器的区别，网络上每一台计算机的地位都是平等的，网络的资源与管理分散在各台计算机，如图 1-1 所示。工作组网络只适用于计算机数量在 10～20 台的小型企业。

2. 客户机 / 服务器网络

当网络规模扩大，对等网络模式不能满足企业发展需要时，应该采用基于客户机 / 服务器网络，又称 C/S 模式网络，如图 1-2 所示。在这种网络结构中，计算机有了明确的分工，有了客户机与服务器的区别，几乎所有的企业网络都采用这一网络管理模式。服务器一般用来完成某一特定功能，例如，集中存储网络中信息和数据的文件服务器、发布网站的 Web 服务器、收发电子邮件的邮件服务器等。用户在客户机上向服务器发出服务请求，服务器根据请求的内容来完成相应的任务，将结果传给客户机。

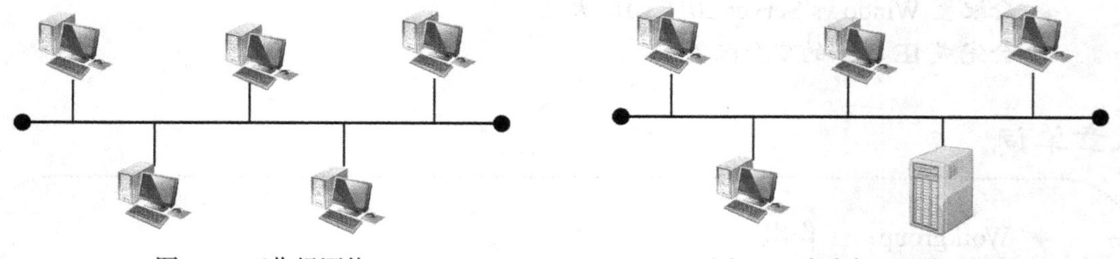

图 1-1 工作组网络　　　　图 1-2 客户机 / 服务器网络

（1）客户机

客户机又称为工作站，一般是具有一定处理能力的个人计算机。当一台个人计算机连接到网络时，就被称为局域网中的客户机。客户机是用户和网络之间的接口设备，用户通过它可以与网络交换信息，共享网络资源。客户机通过网络接口、通信介质、网络设备连接到服务器。在网络中客户机是一个接入网络的设备，它的接入和离开不会对整个网络产生多大的影响。但服务器一旦断开或失效，可能会造成网络的部分功能无法使用。

（2）服务器

服务器是在网络环境中为客户机提供各种服务的专用计算机。在网络中，服务器承担着数据存储、转发、发布等关键任务，是基于客户机 / 服务器网络中不可或缺的重要组成部分。由于服务器的特殊用途和应用环境，决定了它的硬件配置与普通的 PC 有较大差别。一般服务器采用多处理器、高速内存、大容量 SCSI 接口硬盘，还可能采用磁盘阵列等设备和技术，从而保证整个网络的可靠性。

3．Windows Server 2016 及其版本

不管服务器还是客户机，都要基于操作系统才能正常工作。现在主流操作系统包括 Windows 操作系统、Linux 操作系统、UNIX 操作系统、MAC 操作系统。Windows 操作系统以其易操作性和人性化的界面受到众多用户的青睐。

Windows 操作系统主要分为两大类，一类是面向家庭用户、单机用户和非专业用户的常用作客户机的个人操作系统，主要有 Windows 7、Windows 8、Windows 10；另一类主要面向企业用户，称为网络操作系统，不强调对多媒体和娱乐功能的支持，集成了更多的、更完善的网络服务组件，常用作服务器的操作系统，主要有 Windows Server 2008、Windows Server 2012、Windows Server 2016、Windows Server 2019。当前个人操作系统最高版本为 Windows 10，服务器版最高为 Windows Server 2019。本书将以 Windows Server 2016 版本为例。

Windows Server 2016 是微软公司在 2016 年 10 月发布的服务器操作系统，能够为用户提供高经济效益与高度虚拟化的环境，包括以下三个版本。

- 基础版（Essentials Edition）：适用于小型企业，最多支持 25 个用户和 50 台设备。
- 标准版（Standard Edition）：适用于很少或没有虚拟化的物理服务器环境。
- 数据中心版（Datacenter Edition）：适用于高度虚拟化的基础架构设计，包括私有云和混合云环境。

1.2 Windows Server 2016 安装步骤

ABC 公司要在购买的 5 台服务器上安装 Windows Server 2016 数据中心版操作系统，首先需要检查一下服务器硬件条件能否满足最低硬件配置要求，并选择安装类型。

1.2.1 硬件配置及安装类型

Windows Server 2016 对计算机硬件的要求较高，如表 1-1 所示。

表 1-1 Windows Server 2016 对计算机硬件的要求

硬 件	要 求
处理器（CPU）	最少 1.4 GHz、64 位，支持 NX、DEP，支持 CMPXCHG16B、LAHF/SAHF、PrefetchW，支持 SLAT
内存（RAM）	桌面体验的服务器最少为 2 GB，支持 ECC（纠错代码）类型或类似技术
硬盘	最少 32 GB，不支持 IDE 硬盘
网络适配器	至少有千兆位吞吐量的以太网适配器，支持预启动执行环境（PXE），符合 PCI Express 体系结构规范

在安装 Windows Server 2016 时，需要考虑采用全新安装方式还是升级安装方式。此外，还要根据对服务器的安全、性能要求，选择安装选项。

1．全新安装和升级安装

全新安装是最常见的安装方式，当计算机上没有安装 Windows Server 2016 之前的版本时，适合采用全新安装；当计算机已安装了 Windows Server 2016 之前的版本时，可以在不破坏以前各种设置的前提下升级系统。

2．安装选项

Windows Server 2016 提供以下三种安装选项。

- 包含桌面体验的服务器：会安装标准的图形用户界面，支持所有的服务与工具。用户可以通过友好的图形化接口工具与管理工具来管理服务器。
- Server Core：能有效地降低维护与管理需求，减少硬盘占用空间，减少被攻击的风险。由于没有图形化管理接口，只能使用命令提示符（Command Prompt）、PowerShell 或通过远程计算机来管理服务器。
- Nano Server：类似于 Server Core，占用空间更少、配置速度更快，只支持 64 位应用程序与工具，没有本地登录功能，只能通过远程计算机来管理服务器。

1.2.2 具体操作

STEP1 将包含 Windows Server 2016 安装程序的 U 盘插入计算机，然后将 BIOS 设置改为 USB 启动计算机，或将安装光盘放入光驱，然后在 BIOS 中修改计算机启动顺序为 CD-ROM。重新启动计算机后会执行 U 盘（或光驱）内的安装程序，如果找到启动文件，则直接进入 Windows Server 2016 安装程序的安装语言和其他选项界面，如图 1-3 所示。

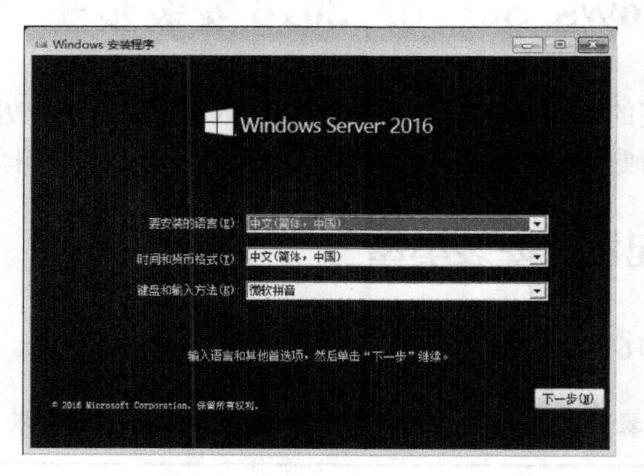

图 1-3　安装语言和其他选项

提示：

如果使用 Vmware Workstation 安装 Windows Server 2016，在新建虚拟机向导中选择固件类型时，则应选择“BIOS”固件类型。或者在“虚拟机设置”窗口的“选项”选项卡的“高级”选项的固件类型功能区中选择“BIOS”。

STEP2 单击“下一步”按钮，在图 1-4 所示的安装 Windows 界面中单击“现在安装”按钮。

在图 1-5 所示的对话框中输入产品密钥后单击“下一步”按钮，或者单击“我没有产品密钥”来试用此产品。

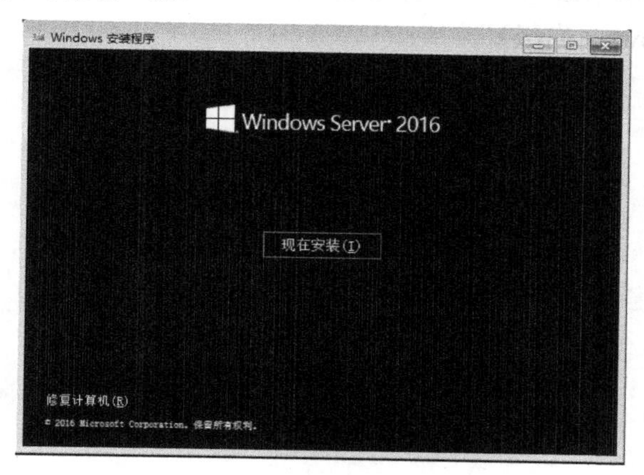

图 1-4　安装 Windows

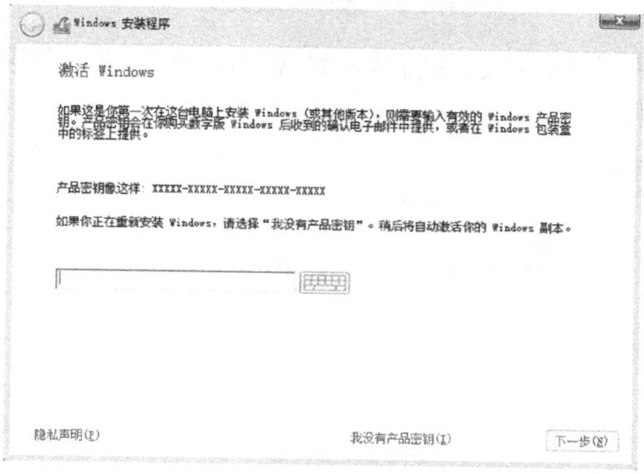

Windows 安装程序

激活 Windows

如果这是你第一次在这台电脑上安装 Windows（或其他版本），则需要输入有效的 Windows 产品密钥。产品密钥会在你购买数字版 Windows 后收到的确认电子邮件中提供，或者在 Windows 包装盒中的标签上提供。

产品密钥像这样：XXXXX-XXXXX-XXXXX-XXXXX-XXXXX

如果你正在重新安装 Windows，请选择“我没有产品密钥”。稍后将自动激活你的 Windows 副本。

隐私声明(P)　　我没有产品密钥(I)　　下一步(N)

图 1-5　输入产品密钥

STEP3 在图 1-6 所示的对话框中选择安装版本[此处选择“Windows Server 2016 Datacenter（桌面体验）”]后，单击“下一步”按钮。

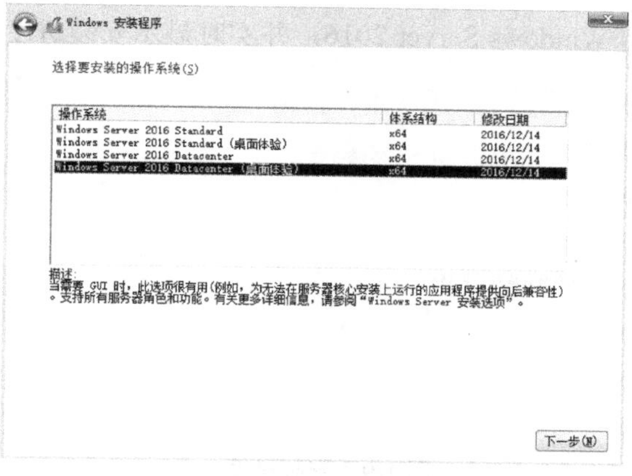

Windows 安装程序

选择要安装的操作系统(S)

操作系统	体系结构	修改日期
Windows Server 2016 Standard	x64	2016/12/14
Windows Server 2016 Standard（桌面体验）	x64	2016/12/14
Windows Server 2016 Datacenter	x64	2016/12/14
Windows Server 2016 Datacenter（桌面体验）	x64	2016/12/14

描述：
当需要 GUI 时，此选项很有用(例如，为无法在服务器核心安装上运行的应用程序提供向后兼容性)。支持所有服务器角色和功能。有关更多详细信息，请参阅“Windows Server 安装选项”。

下一步(N)

图 1-6　选择安装版本

STEP4 在“适用的声明和许可条款”界面，勾选“我接受许可条款”，单击“下一步”按钮。在图 1-7 所示对话框中选择安装类型，由于是全新安装，所以选择“自定义：仅安装 Windows（高级）”。

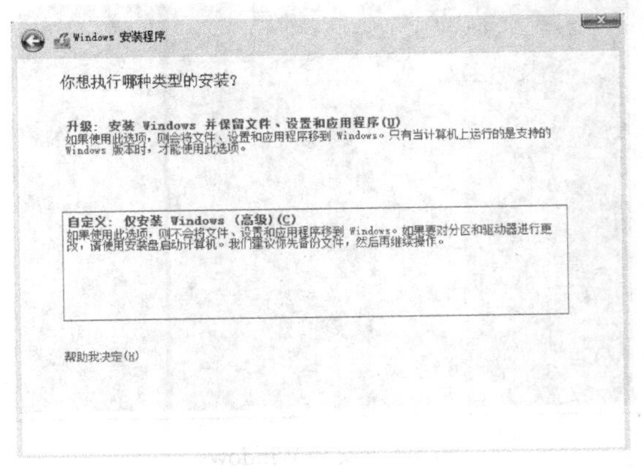

图 1-7　选择安装类型

STEP5 在图 1-8 所示的对话框中选择将要安装 Windows 的磁盘分区（安装位置）后，单击“下一步”按钮。

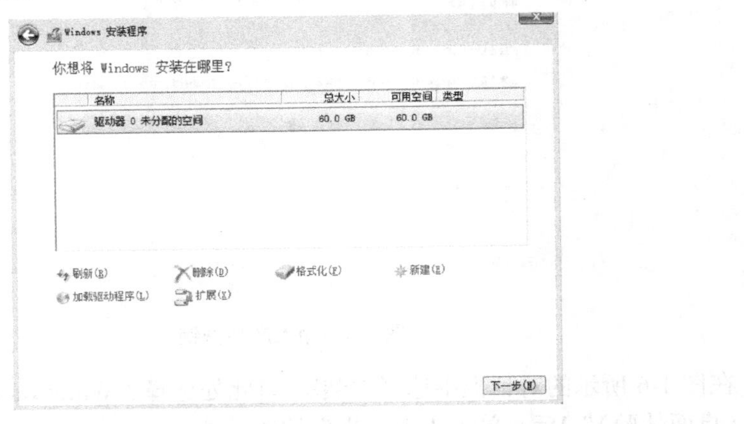

图 1-8　选择安装位置

STEP6 计算机开始安装 Windows Server 2016，并实时显示安装进度，如图 1-9 所示。

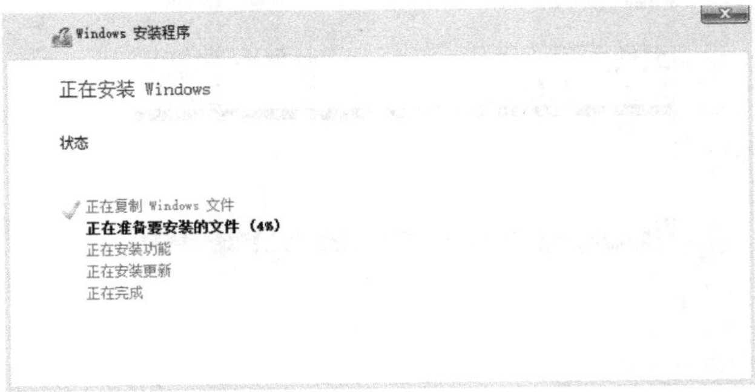

图 1-9　安装进度

STEP7 安装完成后计算机将自动重新启动，第一次启动时 Windows Server 2016 会自动以系统管理员账户 Administrator 登录系统，并要求设置管理员的密码（单击密码框右侧的图标可显示所输入的密码字符）。设置完密码后单击“完成”按钮，如图 1-10 所示。

图 1-10　设置管理员的密码

提示：

系统默认用户的密码需要至少 6 个字符，并且不可包含用户账户名称中超过两个以上的连续字符，至少包含 A～Z、a～z、0～9、非字母数字字符 4 组字符中的任意 3 组中的字符。如 Win2016、win-2016 都是有效的密码。

STEP8 接下来在如图 1-11 的所示的解锁登录界面按下“Ctrl+Alt+Delete”组合键，输入系统管理员账户 Administrator 的密码后，按回车键即可登录系统。登录成功后会出现如图 1-12 所示的服务器管理器界面。

图 1-11　解锁登录

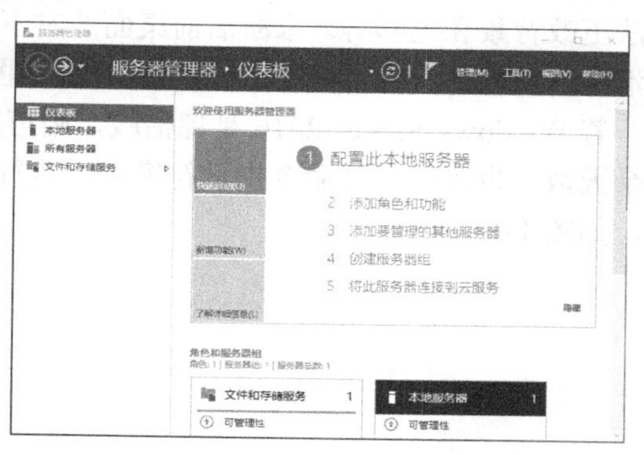

图 1-12　服务器管理器界面

提示：

如果使用 Vmware Workstation 虚拟机安装的 Windows Server 2016，在登录系统时，在图 1-11 中需要按下“Ctrl+Alt+Insert”组合键，然后输入用户名和密码。

1.3　Windows Server 2016 基本配置

Windows Server 2016 桌面界面与 Windows 10 并无太大的区别。安装完成后，需要进行系统激活和完成计算机名、TCP/IP 参数、防火墙等配置，才能使其实现服务功能。

1.3.1 服务器属性的配置

系统成功登录后会出现如图 1-12 所示的服务器管理器窗口，左侧列表中的“仪表板”项用于帮助管理员添加和删除角色，既可以添加服务器及创建服务器组，还可以将服务器连接到云。

图 1-13 中的“本地服务器”项用于显示当前计算机名、所属工作组、防火墙配置、网络接口配置、系统激活、IE 配置等信息，计算机名、工作组和网络接口的配置将在下一章介绍。

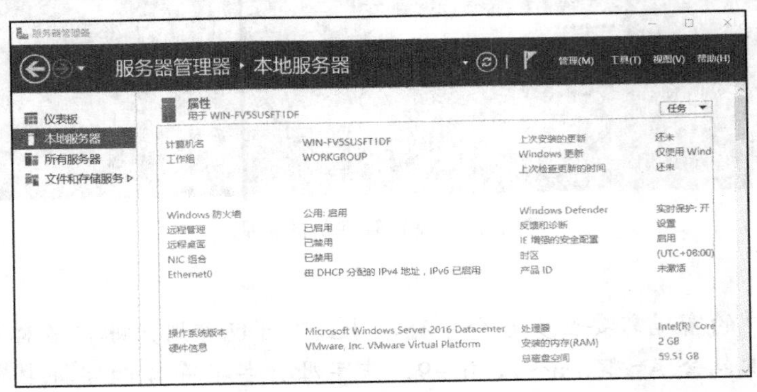

图 1-13 服务器管理器窗口

1. 激活 Windows Server 2016

完成 Windows Server 2016 安装后需要执行激活程序，否则有些功能无法使用，例如，无法更改背景和色彩等。未激活前桌面的右下角会显示“激活 Windows”的字样，激活后就会消失。单击图 1-13 中右侧的“未激活”，在图 1-14 所示的窗口中输入产品密钥即可激活系统。若 Windows Server 2016 是评估版，则可以试用 180 天，且桌面右下方会显示评估期的剩余天数。也可以打开命令提示符窗口，执行 slmgr/dlv 命令来查看激活情况及剩余的评估期，如图 1-15 所示。

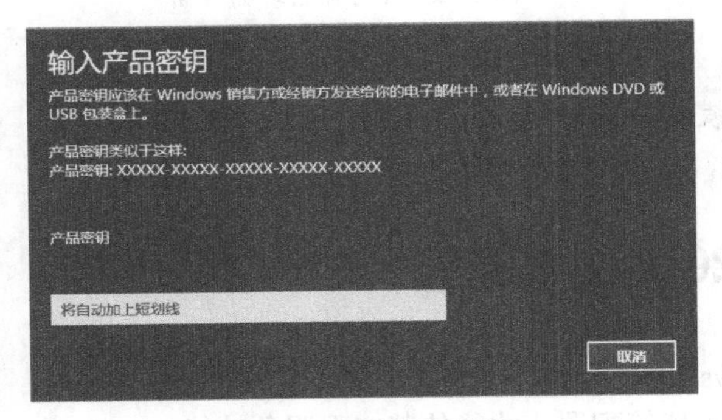

图 1-14 输入产品密钥

图 1-15 查看激活情况及剩余的评估期

2. Windows 防火墙

Windows Server 2016 操作系统内包含的防火墙可以保护计算机不受外部攻击。系统将网络位置分为专用网络、公用网络和域网络，而且可以自动判断并设置计算机所在的网络位置。为了增加计算机在网络中的安全性，位于不同网络位置的计算机有着不同的 Windows 防火墙设置，例如，位于公用网络的计算机防火墙设置得较为严格，而位于专用网络的计算机防火墙则设置得较为宽松。

Windows Server 2016 操作系统默认已经启用 Windows 防火墙，会阻挡其他计算机与此计算机通信。若要更改设置，选择"开始→控制面板→系统和安全→Windows 防火墙"，在如图 1-16 所示的 Windows 防火墙窗口中，单击左侧的"启用或关闭 Windows 防火墙"选项可设置 Windows 防火墙状态，自定义 Windows 防火墙设置如图 1-17 所示。

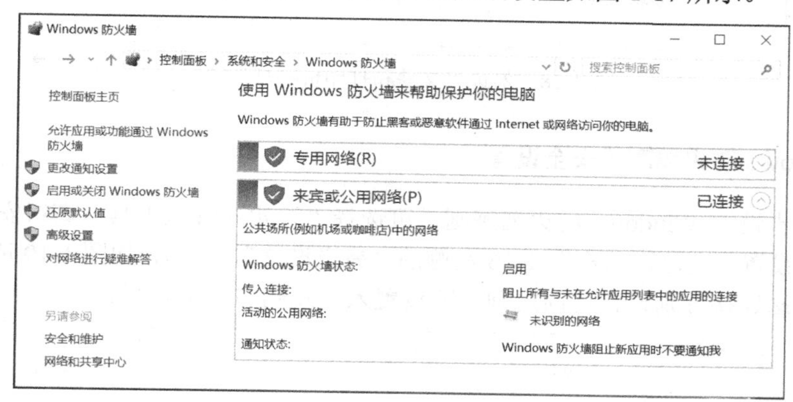

图 1-16　Windows 防火墙

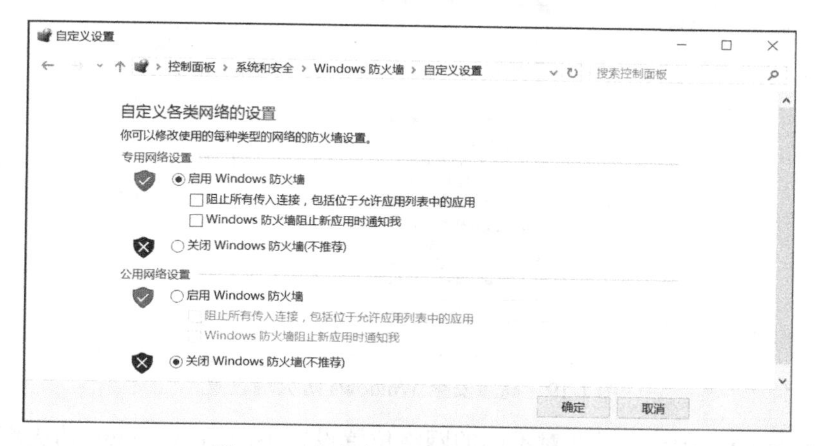

图 1-17　自定义 Windows 防火墙设置

3. 解除 Windows 防火墙阻挡

Windows 防火墙会阻挡绝大部分的入站连接，可以通过单击图 1-16 左侧上方的"允许应用或功能通过 Windows 防火墙"来解除对某些应用的阻挡。例如，若要允许网络上的其他用户访问此计算机内的共享文件和打印机，勾选图 1-18 中的"文件和打印机共享"项即可实现。

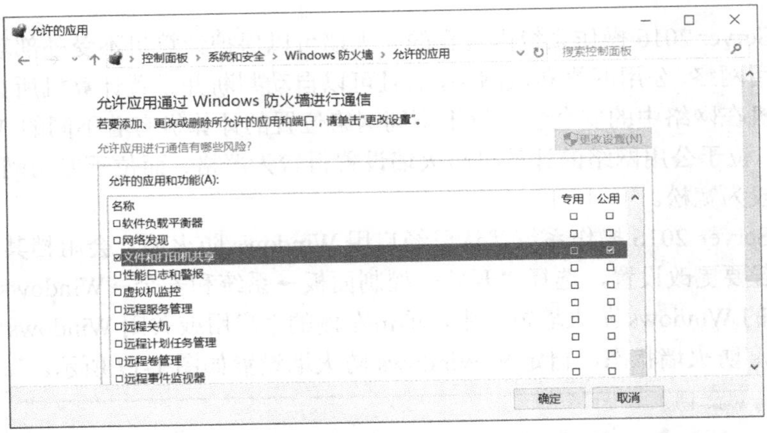

图 1-18　勾选“文件和打印机共享”项

4．Windows 防火墙高级安全设置

若要进一步设置 Windows 防火墙规则，可选择“开始→管理工具→高级安全 Windows 防火墙”进行设置（也可以单击图 1-16 左侧的“高级设置”选项），如图 1-19 所示，可同时针对入站与出站连接分别设置访问规则，即设置入站规则与出站规则。

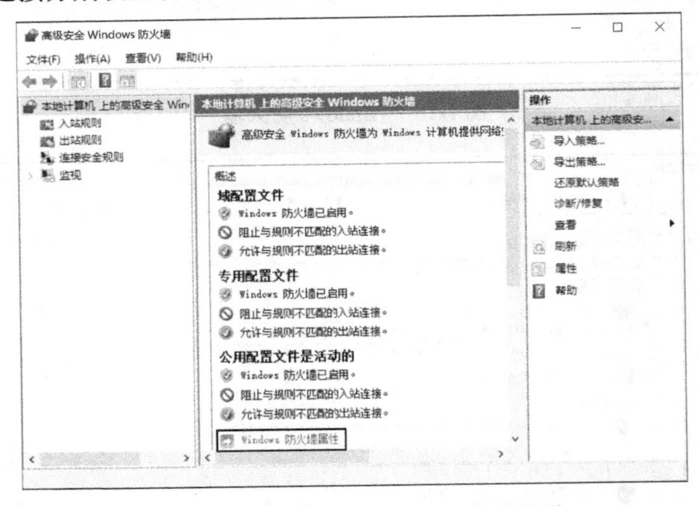

图 1-19　高级安全 Windows 防火墙设置

Windows Server 2016 可以针对不同的网络位置设置不同的 Windows 防火墙规则和不同的配置文件，并且可以更改这些配置文件。单击图 1-19 中间区域的“Windows 防火墙属性”，可在图 1-20 中的“高级安全 Windows 防火墙属性”对话框中针对域、专用、公用网络分别设置入站规则与出站规则。

- 阻止（默认值）：阻止没有防火墙规则明确允许连接的所有连接。
- 阻止所有链接：无论是否有防火墙规则明确允许的连接，全部阻止。
- 允许（默认值）：允许连接，但有防火墙规则明确阻止的连接除外。

可以通过图 1-19 中左侧上方的“入站规则”和“出站规则”对特定程序或服务设置允许或阻止。如果要设置的程序或服务不在列表中，可通过新建规则来设置，如图 1-21 所示。

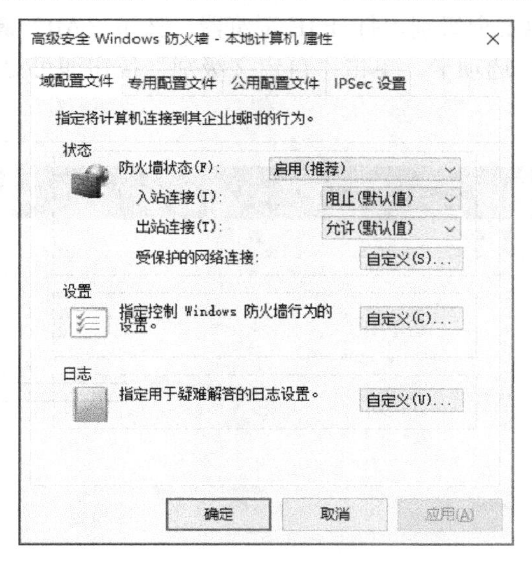

图 1-20　高级安全 Windows 防火墙属性

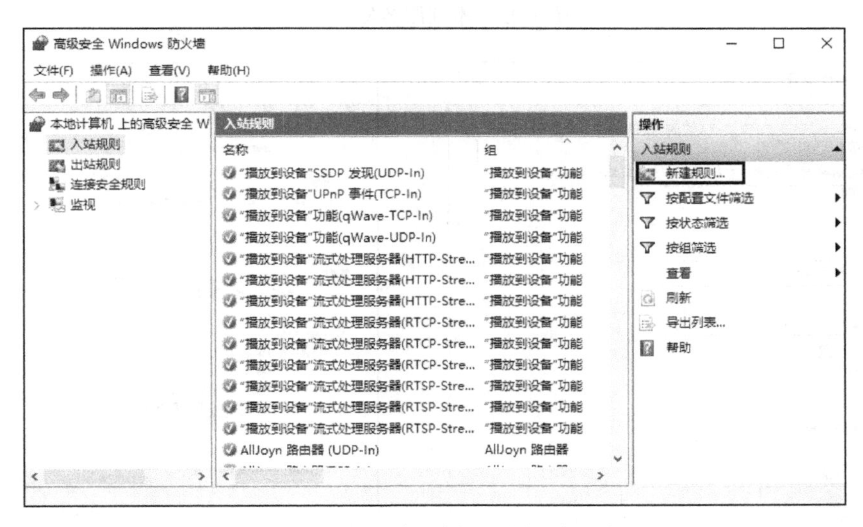

图 1-21　出站规则和入站规则设置

1.3.2　IE 增强的安全配置

安装了 Windows Server 2016 的计算机承担重要的服务器角色，用它来上网会增加被攻击的风险，因此 Windows Server 2016 会默认启用 IE 增强的安全配置（IE ESC），将 IE 的安全级别设置为高安全级别，将会阻挡连接绝大部分的网站。

如果要调整 IE 安全级别，以便能直接连接要访问的网站，应停用 IE 增强的安全配置。选择“开始→服务器管理器”，在打开的“服务器管理器”窗口选择“本地服务器”，单击“IE 增强的安全配置”处的“启用”，如图 1-22 所示，在如图 1-23 所示的“Internet Explorer IE

增强的安全配置”窗口中针对系统管理员和用户来分别关闭或启用设置。

关闭后，IE 的安全级别会自动调整为“中-高”，便不会阻挡要连接的网站。若要查看 IE 的安全级别或调整到其他安全级别，打开 IE 浏览器，按下“Alt”键显示菜单栏，选择“工具→Internet 选项→安全”选项卡，单击“自定义级别”按钮即可更改，如图 1-24 所示，完成 Internet 选项安全配置。

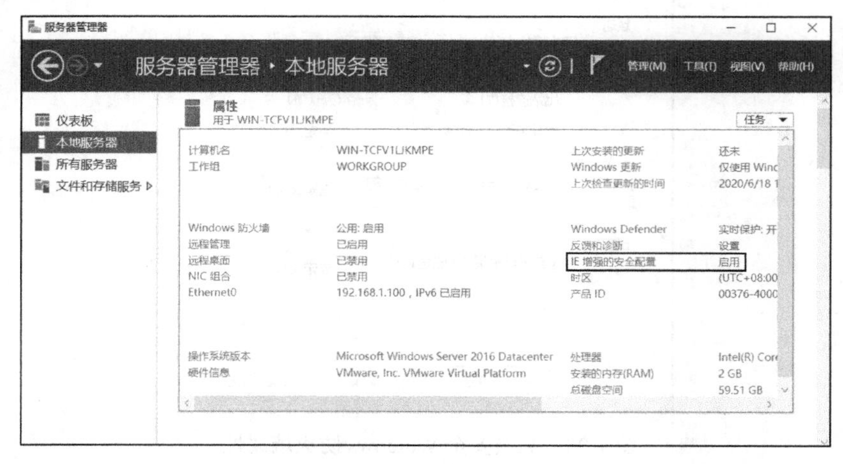

图 1-22　本地服务器窗口

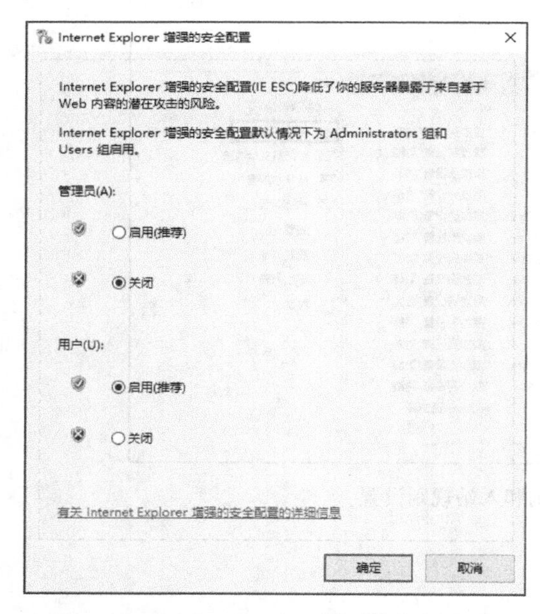

图 1-23　Internet Explorer 增强的安全配置

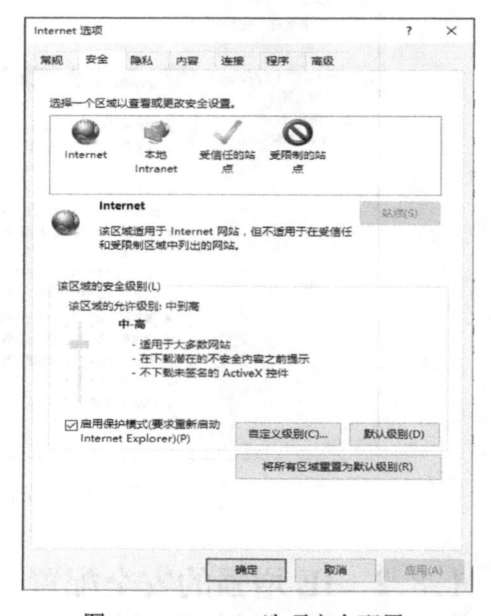

图 1-24　Internet 选项安全配置

1.4　实训

实训环境

HT 公司作为一家大型系统集成服务提供商，经营的网络项目包括网络集成、解决方案、代理产品和技术服务等。公司最近购置了一批服务器，网络管理员需要为这些服务器安装 Windows Server 2016 操作系统。

需求描述

- 使用 Windows Server 2016 安装程序安装操作系统。
- 为管理员设置登录密码。
- 激活 Windows Server 2016。
- 设置防火墙属性。
- 设置 IE 的安全级别。

1.5　习题

- 常见的网络模式有几种？各自具有什么特点？
- 服务器与普通 PC 有哪些区别？
- Windows Server 2016 有哪些版本？
- Windows Server 2016 操作系统默认防火墙是否开启？如何设置防火墙属性？

第 2 章

配置网络与工作组环境

项目需求：

ABC 公司的 5 台服务器安装了 Windows Server 2016 操作系统后，并进行了简单的配置。接下来的任务是使服务器之间网络连通，并设置具有代表各自用途的计算机名称，考虑到有的服务器供多人使用，还要按部门为使用该服务器的员工创建用户账户和组，并对用户进行密码修改、组的归属等管理。

学习目标：

- 理解 IP 地址等网络参数的格式和作用
- 会配置计算机的网络参数
- 会使用 Windows 网络测试工具
- 理解工作组的作用
- 会管理本地用户账户
- 会管理本地组账户

本章单词

- IPv4：Internet Protocol Version 4，网际协议版本 4，互联网协议第 4 版
- IPv6：Internet Protocol Version 6，网际协议版本 6，互联网协议第 6 版
- Host：主机
- IANA：The Internet Assigned Numbers Authority，互联网号码分配机构
- DNS：Domain Name System，域名系统
- Ethernet：以太网
- Automatic Private IP Addressing：自动专用 IP 寻址
- Security Identifier：安全标识符
- Everyone：每个人
- Guest：客人
- Interactive：交互的

2.1 Windows 网络组件与 IP 地址

2.1.1 Windows 网络组件

要将安装 Windows Server 2016 操作系统的计算机接入网络，需要具有网络适配器和网络协议，并配置好相应的 IP 地址等网络参数。

1. 网络适配器

网络适配器又称网卡，是常用的网络硬件设备。计算机通过网络适配器连接到网络电缆、光缆或其他网络介质。通常情况下，网络适配器按速率分为 10 Mb/s、100 Mb/s、1000 Mb/s、10 Gb/s 以及自适应网卡等，服务器要配置千兆位网卡或者万兆位网卡，以承受更大的数据交换量，减少对系统的压力，增加负载能力；网卡按使用介质分为双绞线网卡、光纤网卡和无线网卡等。在局域网中使用较多的是 100 Mb/s 和 1000 Mb/s 自适应网卡，通过设备管理器可以查看当前的网卡的类型，如图 2-1 所示。

2. 网络协议

网络协议是计算机与网络设备之间，计算机与计算机之间的通信语言，只有两者之间使用了相同的网络协议才能够通信。TCP/IP 是目前最完整、最常用的网络通信协议，它可以使不同网络架构、不同操作系统的计算机之间相互通信。Windows Server 2016 操作系统默认安装 TCP/IP，支持 IPv4 和 IPv6 两种网络协议，如图 2-2 所示。

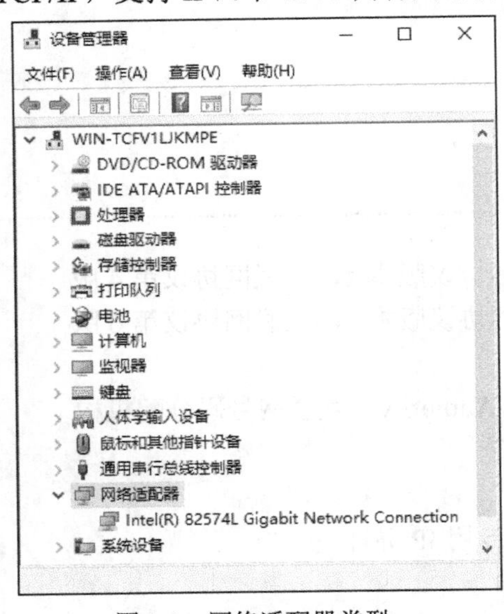

图 2-1 网络适配器类型

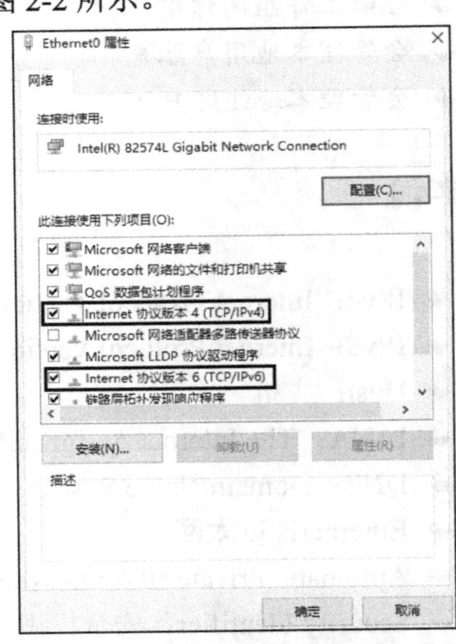

图 2-2 默认安装的网络协议

2.1.2 网络参数配置

互联网上连接了众多网络设备和计算机，每一台计算机都有唯一的地址，作为该计算机在 Internet 上的唯一标识，即 IP 地址，目前有 IPv4 和 IPv6 两个版本。

- IPv4（Internet Protocol Version 4，网际协议版本 4）：是美国人在 1973 年开发的网络协议，是当前应用最广泛的网络协议。2019 年 11 月 26 日，全球所有 43 亿个 IPv4 地址已分配完毕。
- IPv6（Internet Protocol Version 6，网际协议版本 6）：随着 Internet 规模的不断扩大，IPv4 地址已耗尽，IPv6 的出现，解决了网络地址资源数量不足的问题，其地址数量号称可以为全世界的每一粒沙子分配一个地址。

1．IP 地址的格式

IPv4 地址由 32 位二进制数组成，而且在 Internet 范围内是唯一的。例如，连接在 Internet 上的一台计算机的 IP 地址如下所示。

```
00111101.10100111.10011100.01101100
```

很显然，这些数字不容易记忆且可读性比较差，因此，人们将组成计算机 IP 地址的 32 位二进制数分成 4 组，每组 8 位，中间用点隔开，然后将每 8 位二进制数转换为十进制数，这样上述二进制格式的 IP 地址就变成了 61.167.156.108。

提示：

IPv6 目前尚没有普遍使用，本书中的 IP 地址均采用 IPv4 地址。

IPv6 地址由 128 位二进制数组成，分为 8 段，每 16 位划分为 1 段，将每段转换成十六进制数，并用冒号隔开。例如，2000:0000:0000:0000:0001:2345:6789:abcd 是 IPv6 地址，也可以简写成 2000:0:0:0:1:2345:6789:abcd 或 2000::1:2345:6789:abcd。

2．IP 地址的分类

IP 地址由网络部分（netID，网络标识符）与主机部分（hostID，主机标识符）两部分组成。网络部分用于标识不同的网络，又称网络标识符或网络 ID，主机部分用于标识一个网络中的特定主机，又称主机标识符或主机 ID。

- 网络标识符：每一个网络都有一个唯一的网络标识符，也就是说，位于同一网络内的每一台主机都有相同的网络标识符。
- 主机标识符：相同网络内的每台主机都有一个唯一的主机标识符。

IP 地址的网络标识符由 IANA（互联网号码分配机构）统一分配，以保证 IP 地址的唯一性。为了便于分配和管理，IANA 将 IP 地址分为 A、B、C、D、E 五类，其中 A、B、C 三类 IP 地址可供一般主机使用，网络 ID 与主机 ID 的划分有相应的规则。D、E 两类不划分网络 ID 与主机 ID，D 类地址是用于组播通信的地址，E 类地址是用于科学研究的保留地址，它们不能在互联网上作为节点地址使用。

A 类 IP 地址规定第一个 8 位组为网络部分，其余三个 8 位组为主机部分，即 A 类地址=网络 ID+主机 ID+主机 ID+主机 ID。A 类地址的网络标识符有效取值范围为 1～126，可以提供 126 个 A 类网络。每个 A 类网络可以拥有最大主机数目为 $2^{24}-2$=16777214 个（减 2 的目的是去掉主机部分全为 0 和全为 1 的两个地址）。由此可见，A 类 IP 地址适合于大型网络。

提示：

127.0.0.1 又称为本地回环地址，通常用于在本机上 ping 此地址来检查 TCP/IP 的安装是否正确。除了 127.255.255.255，凡是以 127 开头的 IP 地址都代表本机。

B 类 IP 地址规定前两个 8 位组为网络部分，后两个 8 位组为主机部分，即 B 类地址=网络 ID+网络 ID+主机 ID+主机 ID，网络标识符占用前两字节。B 类地址的第一个 8 位组取值范围为 128～191，可提供 2^{14}=16384 个 B 类网络。每个 B 类地址拥有的最大主机数为 $2^{16}-2$=65534 个。由此可见，B 类 IP 地址适合于中等规模的网络。

C 类 IP 地址规定前三个 8 位组为网络部分，最后一个 8 位组为主机部分，即 C 类地址=网络 ID+网络 ID+网络 ID+主机 ID。第一个 8 位组取值范围为 192～223，可以提供 2^{21}=2097152个 C 类网络，每个 C 类地址拥有最大主机数为 $2^{8}-2$=254 个。由此可见，C 类 IP 地址适合于小型网络。

目前，在 Internet 上只使用 A、B、C 三类地址，为了满足企业用户在 Intranet（内联网）上使用需求，从 A、B、C 三类地址中分别划出一部分地址供企业内部网络使用，不需要申请，可以节省网络成本，这部分地址称为私有地址，私有地址不能在 Internet 上使用，如表 2-1 所示。

表 2-1　私有地址

网络标识符	子网掩码	IP 地址范围
10.0.0.0	255.0.0.0	10.0.0.1～10.255.255.254
172.16.0.0	255.240.0.0	172.16.0.1～172.31.255.254
192.168.0.0	255.255.0.0	192.168.0.1～192.168.255.254

3．子网掩码

具有相同网络 ID 的 IP 地址被称为同一个网段的 IP 地址。在网络中不同主机之间的通信有两种情况，一种是同一个网段中两台主机之间相互通信，另一种是不同网段中两台主机之间相互通信。

- 同一网段中两台主机通信：主机将数据直接发送给另一台主机。
- 不同网段中两台主机通信：主机将数据送给路由器，再由路器负责转发给另一台主机，此时需要事先将默认网关指定为路由器的 IP 地址。

为了区分这两种情况，进行通信的主机需要获取远程主机 IP 地址的网络 ID 以做出判断。

- 源主机的网络 ID 等于目标主机的网络 ID，则为同一个网段主机间通信。
- 源主机的网络 ID 不等于目标主机的网络 ID，则为不同网段主机间通信。

因此，相互通信的主机首先要获取对方 IP 地址的网络 ID，这就需要借助子网掩码。

子网掩码也使用 32 位二进制数，对应 IP 地址的网络部分用 1 表示，对应 IP 地址的主机部分用 0 表示，通常也用 4 个点分十进制数表示。当为网络中的主机分配 IP 地址时，也要一并给出主机所使用的子网掩码，如表 2-2 所示。

表 2-2　子网掩码

IP 地址类别	默认子网掩码（二进制）	默认子网掩码（十进制）
A	11111111 00000000 00000000 00000000	255.0.0.0
B	11111111 11111111 00000000 00000000	255.255.0.0
C	11111111 11111111 11111111 00000000	255.255.255.0

有了子网掩码后，只要把 IP 地址与子网掩码相对应的位进行逻辑“与”运算，所得的结果就是 IP 地址的网络地址。例如，IP 地址为 192.168.1.3，子网掩码为 255.255.255.0，将 IP 地址和子网掩码相对应的位进行“与”运算，可得出网络地址为 192.168.1.0。

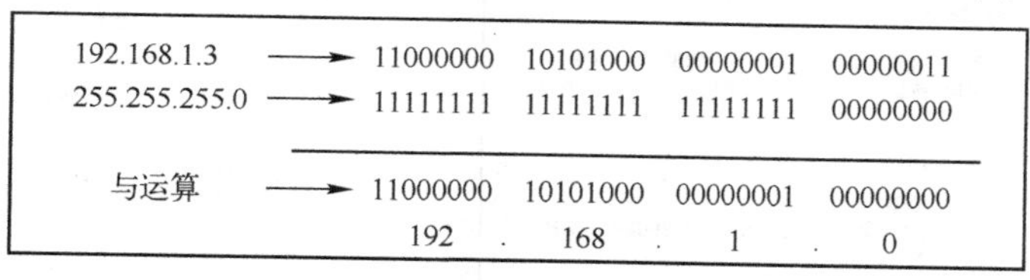

使用点分十进制数表示掩码书写比较麻烦，为了书写简便，可以使用“IP 地址 / 掩码中 1 的位数”来表示，如 IP 地址为 192.168.1.100，掩码为 255.255.255.0，可以表示为 192.168.1.100/24。

4．DNS

在 IP 网络诞生的前十年，人们不得不像记忆电话号码一样记忆主机的 IP 地址，直到 1983 年 DNS（Domain Name System，域名系统）诞生。在 DNS 服务器中，可以为每台待访问的主机分配一个名称，如“www.sina.com”，将这些名称和主机的 IP 地址对应存储在 DNS 服务器上，人们只需要记住主机名称，访问时由本地主机通过查询 DNS 服务器获得目标主机的 IP 地址。

由于主机名称存储在 DNS 服务器上，而非每台主机上，所以需要为主机分配的参数是 DNS 服务器的 IP 地址，通常设置首选 DNS 服务器和备用 DNS 服务器，以增加本地主机查询的成功率。

5．配置 IP 地址

为主机设置 IP 地址、子网掩码、默认网关、DNS 服务器地址的方法有两种，一种是手工配置，一种是自动获取。

手工配置 IP 地址的主机接入网络不容易受环境影响而发生变动，也没有自动获取 IP 地址而产生的延迟，更节省了自动获取 IP 地址带来的网络开销，但会增加系统管理员的负担。为主机手动配置 IP 地址的步骤如下。

STEP1 右键单击桌面的“网络”图标，在弹出的菜单中选择“属性”，在如图 2-3 所示的“网络和共享中心”窗口的“查看活动网络”窗格中单击“Ethernet0”。

STEP2 在如图 2-4 所示的“Ethernet0 状态”对话框中单击“属性”按钮，出现“Ethernet0 属性”对话框，如图 2-5 所示。

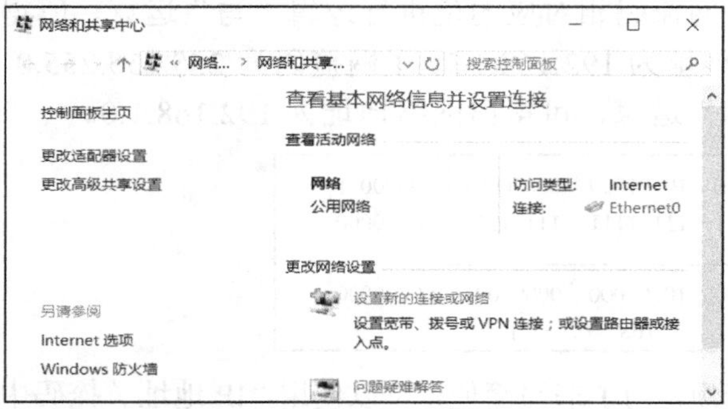

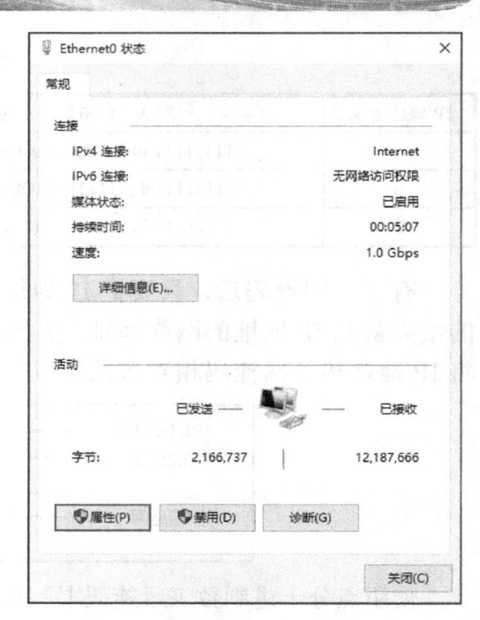

图 2-3 网络和共享中心

图 2-4 Ethernet0 状态

提示：

打开网络连接有多种途径：单击图 2-3 所示“网络和共享中心”窗口左上方的“更改适配器设置”，弹出“网络连接”窗口，右击要设置 IP 地址的网卡，在弹出的菜单中选择“属性”，也可以打开图 2-5 所示的“Ethernet0 属性”对话框；在“服务器管理器”窗口的“本地服务器”界面单击“Ethernet0”处的 IP 地址状态值，也可以弹出“网络连接”窗口。

STEP3 在图 2-5 所示的对话框中选择“Internet 协议版本 4（TCP/IPv4）”，单击右下方的“属性”按钮。在出现的对话框中选择“使用下面的 IP 地址”，设置 IP 地址、子网掩码、默认网关等参数后，单击“确定”按钮完成 IPv4 参数设置，如图 2-6 所示设置静态 IP 地址。

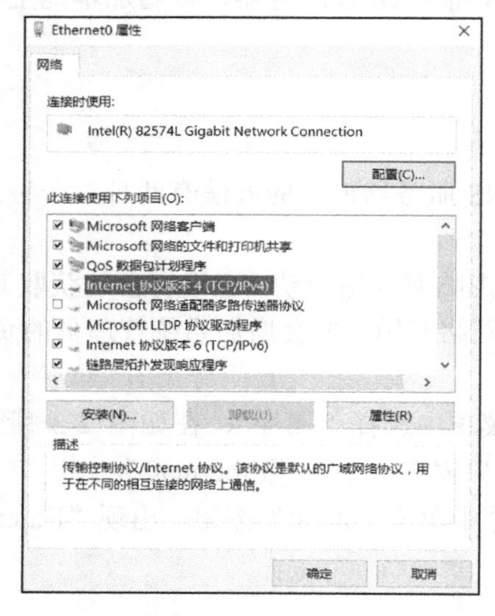

图 2-5 Ethernet0 属性

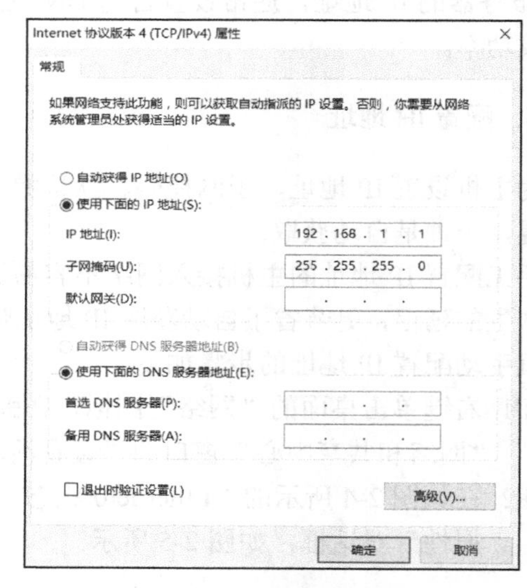

图 2-6 设置静态 IP 地址

自动获取 IP 地址是 Windows Server 2016 的默认方式，主机会自动向网络中的 DHCP 服务器或路由器、无线 AP 等租用 IP 地址，如果找不到 DHCP 服务器，此主机则会用自动专用 IP 寻址（Automatic Private IP Addressing）机制自动为自己设置一个符合 169.254.0.0/16 格式的 IP 地址，这个 IP 地址是临时性的，此主机仍然会继续定期查找 DHCP 服务器，一直到租用到正式的 IP 地址为止。

自动获取方式可以减轻系统管理员手动设置的负担，并可以避免手工设置可能发生的错误，适用于企业内部普通用户的计算机且计算机数量较多的场合。

2.2 网络测试工具与计算机名

2.2.1 网络测试工具

Windows 提供了大量的命令用来测试网络的连通性，下面介绍一些常用的命令。

1. ipconfig 命令

在配置了 IP 地址之后，使用 ipconfig 命令可以检查 IP 地址的配置是否生效。ipconfig 命令用于查看计算机 IP 地址配置信息，包括 IP 地址、子网掩码和默认网关。使用 ipconfig /all 命令可以查看详细的 IP 地址信息，包括主机名、网卡类型和名称、网卡物理地址和 DNS 服务器等信息。ipconfig /all 命令执行后的显示结果如图 2-7 所示。

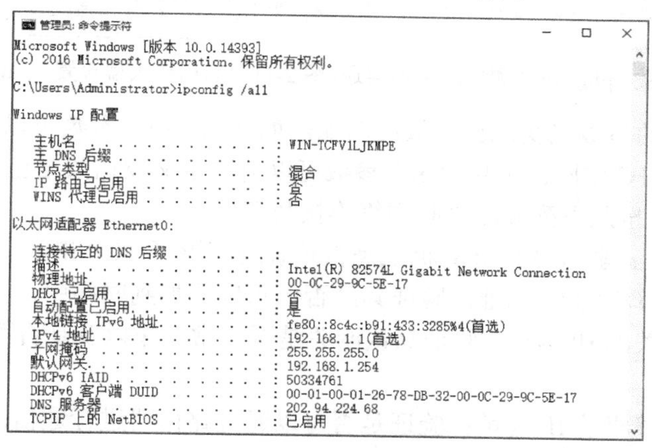

图 2-7 ipconfig /all 命令执行后的显示结果

2. ping 命令

ping 命令用于测试网络是否连通，找出不正确的配置。使用格式为“ping 目标计算机的 IP 地址”，如当前计算机（源计算机）的 IP 地址为 192.168.1.1，在命令提示符后输入 ping 192.168.1.100，如果出现图 2-8 所示的结果，则表明源计算机与目标计算机 192.168.1.100 连通；如果出现图 2-9 所示的结果，则表明源计算机与目标计算机不连通。

ping 命令的原理是向目标计算机发送 4 次数据包，如果收到对方的反馈信息则代表网络通；如果在指定的时间内没有收到对方的反馈信息，则视为超时，在某些情况下则代表网络不通。如果没有设置网关参数而 ping 一个其他网段的地址，就会出现图 2-10 所示的结果。

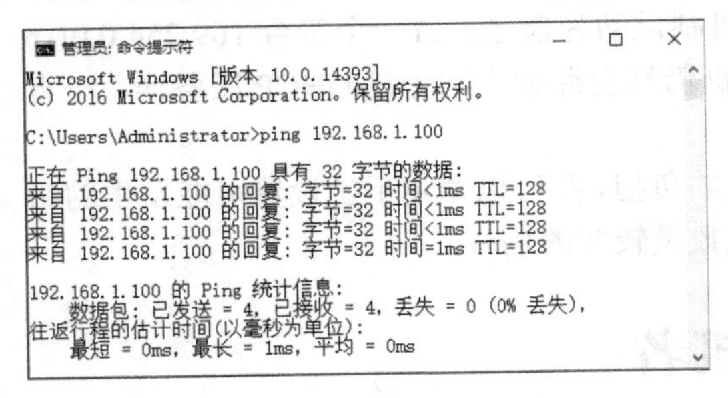

图 2-8　ping 命令测试网络连通

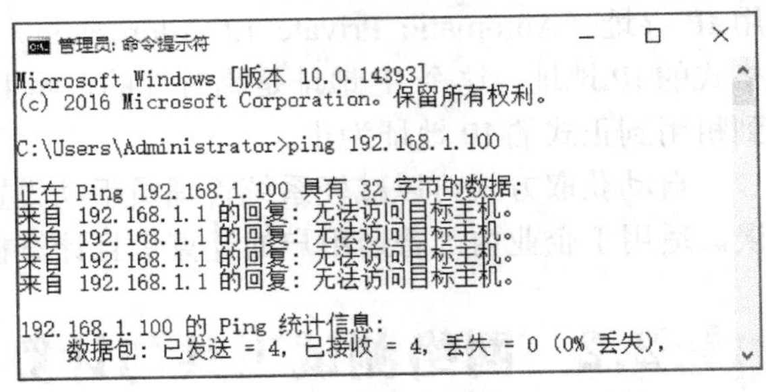

图 2-9　ping 命令测试网络不连通

提示：

如果目标计算机启用了防火墙的相关设置，则 ping 命令所发送的数据包可能会被防火墙阻止，即使网络配置正常可能也会显示如图 2-11 所示的结果。如果 ping 的目标计算机不存在，也会出现如图 2-11 所示的结果。

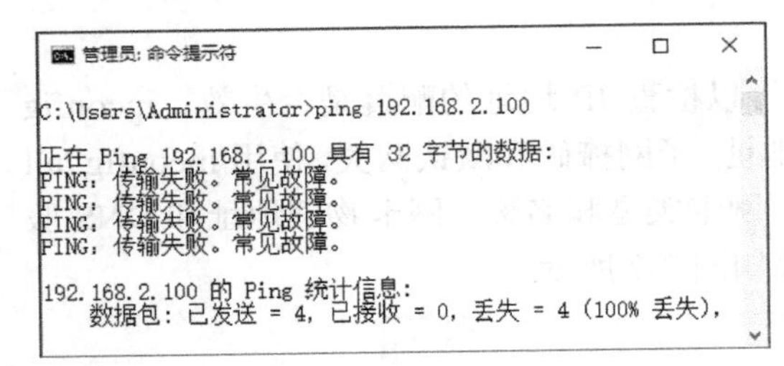

图 2-10　未设置网关参数，ping 命令测试网络不连通

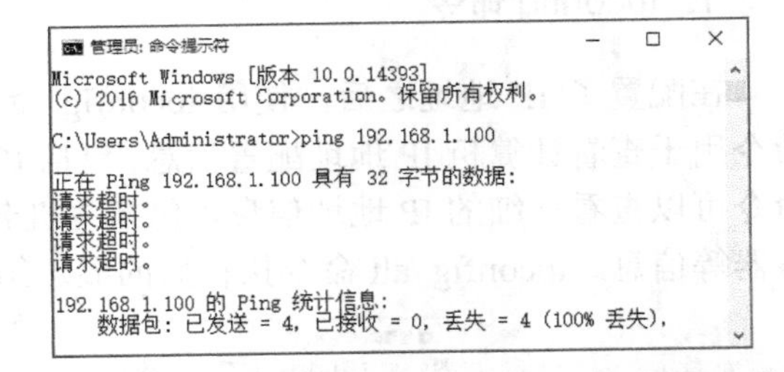

图 2-11　启用防火墙设置，ping 命令测试网络不连通

结合 ping 命令的参数能实现更高级的功能，如使用“–t”参数可以一直 ping 指定的计算机，直到按下 Ctrl+C 中断；使用“-n”参数可以自己定义发送数据包的个数。

一般情况下可以按照下列顺序诊断网络连接故障。

- ping 127.0.0.1：验证本地计算机上是否正确地配置了 TCP/IP。
- ping 本地计算机的 IP 地址：验证其是否已正确添加到网络中，是否有冲突。
- ping 默认网关的 IP 地址：验证默认网关是否正常工作以及是否可以与本地网络上的计算机通信。
- ping 远程计算机的 IP 地址：验证是否可以通过路由器进行通信。

2.2.2　计算机名与工作组

1．计算机名

计算机名用来标识计算机在网络中的身份，就如同人的名字一样。在同一网络中计算机名是唯一的，系统安装完成后会自动设置计算机名。建议根据此计算机所承担的服务角色设置容易识别的名称，就是从网络中看到的计算机名。在如图 2-12 所示的“本地服务器”界面看到的是系统自动设置的计算机名。单击此处的计算机名，出现如图 2-13 所示的“系统属性”对话框，单击“更改”按钮，出现如图 2-14 所示的“计算机名/域更改”对话框。可以在此对话中更改计算机名与工作组名，更改后按照提示重新启动计算机后，这些更改才会生效。

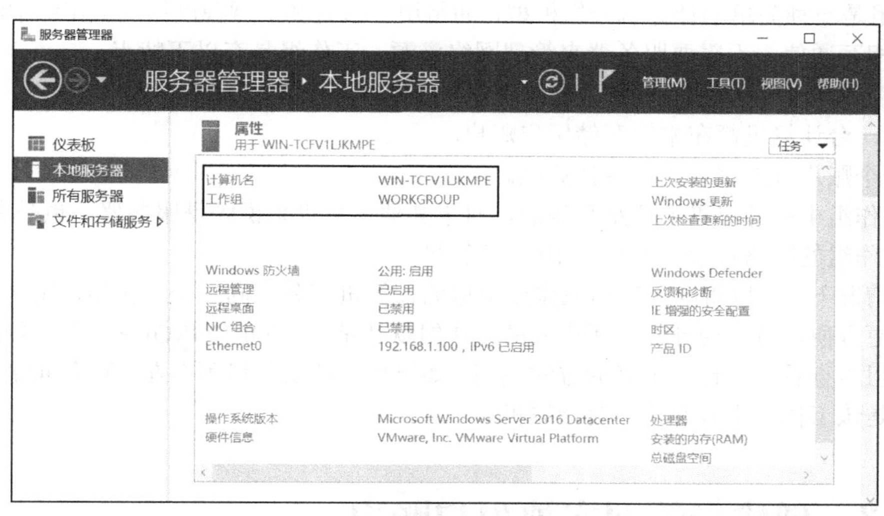

图 2-12　查看计算机名

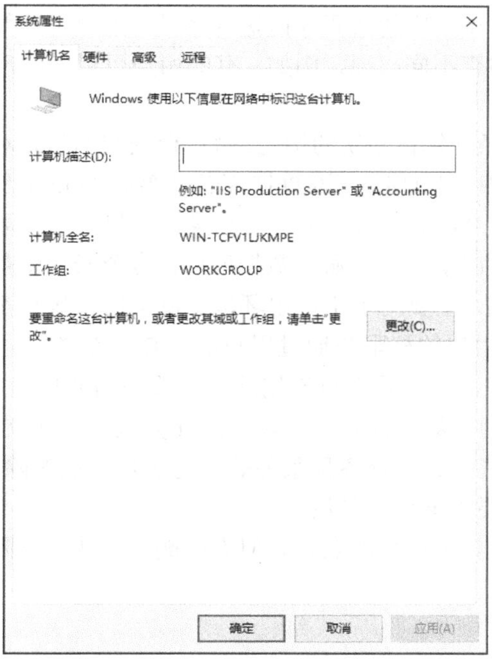

图 2-13 “系统属性”对话框

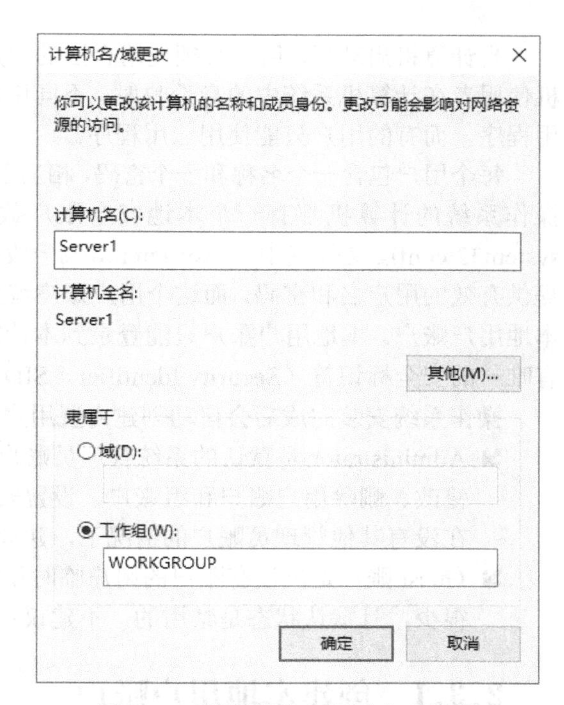

图 2-14 “计算机名/域更改”对话框

提示：

在桌面上右击“此电脑”图标，在弹出的菜单中选择“属性”，在出现的界面中单击计算机名后面的“更改设置”，也可以打开如图 2-13 所示的对话框，以修改计算机名和所属工作组。

2. 工作组

在小型办公网络中，可能有多台计算机，这些计算机地位是平等的，它们组成一个工作组。工作组是一种简单的计算机分组模型，通常用于家庭和小规模网络。工作组中的计算机可以直接相互通信，不需要服务器来管理网络资源。工作组具有以下特点：

- 每一台计算机都独立维护自己的资源，不集中管理所有网络资源。
- 每一台计算机都在本地存储用户账户。
- 一个账户只能登录到一台计算机。
- 工作组中的计算机地位是平等的，对于其他计算机来说既是服务器，也是客户机。
- 工作组的网络规模一般小于 10 台计算机。

一般情况下，可以将同一部门或作用类似的计算机划分为同一个工作组，让这些计算机之间通信更方便。每一台计算机所隶属的工作组默认都是 WORKGROUP。查看修改计算机所属工作组与查看修改计算机名的方法相同。如果加入的工作组不存在，则会创建一个新工作组，只是该工作组中只有这一台计算机。

2.3 创建与管理本地用户账户

当计算机启动后，用户必须使用合法的用户名和正确的密码才能进入系统。用户是计算机使用者在计算机系统中的身份映射，不同用户拥有不同权限，例如，有的用户可以安装应用程序，而有的用户只能使用应用程序。

每个用户包含一个名称和一个密码，相当于登录计算机系统的钥匙。每一台安装 Windows 操作系统的计算机都有一个本地安全账户数据库（SAM），该数据库位于%systemroot%system32\config 文件夹中（%systemroot%一般指 C:\Windows）。用户在登录计算机时，需要提供有效的用户名和密码，而这个用户账户就建立在本地安全账户数据库内，这个账户就是本地用户账户。本地用户账户只能登录到本计算机，主要用于工作组环境。每个用户账户都有唯一的安全标识符（Security Identifier，SID），用户的权限是通过用户的 SID 记录的。

操作系统安装完成后会自动创建内置用户账户，它们具有特殊用途，一般不需要更改。

- Administrator 是默认的系统管理员账户，拥有最高权限，可以管理计算机，如建立、修改、删除用户账户和组账户，设置安全策略、配置各种服务等。此账户无法删除，在没有其他管理员账户的情况下，建议不要将该账户禁用。
- Guest 账户是供没有账户的用户临时使用的，可以更改名称，但无法删除，默认权限很少，且默认状态是禁用的，不建议启用。

2.3.1 创建本地用户账户

选择“开始→Windows 管理工具→计算机管理”，在如图 2-15 所示的“计算机管理”窗口展开左侧“本地用户和组”节点，右键单击“用户”，在弹出的菜单中选择“新用户”。在如图 2-16 所示的对话框中输入用户名、描述、密码等信息，单击“创建”按钮，即可完成新用户 zhangsan 的创建。

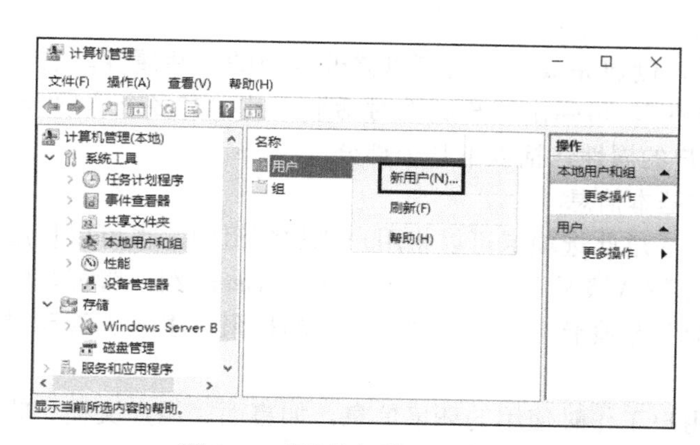

图 2-15　“计算机管理”窗口

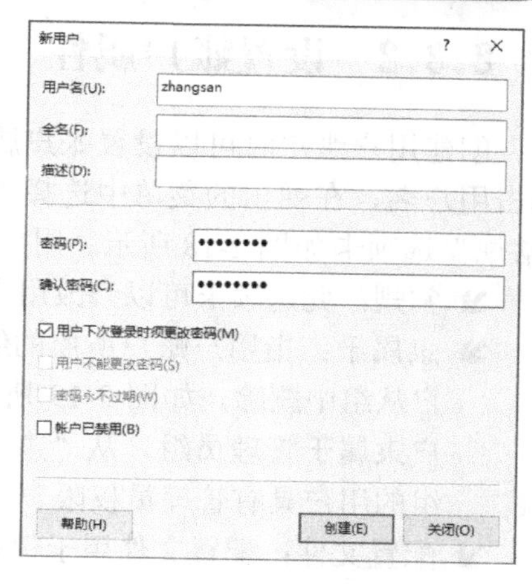

图 2-16　创建用户

创建用户时，如图 2-16 所示的对话框中各选项的说明如下。

- 用户名：用户登录时所使用的名称，不能与当前系统中其他用户名或组名同名。
- 全名和描述：用户的完整名称和描述用户个人信息的说明文字，为可选项。
- 密码和确认密码：用户创建者为用户指定的初始密码。系统默认启用了“密码必须符合复杂性要求”策略，密码必须至少 6 个字符，且不能包含用户名或全名，至少包含 A～Z、a～z、0～9 和非字母数字字符 4 组字符中任意 3 组中的字符，并且字母区分大小写。
- 用户下次登录时须更改密码：若勾选此项，用户在下次登录时，系统会显示一个要求用户更改密码的对话框，这个操作可以确保只有该用户知道自己设置的密码。
- 用户不能更改密码：若勾选此项，可防止用户更改密码。当多个用户使用同一个账户时，其中一个人更改了密码会造成其他用户不能登录，禁止用户更改密码可以避免这种情况。
- 密码永不过期：系统默认 42 天后会要求用户修改密码，若勾选此项，系统永远不会要求该用户更改密码。
- 账户已禁用：若某用户暂时离开不需要登录系统，可以将账户禁用，禁用后此账户将不能登录。被禁用的账户前面会有一个向下的箭头符号。

用户创建完成后，注销当前登录的用户，在如图 2-17 所示的登录界面单击新建的用户名，完成新用户登录。

图 2-17　新用户登录

2.3.2 设置账户属性

创建用户账户时可以设置账户属性，创建完成后，还可以修改账户的一些属性。右键单击用户名，在弹出的菜单中选择“属性”，可弹出用户属性对话框，其中有多个选项卡，“常规”选项卡如图 2-18 所示。用户账户的属性包括以下几个部分。

- 常规：此选项卡可以修改用户的基本信息。
- 隶属于：指用户账户所属的组，通过此选项卡可以将用户添加到组中，也可以将用户从组中删除，如图 2-19 所示。默认情况下，普通用户隶属于 Users 组，管理员账户隶属于管理员组，从“隶属于”选项卡中可大致判断用户的权限，隶属于管理员组的用户具有管理员权限。
- 配置文件：配置文件用于保存用户工作时使用的环境信息，如桌面、用户文档、收藏夹等。在“配置文件”选项卡中可以修改配置文件的存储路径。

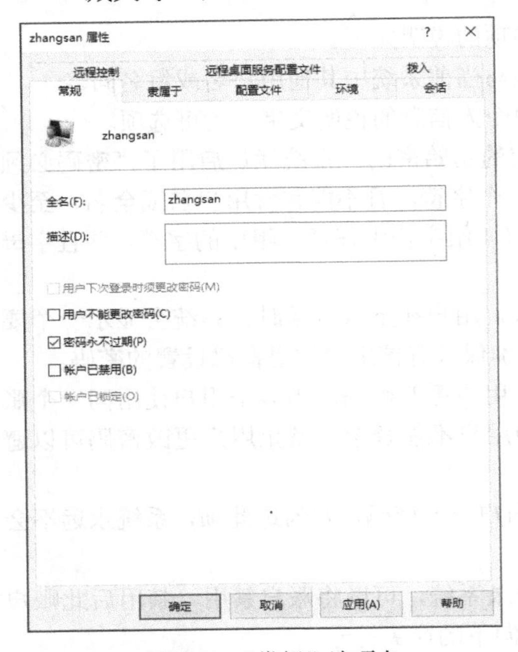

图 2-18 “常规”选项卡

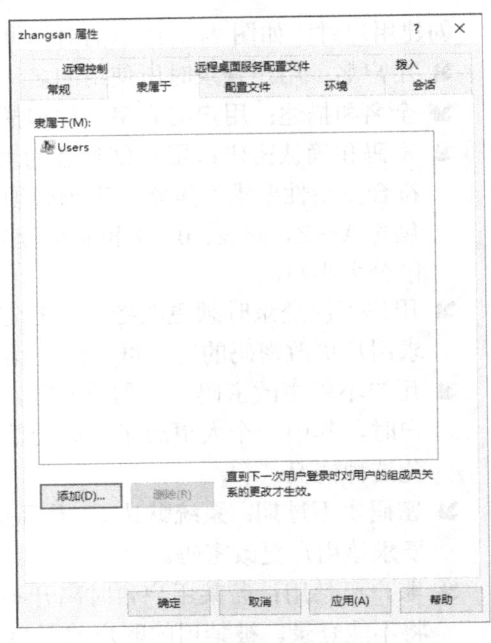

图 2-19 “隶属于”选项卡

2.3.3 修改和删除用户账户

1. 修改账户密码

修改账户密码有两种情况，一种是管理员为用户修改密码，管理员不需要知道用户的密码即可修改；另一种是用户自行修改密码，用户必须知道该账户的原始密码才能修改。

用管理员账户登录系统后，在如图 2-20 所示的窗口中右键单击要修改密码的账户，在弹出的菜单中选择“设置密码”，出现警告信息，单击“继续”按钮，输入两次新密码并确定，即可完成密码修改。

图 2-20　修改用户密码

用户在为自己的账户修改密码时，登录系统后按“Ctrl+Alt+Delete”组合键，出现如图 2-21 所示的“Windows 安全”界面，单击“更改密码”按钮，按照提示输入原来的旧密码，再输入两次新密码即可完成修改。

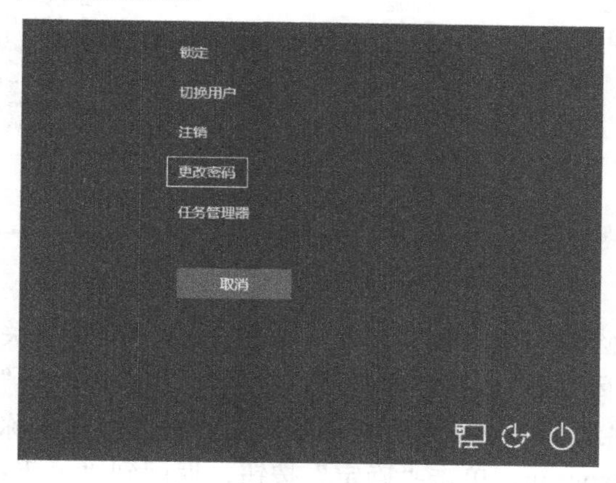

图 2-21　“Windows 安全”界面

2. 重命名用户账户

当一个员工离职，另一个员工接替工作时，可以将以前员工使用的用户账户更改为新员工的账户，并重设密码。更名后原用户账户所有权限将全部保留下来。在如图 2-20 所示的“计算机管理”窗口中右键单击要重命名的账户，在弹出的菜单中选择“重命名”项，该用户的名字变成可编辑状态，输入新用户名后，按回车键或单击空白处即可完成修改。

3. 删除用户账户

当用户账户确定不需要再使用时，可以删除。当一个用户账户被删除后，可再建立同名用户账户，但不会保留以前的权限。原因是在系统内部有唯一标识用户账户的 SID，新建立的同名用户账户的 SID 与被删除的原用户账户不同。右键单击要删除的账户，在弹出的菜单中选择“删除”即可完成删除操作。

 2.4 为用户设置权限

新用户创建后，其操作计算机系统的权限是受限的，如不能关闭计算机、不能更改系统时间、不能读写某些文件等。为使用户能正常使用其工作所需的计算机资源，又保护其他资源不被其窥视、破坏，管理员或资源的所有者要为其设置合适的权限。

以设置本地安全策略为例（第 5 章详细介绍）为用户设置权限。选择“开始→Windows 管理工具→本地安全策略”，在弹出的“本地安全策略”窗口中展开“本地策略→用户权限分配”文件夹，如图 2-22 所示，在右侧的窗格中可以选择为用户分配的权限。

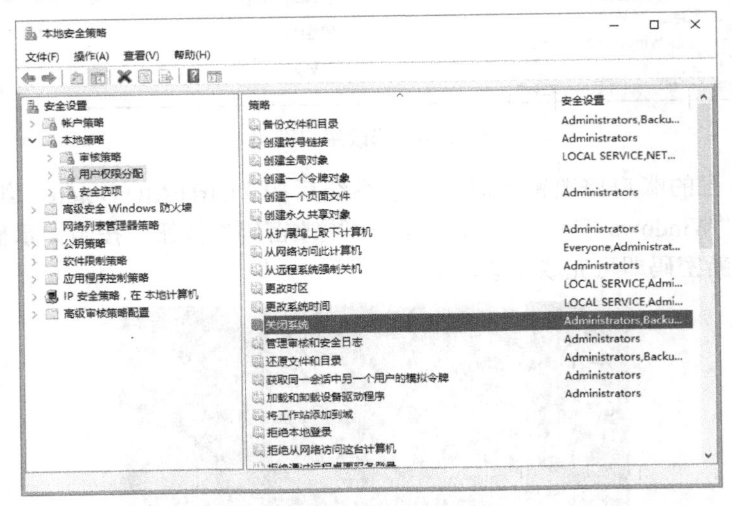

图 2-22　用户权限分配

如为 zhangsan 用户设置关闭系统的权限，在图 2-22 中双击“关闭系统”策略图标，弹出如图 2-23 所示的“关闭系统 属性”对话框。在此对话框中单击“添加用户或组”按钮，弹出如图 2-24 所示的“选择用户或组”对话框，在“输入对象名称来选择”下的文本框中输入要设置的用户名 zhangsan，单击“确定”按钮，返回到“关闭系统 属性”对话框，单击“确定”按钮即可完成权限设置。

图 2-23　“关闭系统 属性”对话框

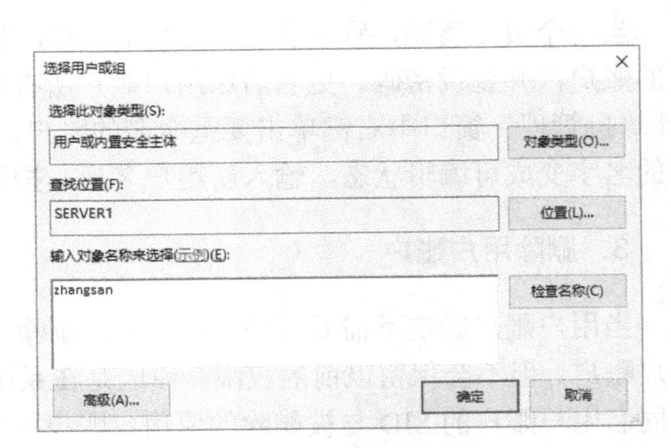

图 2-24　“选择用户或组”对话框

2.5　创建与管理本地组

作为系统管理员，如能利用组来管理用户账户的权限，可简化操作。组是账户的集合，合理使用组来管理用户账户权限，能够为管理员减轻负担。例如，当针对业务部组设置权限后，业务部组内的所有用户都会自动拥有此权限，不需要单独为每个用户设置权限。

与用户账户类似，安装完操作系统后会自动建立一些特殊用途的内置本地组，常用内置本地组可分为“需要人为添加成员的内置本地组”和无法更改成员的“动态包含成员的内置本地组”。常用内置本地组简要说明见表 2-3。

表 2-3　常用内置本地组简要说明

组　名	类　型	描 述 信 息
Administrators	需要人为添加成员的内置本地组	该组的成员具备管理员权限，拥有对这台计算机最大的控制权。当需要多个人管理时，可以将多个用户账户添加到该组，默认的管理员账户 Administrator 属于该组
Guests		该组的成员拥有一个在登录时创建的临时用户配置文件，当被注销时配置文件将被删除，默认的 Guest 账户属于该组
Users		该组是所有新建用户的默认组，拥有一些基本权限，如运行应用程序、使用本地和网络打印机、锁定计算机等，但不能共享文件，不能关闭计算机
Interactive	动态包含成员的内置本地组	凡是在本地登录的用户，都隶属于此组
Authenticated Users		组中动态地包含通过验证的所有用户
Everyone		该组包含任何用户（包括 Guest 账户），设置开放的权限时经常使用。若启用了 Guest 账户，则在分配权限给该组时要小心，当一个使用在本地计算机内没有的账户通过网络登录计算机时，会被自动允许使用 Guest 账户来连接，此时 Guest 账户隶属于 Everyone 组，拥有 Everyone 组的所有权限

创建本地组的步骤与创建用户账户类似，在如图 2-15 所示的“计算机管理”窗口中右键单击“组”，在弹出的菜单中选择“新建组”选项，弹出如图 2-25 所示的“新建组”对话框。在“新建组”对话框中输入组名，单击“创建”按钮，完成组的创建。

创建组时也可以为组添加成员，单击“新建组”对话框中的“添加”按钮，弹出如图 2-26 所示的“选择用户”对话框，输入用户名，单击“确定”按钮即可为该组添加用户。如果无法确定要添加的用户名，还可以在图 2-26 所示的对话框中单击“高级”按钮，在接下来出现的对话框中单击“立即查找”按钮，在下方出现的搜索结果中选择要添加的用户或组，单击“确定”按钮即可。

提示：

在组中添加的用户必须已经存在，一个用户可以加入多个组。如果在创建组时还没有创建相应的用户，可以暂时不添加成员，待创建用户后再添加。

组的重命名和删除操作与用户的重命名和删除操作类似，重命名组不会对组内成员产生影响，删除组也不会删除组的成员，但组内成员不再具备组的权限。

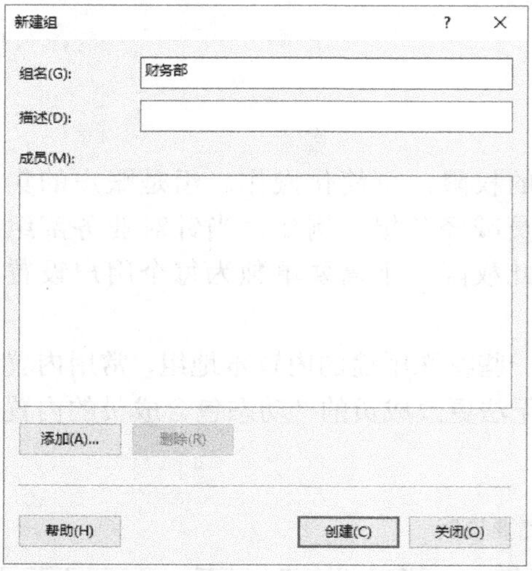

新建组

组名(G): 财务部

描述(D):

成员(M):

添加(A)... 删除(R)

帮助(H) 创建(C) 关闭(O)

图 2-25 “新建组”对话框

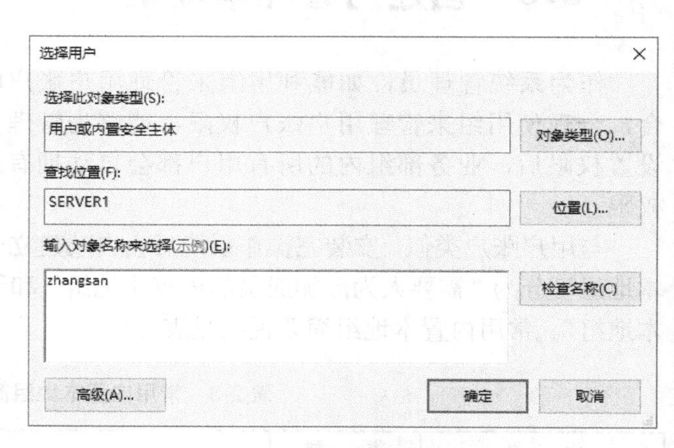

图 2-26 “选择用户”对话框

2.6 实训

实训环境

HT 公司有多台 Windows Server 2016 服务器需要互连，这些服务器位于 192.168.10.0/24 和 10.0.0.0/8 网段，网络管理员需要为这些服务器配置网络参数，使其连通。其中一台名叫 Filesvr 的服务器要集中存储公司的各种文件，要求每个员工都能访问该服务器，但各部门在访问服务器时具备不同的权限，如技术部的员工具有关闭系统的权限，人事部的员工具有修改系统时间的权限等。

需求描述

- 规划计算机名和 IP 地址。
- 为计算机配置 IP 地址、子网掩码和默认网关。
- 使用 Windows 测试工具调试网络连通性。
- 为每个员工创建用户账户，根据权限需求创建技术部组和人事部组并添加成员。
- 为组分配权限。
- 测试权限。

2.7 习题

- IP 地址有哪些版本，各版本分别由多少位二进制数构成？
- A、B、C 类 IP 地址的第一个 8 位组取值范围分别是多少？
- 分别说明 ipconfig 命令和 ping 命令的作用。
- Administrator 账户和 Guest 账户的区别是什么？

第3章 配置文件和打印服务器

项目需求：

ABC 公司的一台公共服务器上放置了各部门的资料，为保障数据的安全，需要限制不同用户访问该计算机资源时的访问权限，如部门经理可以写入数据，普通员工可以读取数据；公司某员工离职后，他使用过的计算机上有重要文件管理员无法查看，要重新设置 NTFS 访问权限取得文件的所有权，重新设置访问权限；此服务器上还连接着一台打印设备，并希望该服务器为全体员工提供打印服务，而且部门经理较普通员工有优先打印权限。

学习目标：

- 理解 NTFS 权限的概念
- 会管理 NTFS 权限
- 理解复制和移动对权限的影响
- 会创建和访问共享文件
- 理解共享权限和 NTFS 权限的关系，以及打印设备和打印机的区别
- 会配置打印池、打印机优先级和打印权限

本章单词

- NTFS：New Technology File System，新技术文件系统
- ReFS：Resilient File System，弹性文件系统
- Share：共享
- UNC：Universal Naming Convention，通用命名规则
- Function：功能
- Discovery：发现
- Resource：资源
- Publication：发布
- Print：打印
- Terminal：终端

3.1 NTFS权限

3.1.1 NTFS权限概述

在某些办公环境中，存储在计算机中的文件经常需要被多人读取访问，图3-1所示为文件访问权限示意图。为防止某些人篡改、删除文件，系统开发者设计了“文件访问权限”。只有被分配了修改权限的访问者才能修改其内容，只被分配读取权限的访问者只能读取其内容。这些权限是分配给用户账户或组账户的，分配给组账户的权限即自动分配给了组内成员，可减少分配的次数。

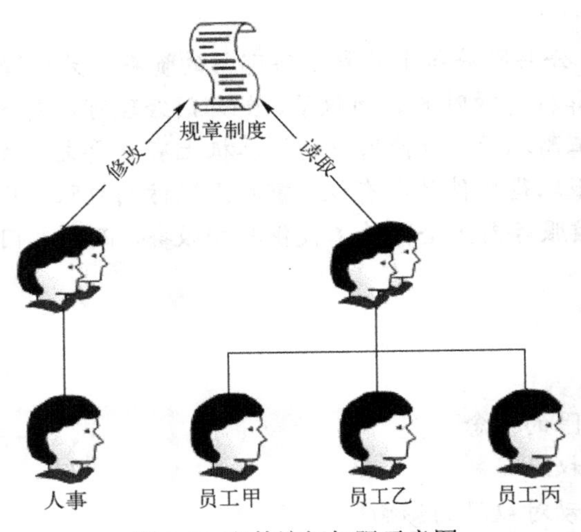

图3-1　文件访问权限示意图

1．文件系统

文件系统是在外部存储设备上组织文件的方法，如可以将一个文件连续地存储在磁盘上，或将其划分为多个单元，分别保存在磁盘的不同位置，如果划分多个单元，还需要确定每个单元的大小。不同的文件系统有不同的设计，Windows Server 2016 常用的文件系统有NTFS（New Technology File System，新技术文件系统）、ReFS（Resilient File System，弹性文件系统），文件系统选择如图3-2所示。本书以NTFS文件系统为例进行介绍。

- NTFS是随着Windows NT推出的文件系统，是默认的文件系统，Windows的部分功能必须在NTFS上才能实现，如活动目录。
- ReFS是在Windows Server 2012中新引入的一个文件系统，只能应用于存储数据，还不能引导系统，并且在移动媒介上也无法使用。

2．NTFS权限

NTFS和ReFS可以针对不同用户或组设置多个访问权限，这些访问权限可以提供文件的安全性。每个文件或文件夹的属性中都增加了一个“安全”选项卡，其中包含访问控制列表和访问控制项。访问控制列表中列出的是和当前文件或文件夹权限有关的用户和组，当选中某个用户或组后，访问控制项中列出的是和该用户或组相关的权限，如图 3-3 所示。

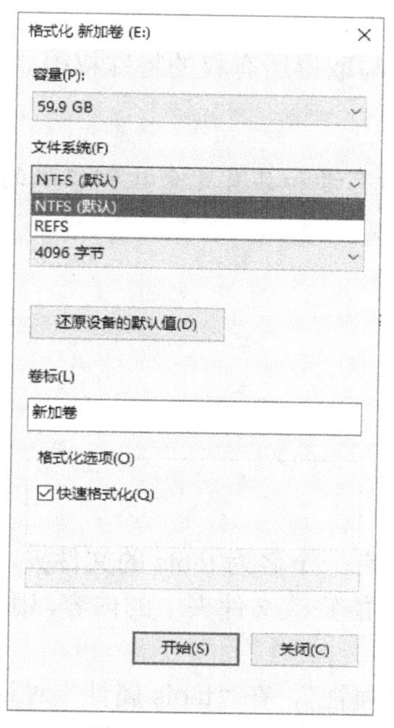

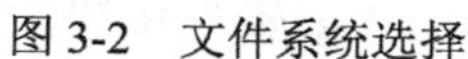
图 3-2　文件系统选择

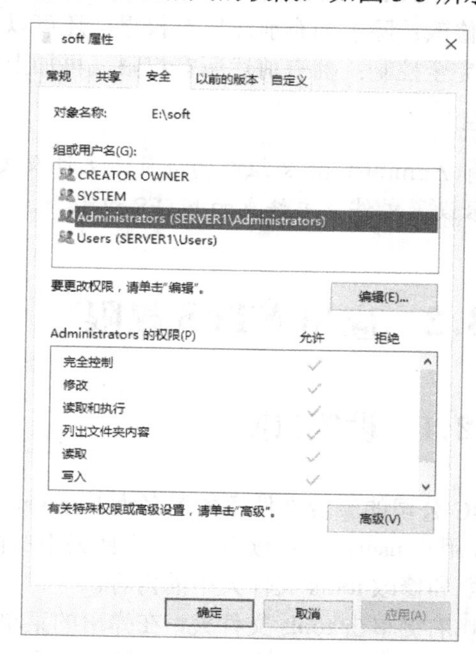

图 3-3　文件夹属性“安全”选项卡

当一个用户试图访问一个文件或者文件夹时，文件系统会检查访问控制列表中是否存在该用户账户或该用户所在的组，然后进一步检查访问控制项，根据控制项中的权限来判断用户最终权限。如果访问控制列表中不存在该用户账户或其所在的组，则拒绝该用户访问。

3.1.2　文件和文件夹权限

用户可以对文件进行读取、写入等操作，在图 3-3 所示的访问控制列表中可以设置哪些用户或组能操作此文件，允许用户或组进行哪些操作，拒绝用户或组进行哪些操作，即用户或组对文件的操作权限。

基本文件权限如下所述。

- 读取：可以读取文件内容，查看文件属性与权限。
- 写入：可以修改文件内容、向文件中添加数据或改变文件属性等。
- 读取和执行：除了拥有读取的所有权限，还具备执行应用程序的权限。
- 修改：除了拥有前述所有权限，还可以删除文件。
- 完全控制：拥有前述所有权限，再加上更改权限与取得所有权的特殊权限。

基本文件夹权限如下所述。

- 读取：可以查看文件夹内的文件与子文件夹名，查看文件夹属性与权限等。
- 写入：可以在文件夹内新建文件与子文件夹，修改文件夹属性等。
- 列出文件夹内容：除了拥有读取的所有权限，还具备遍历文件夹的权限，即打开或关闭此文件夹。

- 读取和执行：与列出文件夹内容相同，只有在权限继承方面有所不同。列出文件夹内容权限只会被文件夹继承，而读取和执行会同时被文件夹与文件继承。
- 修改：除了拥有前述所有权限，还可以删除文件夹。
- 完全控制：拥有前述所有权限，再加上更改权限与取得所有权的特殊权限。

> **提示：**
> 只有 Administrators 组内的成员、文件及文件夹的所有者和具有完全控制权限的用户，才有权限设置文件／文件夹的 NTFS 权限。

3.2 应用 NTFS 权限

3.2.1 设置权限

ABC 公司的一台文件服务器名为 Filesvr，服务器上有一个名为 tools 的文件夹，根据工作需要，用户 userA 需要读取 tools 文件夹中的内容，但不能修改文件夹中的内容，用户 userB 需要读取和修改 tools 文件夹中的内容。

STEP1 右键单击 tools 文件夹，在弹出的菜单中选择“属性”，在“tools 属性”对话框中选择“安全”选项卡，在如图 3-4 所示的对话框中单击“编辑”按钮，出现“tools 的权限”对话框，单击“添加”按钮，在“选择用户或组”对话框中输入用户账户名 userA，如图 3-5 所示，单击“确定”按钮。还可以单击图 3-4 中的“高级”按钮，在出现的对话框中单击“立即查找”按钮，从列表中选择用户或组。

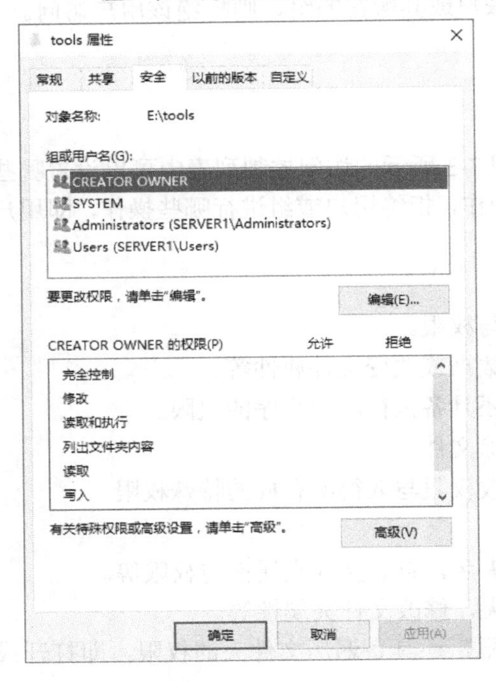

图 3-4 “安全”选项卡

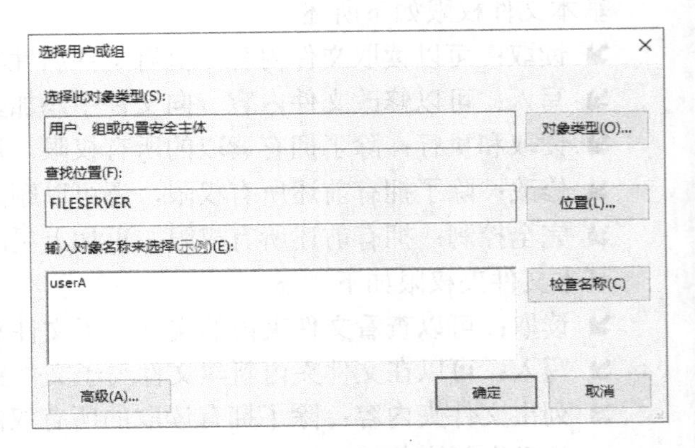

图 3-5 选择用户和组

STEP2 在“tools 的权限”对话框中设置 userA 的权限为“读取和执行”，如图 3-6 所示；采用同样办法，设置 userB 的权限为“修改”，如图 3-7 所示。

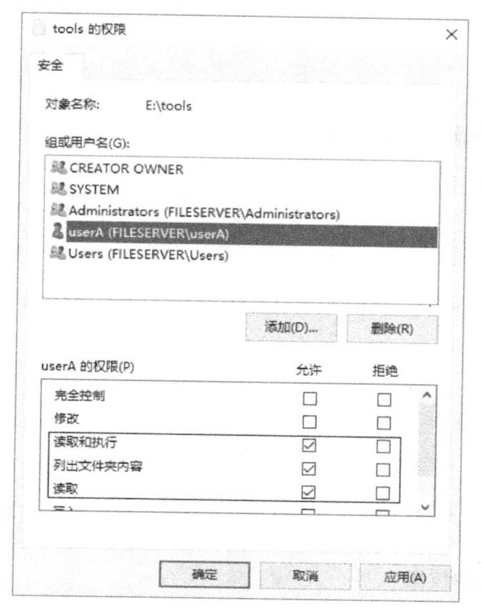

图 3-6　设置 userA 的权限

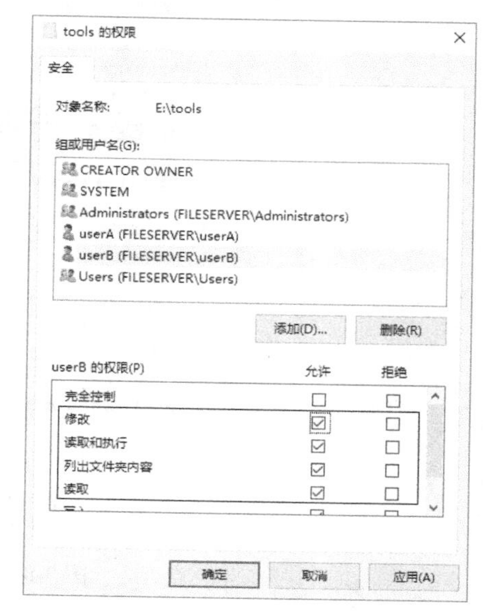

图 3-7　设置 userB 的权限

STEP3 以用户名 userA 登录计算机，可以访问 tools 文件夹，浏览文件夹中的内容，修改文件夹中的内容后在保存时会出现“拒绝访问”提示，并且不能在文件夹中新建文件。以用户名 userB 登录计算机后，同样可以访问 tools 文件夹，浏览文件夹中的内容，还可以修改文件夹中的内容，建立新文件。

设置文件权限与设置文件夹权限方法一致，这里不再赘述。

3.2.2　权限的累加

如果一个用户同时属于多个组，而且当该用户与这些组分别对某文件或文件夹拥有不同的权限设置时，则该用户对这个文件的最后有效权限是分配给用户账户的权限和用户所属各组的权限的累加。

userA 用户同时属于业务部组和销售部组，设置业务部组对文件 file.txt 的权限为读取，销售部组对文件 file.txt 的权限为写入，用户 userA 对该文件的权限为读取和执行，此时用户账户 userA 对文件 file.txt 的最终权限为 3 个权限的总和，即“读取+写入+执行”。

3.2.3　权限的继承

当为文件夹设置 NTFS 权限后，这个权限会默认被此文件夹之下的子文件夹和文件继承，新建的文件或者文件夹也会自动继承上一级目录或磁盘分区的 NTFS 权限。例如，设置用户 userA 对 tools 文件夹拥有读取权限，则用户 userA 对 tools 文件夹内的文件也有读取权限。访问控制项中有灰色对钩的选项就是继承的权限，如图 3-8 所示，不能直接修改从上一级继承来的权限。

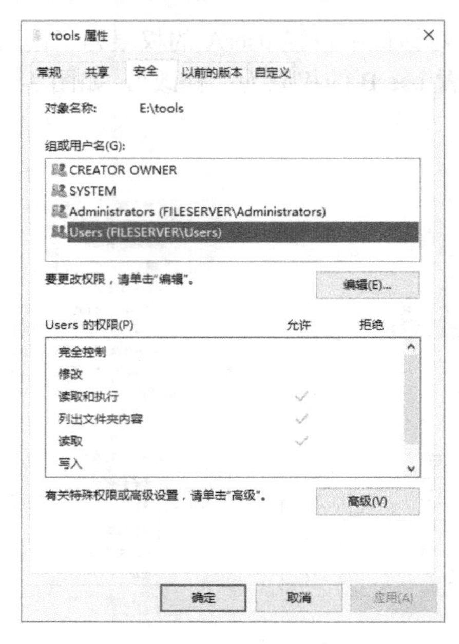

图 3-8　继承的权限

对于一些要设置单独 NTFS 权限的文件或文件夹，不需要从上一级继承权限，可以将继承来的权限删除，然后重新设置 NTFS 权限，步骤如下所述。

STEP1 右键单击 tools 文件夹，在弹出的菜单中选择“属性”，在“tools 属性”对话框中选择“安全”选项卡，单击图 3-8 右下方的“高级”按钮，出现“tools 的高级安全设置”对话框，如图 3-9 所示。

STEP2 在“tools 的高级安全设置”对话框中单击“禁用继承”按钮，出现如图 3-10 所示的“阻止继承”对话框，可选择保留原本从父对象所继承的权限或删除这些权限。

STEP3 如选择删除权限，则 tools 文件夹不会继承来自分区的权限，删除继承权限后的 tools 文件夹权限如图 3-11 所示。

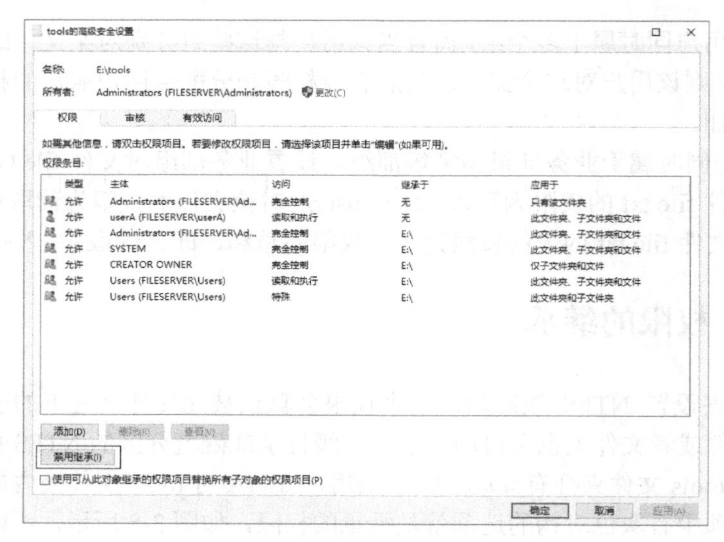

图 3-9　tools 的高级安全设置

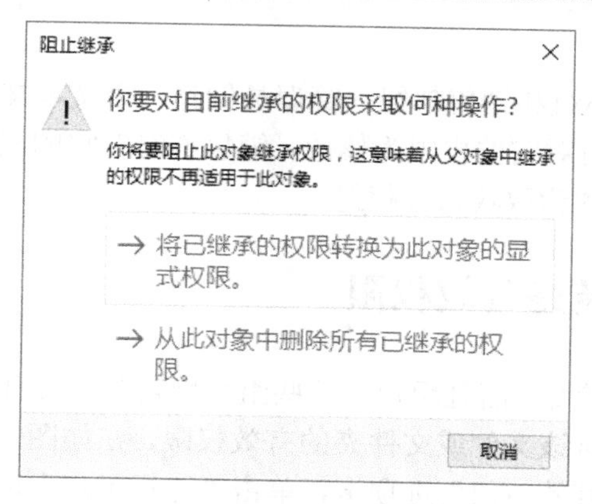

图 3-10 阻止继承

图 3-11 删除继承权限后的 tools 文件夹权限

提示：

如果勾选图 3-9 下方的“使用可从此对象继承的权限项目替换所有子对象权限项目”，表示强制下级文件夹或文件继承当前文件夹的权限。

3.2.4 权限的拒绝

如果在某个文件或文件夹的访问控制列表中为某个用户分配的操作权限与为该用户所属的组分配的权限发生矛盾，即一个允许某个操作，另一个拒绝该操作，或者没有为用户分配任何权限，但是为用户所属的多个组分配的权限发生矛盾，此时用户的有效权限是什么呢？只要为用户或其所属的一个组设置拒绝权限，用户将不会拥有访问权限，拒绝权限的优先级高于其他权限。

userA 用户属于业务部组和销售部组，管理员创建一个文本文件 file.txt，用户 userA 对它的权限为读取，业务部组对它的权限为修改，销售部组对它的权限为拒绝读取，此时用户账户 userA 对文件 file.txt 的读取权限被拒绝。

3.2.5 用户的最终有效权限

如果用户同时属于多个组，而且用户与这些组分别对某个文件夹或文件拥有不同的权限设置，要想快速判断用户对该文件或文件夹的有效权限，在如图 3-9 所示的“tools 的高级安全设置”对话框中选择“有效访问”选项卡，单击“选择用户”选择要查看权限的用户，这里选择 userA 账户。在图 3-12 中单击“查看有效访问”按钮，可查看 userA 账户对文件夹 tools 的有效权限。

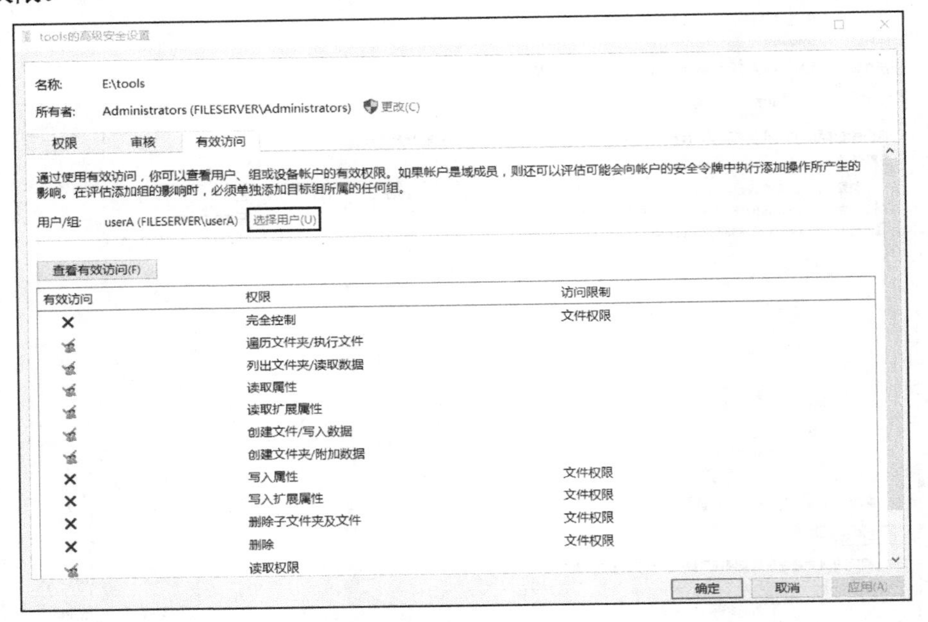

图 3-12 有效访问权限

3.2.6 取得所有权

除了要为用户对文件或文件夹的操作进行控制，还要为用户对访问控制列表的操作权限进行控制，否则，如果任何用户都可以更改访问控制列表中的权限设置，则分配权限就失去了意义。因此，访问控制列表中还有一些特殊权限。

以 tools 文件夹的特殊权限设置为例，在图 3-9 中选择用户 userA 后，下方的“查看”按钮变为“编辑”按钮，单击“编辑”按钮，显示 userA 对此文件夹的基本权限，单击右侧的“显示高级权限”，如图 3-13 所示，列出了所有的特殊权限。

- 读取权限：允许用户（或组）读取此文件或文件夹的访问控制列表，即用户能够查看到何人拥有何种权限。

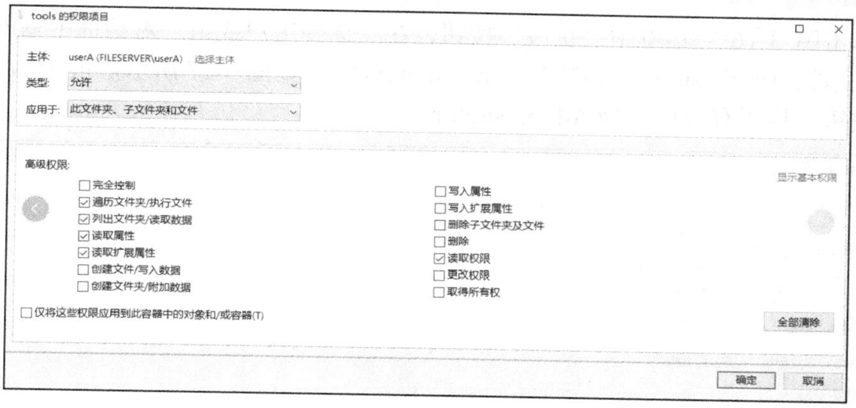

图 3-13 高级权限

- 更改权限：允许用户（或组）更改此文件或文件夹的访问控制列表，即用户能够为其他用户分配对该文件或文件夹的操作权限。
- 取得所有权：允许用户取得文件或文件夹的所有权，成为所有者。

每个文件和文件夹都有所有者，默认情况下创建文件或文件夹的用户就是该文件或文件夹的所有者。所有者可以更改其所拥有的文件或文件夹的权限，使其他用户无法访问，不论其当前是否有权限访问此文件或文件夹。Administrators 组的成员可以取得任何文件或文件夹的所有权，使其成为新的所有者，而不必拥有“取得所有权”权限。

ABC 公司的 userB 用户将计算机上的文件夹 soft 设置为只有自己有完全控制的权限，其他人无任何权限，如图 3-14 所示。userB 离职后，网络管理员删除了他的用户账户，但他计算机上的 soft 文件夹管理员也无法访问，管理员按以下步骤解决这个问题。

STEP1 以管理员 Administrator 用户登录，找到文件夹 soft，右键单击此文件夹，在弹出的菜单中选择“属性”，打开“soft 属性”对话框的“安全”选项卡，出现如图 3-15 所示的对话框，表示当前用户没有权限查看或编辑。单击“高级”按钮，出现 3-16 所示的对话框。

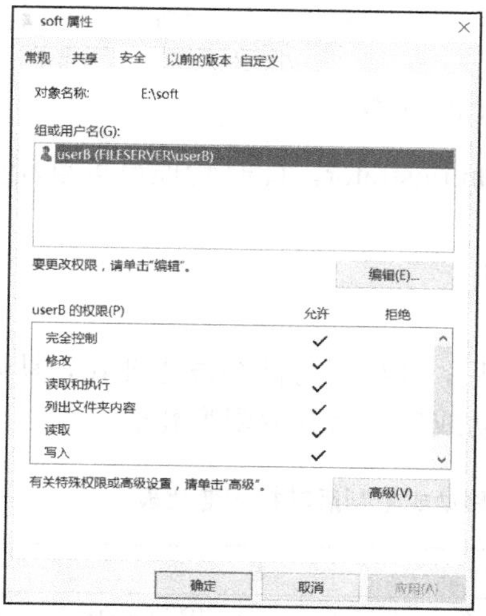

图 3-14 userB 完全控制

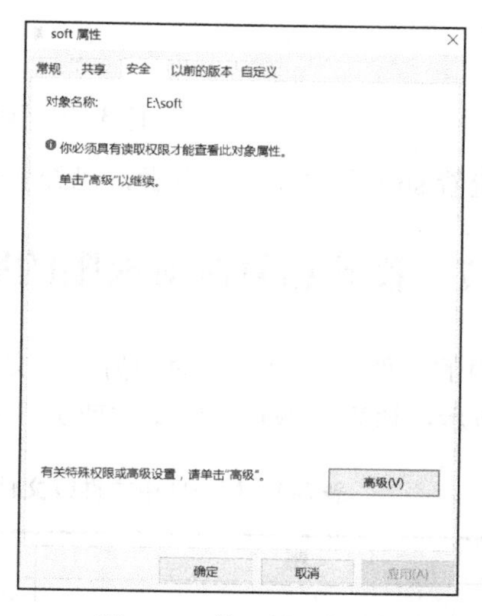

图 3-15 管理员无权查看

STEP2 单击图 3-16 对话框中“更改”按钮，在“选择用户或组”对话框中输入或通过查找添加 Administrator 用户或 Administrators 组，如图 3-17 所示，依次单击“确定”按钮，将所有者更改为 Administrator。

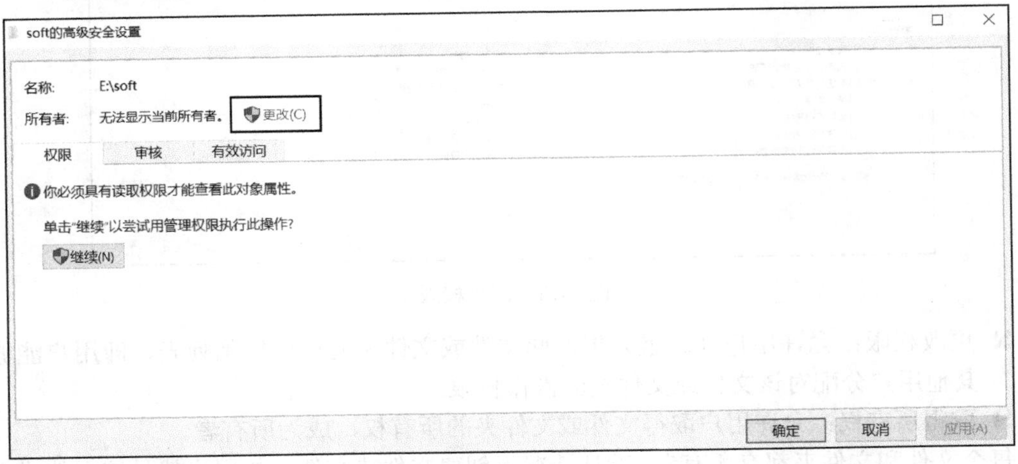

图 3-16　soft 的高级安全设置

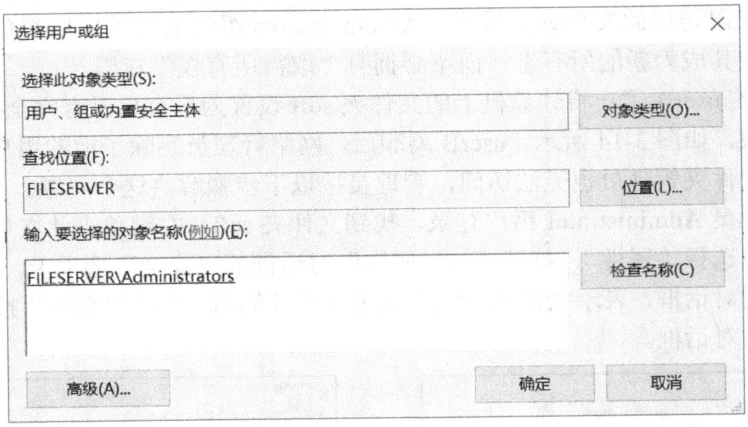

图 3-17　管理员取得所有权

STEP3 查看 soft 文件夹的所有者，已经变成 Administrator，此时管理员可重新分配权限。

3.2.7　移动和复制对权限的影响

磁盘内的文件被复制或移动到另一个文件夹后，其权限可能会发生变化，具体变化情况如表 3-1 所示，该表为 NTFS 中文件或文件被移动或复制后其权限变化表。

表 3-1　NTFS 中文件或文件夹被移动或复制后其权限变化表

<table>
<tr><th>复　制</th><th colspan="2">移　动</th></tr>
<tr><td rowspan="2">继承目的地文件夹权限</td><td>在同全一个磁盘分区内</td><td>保留原来的权限</td></tr>
<tr><td>在不同磁盘分区之间</td><td>继承目的地文件夹权限</td></tr>
</table>

- 复制：无论文件被复制到同一个磁盘分区或不同磁盘分区的另一个文件夹内，都相当于新建一个文件，此文件的权限将继承目的地权限。例如，如果用户对位于 C:\date 内的文件 file 具有读取权限，对文件夹 C:\tools 具有完全控制权限，当 file 被复制到 C:\tools 文件夹，用户对新文件 file 具有完全控制的权限。
- 移动：如果文件或文件夹被移动到同一个磁盘分区，则仍然保持原来的权限。例如，C:\date 文件夹被移动到 C:\tools 文件夹，权限不变。如果文件或文件夹被移动到另一个磁盘分区，则继承目的地权限。

提示：

如果文件或者文件夹被从 NTFS 磁盘分区复制到 FAT 分区，NTFS 权限将消失；当需要移动文件或文件夹时，必须对源文件或文件夹具备修改权限，同时也必须对目的文件夹具有写入权限。

3.3　访问网络文件

计算机在办公环境中常见的应用是帮助员工创建并存储各种类型的文件，员工之间有共享文件的需求。在计算机都联网办公的环境中，不需要依靠移动存储设备来实现文件共享。

Windows 的“共享”功能可以将存储在一台计算机中的文件夹及其中的文件，通过网络提供给其他计算机上需要的人。

3.3.1　公用文件夹

磁盘内的文件经过权限设置后，登录计算机的用户都只能访问自己有权限的文件，但无法访问其他用户的文件。Windows Server 2016 有一个公用文件夹，在本地登录的用户都可以访问这个公用文件夹，依次打开桌面上的“此电脑→本地磁盘（C:）→用户”文件夹下的公用文件夹，如图 3-18 所示。

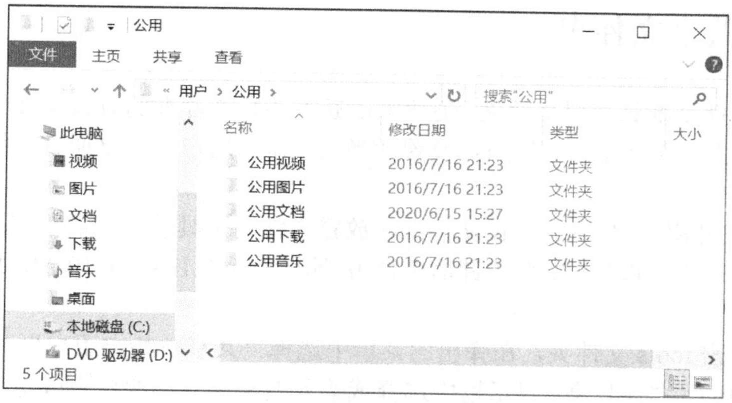

图 3-18　公用文件夹

公用文件夹内默认已经有公用视频、公用图片等 5 个文件夹，用户只要把需要共享的文件复制到适当的文件夹中即可，还可以在公用文件夹中建立更多的文件夹。

如果让用户通过网络访问公用文件夹，需要启用公用文件夹共享。选择“开始→控制面板→网络和 Internet→网络和共享中心”，单击左侧的“更改高级共享设置”，在如图 3-19 所示的窗口中展开“所有网络”，在“公用文件夹共享”处，选择“启用共享以便可以访问网络的用户可以读取和写入公用文件夹中的文件”，单击“保存更改”按钮。

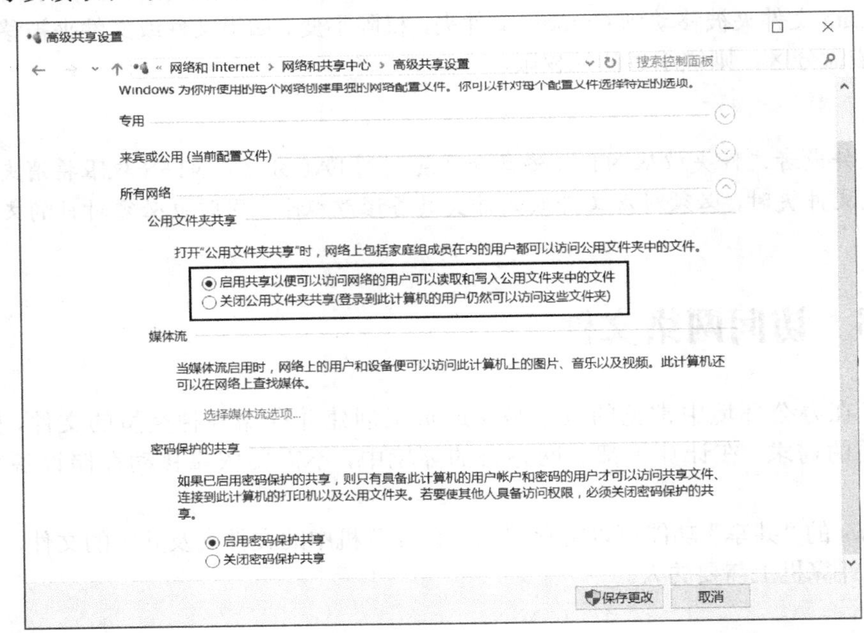

图 3-19　启用公用文件夹共享

如果选中图 3-19 中的“启用密码保护共享”，网络用户连接此计算机时必须先输入有效的用户账户与密码后，才可以访问公用文件夹中的内容。

公用文件夹共享无法针对特定用户，如果启用公用文件夹共享，则网络上所有用户都可以访问，如果关闭公用文件夹共享，则网络上所有用户都无法访问。

3.3.2　共享文件夹

即使不将文件复制到公用文件夹，仍然可以通过共享文件夹的方式将文件共享给网络上的其他用户。将文件夹共享后，为用户设置适当的权限，用户就可以通过网络来访问此文件夹内的文件、文件夹等。

ABC 公司文件服务器上的 tools 文件夹内放置了常用工具软件，需要在局域网内共享，让网络内的其他用户可以访问，假设此服务器 IP 地址为 192.168.200.10/24，共享文件夹的步骤如下。

STEP1 右键单击 tools 文件夹，在弹出的菜单中选择“共享→特定用户”，如图 3-20 所示。

STEP2 在出现的“文件共享”对话框中选择或输入要与其共享的用户或组名，单击“添加”按钮，如图 3-21 所示。

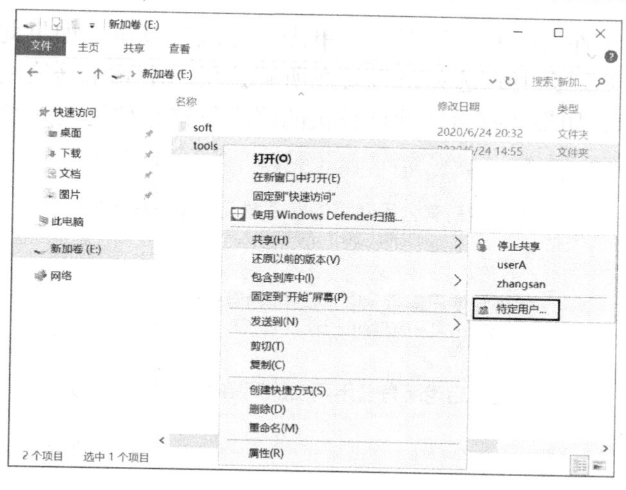

图 3-20　共享文件夹

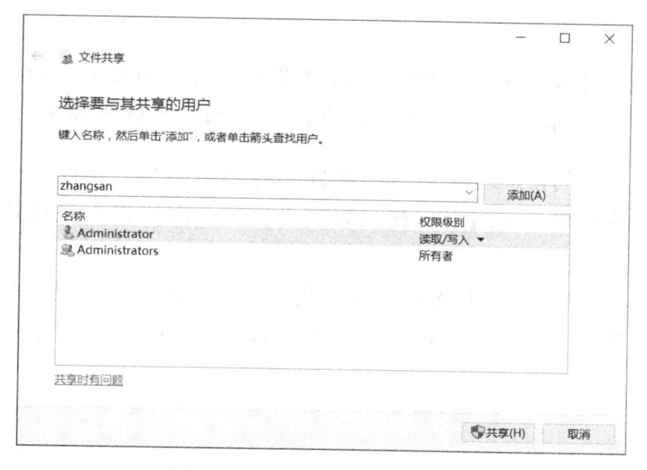

图 3-21　添加共享用户（1）

STEP3 添加的用户或组的默认共享权限为“读取”，若要更改可单击用户权限级别右边的下拉箭头，如图 3-22 所示，然后从显示列表中选择共享权限，单击“共享”按钮。

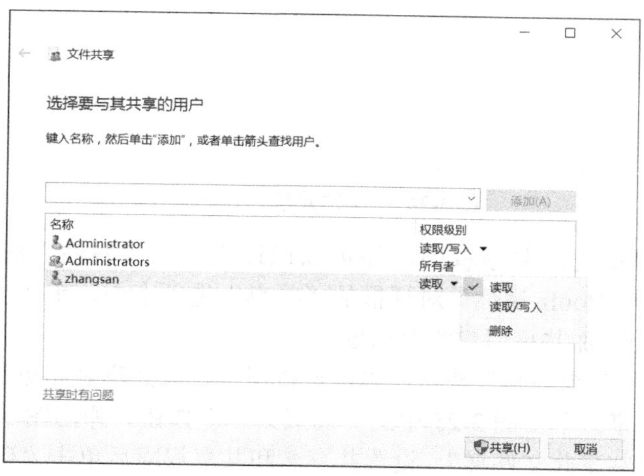

图 3-22　添加共享用户（2）

STEP4 出现“你的文件夹已共享”页面，单击“完成”按钮。如果此计算机的网络位置为公用网络，则会要求选择是否要在所有公用网络启用网络发现与文件共享，如图 3-23 所示。如果选择否，此计算机的网络位置会被更改为专用网络。

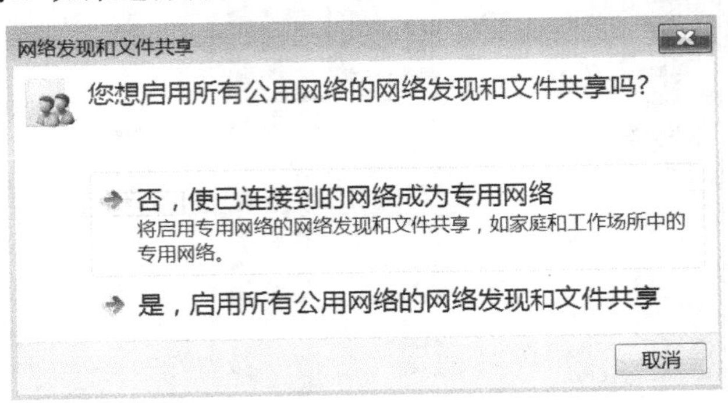

图 3-23　网络发现与文件共享

提示：

共享权限只对通过网络访问此文件夹的用户有约束力，如果用户由本地登录，也就是直接按“Ctrl+Alt+Del”键登录，不受此权限约束，只受 NTFS 权限约束。

第一次将文件夹共享后，系统就会启用文件和打印机共享。只有 Administrator 组内的成员有创建共享文件夹的权限，普通用户在共享文件夹时，需要输入系统管理员账户和密码后才能共享。

如果要停止共享，在图 3-20 中选择“停止共享”会弹出“文件共享”对话框，如图 3-24 所示。单击“停止共享”，则不再共享此文件夹，单击“更改共享权限”可添加或删除共享的用户或组。

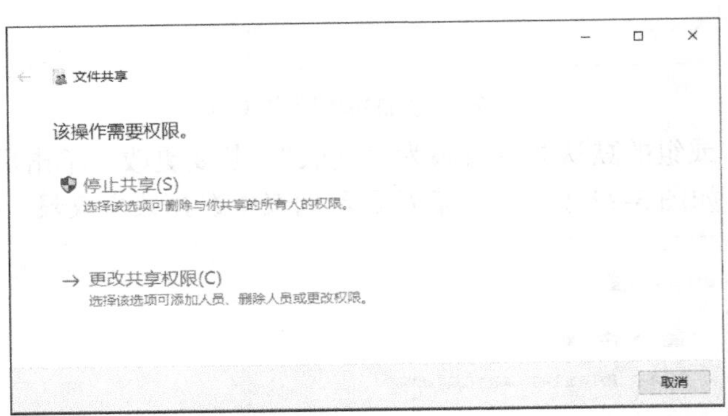

图 3-24　“文件共享”对话框

创建共享文件夹或更改共享权限，还可以通过文件夹“属性”对话框来实现，在如图 3-25 所示的文件夹“tools 属性”对话框的“共享”选项卡中，单击“共享”按钮，也会打开如图 3-21 所示的添加共享用户的对话框。

图 3-25 中还有“高级共享”按钮，单击该按钮可设置共享名和更复杂的共享权限，推荐使用此方法设置共享。单击图 3-25 中的“高级共享”按钮，弹出图 3-26 所示的“高级共享”对话框，选中“共享此文件夹”，设置共享名和共享权限后单击“确定”按钮。

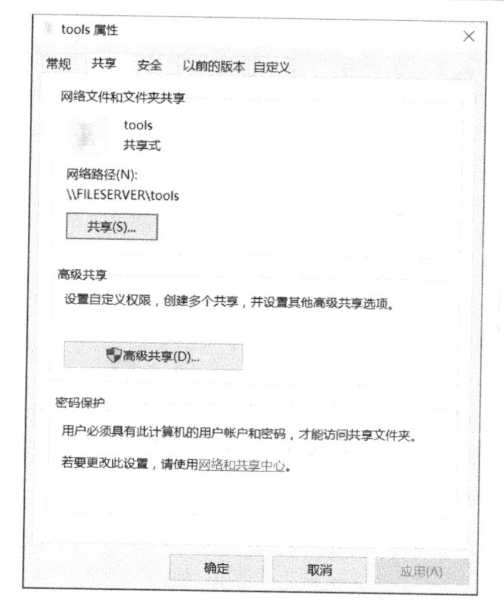

图 3-25　“共享”选项卡

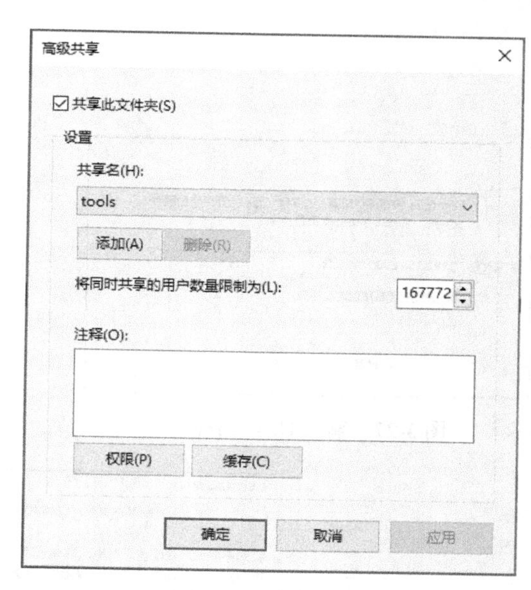

图 3-26　高级共享

提示：

共享名是在网络上查看此共享文件夹时看到的名称，此名称可以和文件夹名称相同或不同，一个文件夹可以建立多个共享名。

3.3.3　访问共享文件夹

在服务器上创建共享文件夹后，客户端可以通过多种方式实现访问共享。

1．利用网络路径实现访问共享

使用“\\服务器名称\共享名”或者“\\服务器 IP 地址\共享名”的共享文件夹的 UNC（Universal Naming Convention，通用命名规则）网络路径格式，可访问服务器上的共享文件夹，推荐使用服务器 IP 地址格式。

以 Windows 10 客户端为例，要访问上述共享的 tools 文件夹，在“运行”对话框（按下 Windows 键+R 键可弹出运行对话框）或在“文件资源管理器”地址栏中输入“\\192.168.200.10\tools”或“\\FILESERVER\tools”，可访问网络中的共享文件夹，输入 UNC 路径如图 3-27 所示。

如果登录本机的用户对网络上的共享文件夹没有访问权限，系统会提示输入有权限的用户名和密码，在如图 3-28 所示的对话框中输入有访问权限的用户名和密码，单击“确定”按钮，才可以访问服务器上共享的文件夹。

2．利用网络发现功能连接共享文件夹的计算机

客户端启用网络发现功能后，可以自动查找到共享文件夹。选择“控制面板→网络和 Internet→网络和共享中心→更改高级共享设置”，打开如图 3-29 所示的窗口，选择“启用网络发现”，单击“保存更改”按钮。

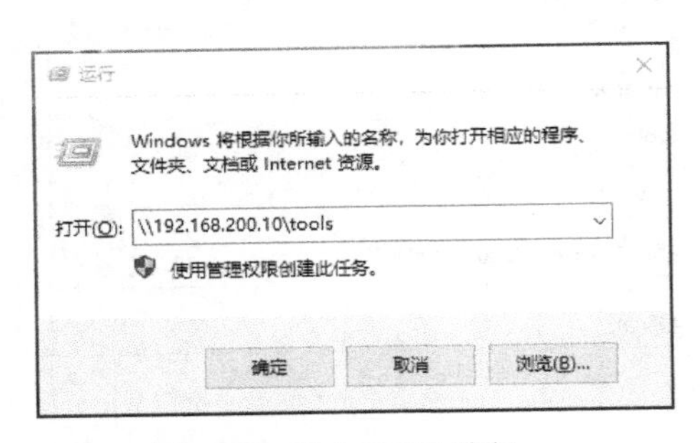

图 3-27　输入 UNC 路径

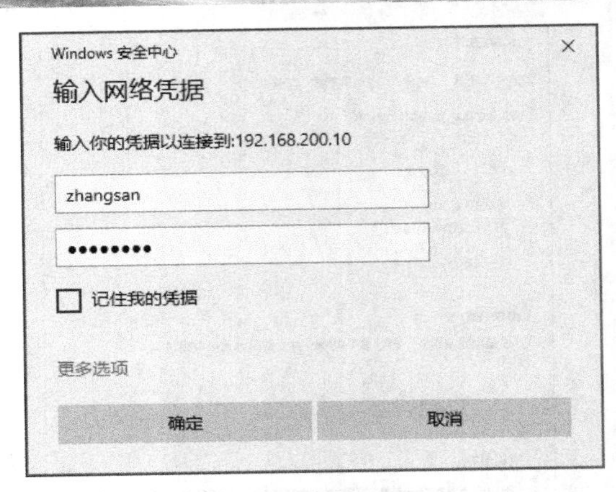

图 3-28　输入有访问权限的用户名和密码

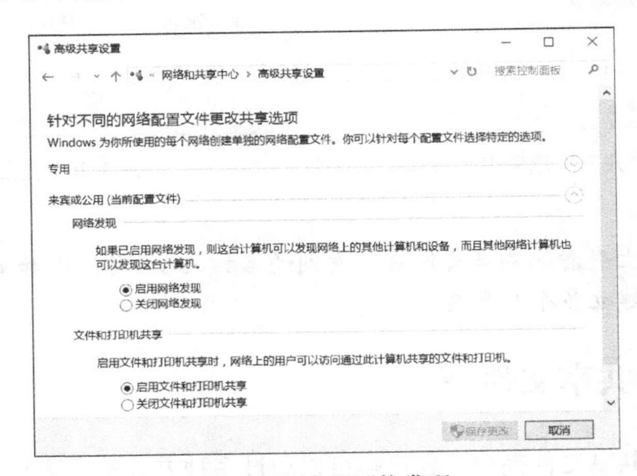

图 3-29　启用网络发现

双击桌面上的“网络”图标，会显示网络中的计算机列表，双击计算机名，会显示该计算机上共享的文件夹，如图 3-30 所示，通过网络发现功能浏览共享的文件夹。

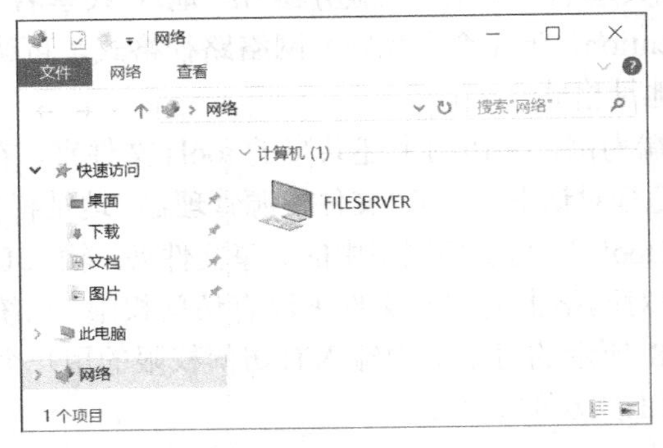

图 3-30　通过网络发现功能浏览共享的文件夹

提示：

如果看不到网络上的其他计算机，则需要检查这些计算机是否已启用网络发现功能，并且还要检查 Function Discovery Resource Publication 服务是否启用，需要启用此服务。

3．利用网络驱动器访问共享文件夹

对于一些经常访问的共享文件夹，可以将其映射为本地的一个驱动器，访问时就像访问本地驱动器一样，只不过网络驱动器上的文件不在本机上，而在网络中的计算机上。

STEP1 右键单击桌面的“此电脑”图标，在弹出的菜单中选择“映射网络驱动器”，如图 3-31 所示。

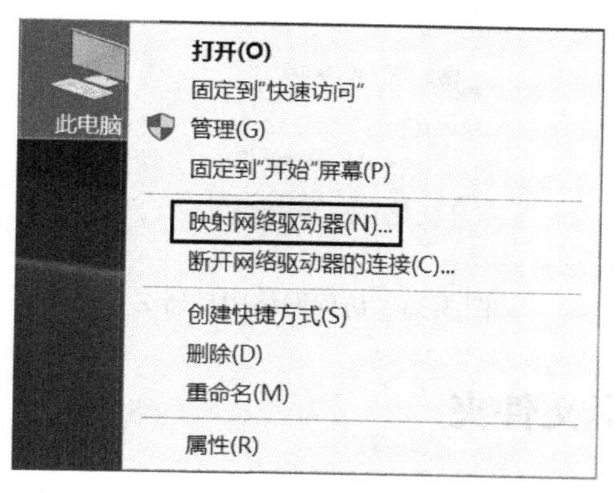

图 3-31　映射网络驱动器

STEP2 在“映射网络驱动器”界面选择任意一个未被使用的驱动器号，单击“浏览”按钮选择需要映射的共享文件夹或直接输入共享文件夹的网络路径，单击“完成”按钮，图 3-32 所示为 tools 映射网络驱动器 Z。

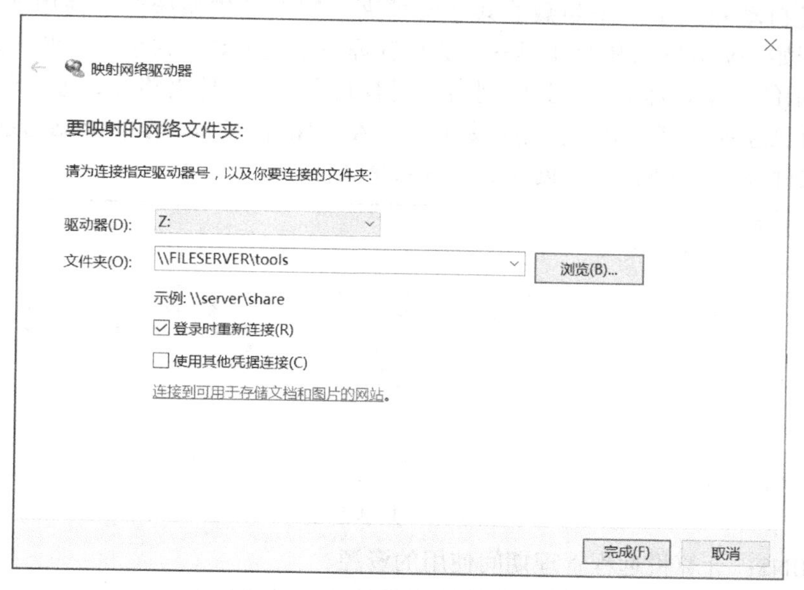

图 3-32　tools 映射网络驱动器 Z

STEP3 完成上述操作后，可以通过桌面上的“此电脑”图标来访问共享文件夹，图 3-33 所示为访问网络驱动器 Z。

若要断开网络驱动器，在图 3-31 中选择“断开网络驱动器的连接”，在出现的对话框中选择要断开的网络驱动器，单击“确定”按钮即可。

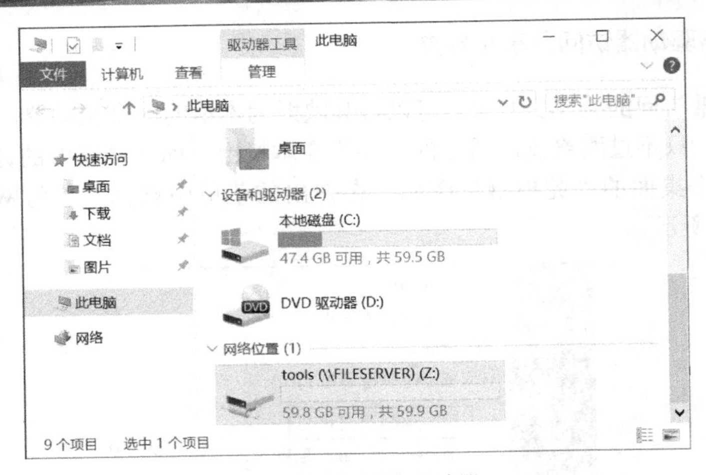

图 3-33　访问网络驱动器 Z

3.3.4　隐藏共享文件夹

共享的文件夹可以被网络上所有用户查看到，如果共享文件夹有特殊的用途，不希望用户在网络上浏览，此时只要在共享名后面加上一个“$”符号，就可以隐藏共享文件夹。

例如，将前述共享名为 tools 的文件夹改为 tools$，在如图 3-26 所示的“高级共享”对话框中单击“添加”按钮，添加共享名 tools$，然后单击“删除”按钮即可删除旧的共享名 tools。

系统已经自动建立了多个隐藏的共享文件夹，它们是供系统内部使用或系统管理用的。选择“开始→Windows 管理工具→计算机管理→系统工具→共享文件夹→共享”，打开如图 3-34 所示的共享管理窗口，其中列出了现有共享名、文件夹路径、适用于哪一类客户端访问、当前已经连接到此共享的用户数量等，ADMIN$、C$、D$和 IPC$为系统自动建立的隐藏共享文件夹，tools$为用户创建的隐藏共享文件夹。

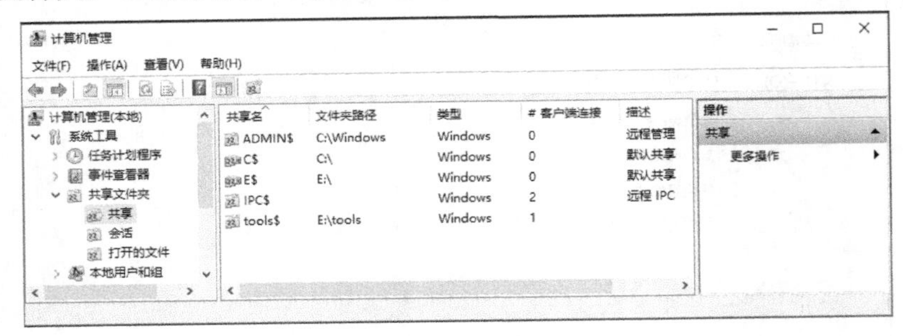

图 3-34　共享管理

- ADMIN$：计算机远程管理期间使用的资源。
- C$、D$：允许管理员连接到驱动器根目录下的共享资源。
- IPC$：共享命名管道的资源，利用它可以与目标主机建立连接，并远程进行日常管理和维护。

在网络中看不到隐藏的共享文件夹，所以只能利用网络路径或映射网络驱动器来访问隐藏的共享文件夹，例如，“\\ FILESERVER \tools$”或者将“\\ FILESERVER \tools$”映射成为本地驱动器。

3.4　设置共享权限

1. 共享权限

如果用户从网络访问服务器上的文件资源，除需为其分配适当的 NTFS 权限外，还需为其分配共享权限。在如图 3-26 所示的“高级共享”对话框中单击“权限”按钮，弹出如图 3-35 所示的设置共享权限对话框，可以通过允许和拒绝复选框来控制用户和组通过网络访问共享文件夹的权限。共享权限比 NTFS 权限少，只有读取、更改和完全控制这 3 种。

- 读取：查看文件名及子文件夹名，查看文件中的数据，运行程序文件。
- 更改：除了读取权限，还能够新建与删除文件和子文件夹，更改文件内的数据。
- 完全控制：除了以上两种权限，还具有更改共享权限的权限。

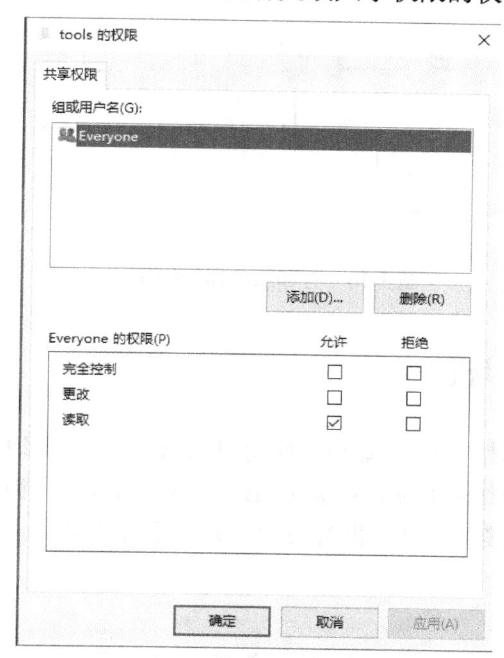

图 3-35　共享权限

如果网络用户同时隶属于多个组，他们分别对某个共享文件夹拥有不同的共享权限，则该网络用户对此共享文件夹的有效共享权限是所有权限的总和，但只要其中有一个权限被设置为拒绝，则用户将不会拥有访问权限，拒绝权限的优先级最高。

2. 共享权限与 NTFS 权限

如果共享文件夹处于 NTFS 分区，则用户可通过网络访问共享文件的最终有效权限取两者之中最严格的设置。例如，用户 A 对共享文件夹“C:\test”的共享权限为“读取”，NTFS 权限为“完全控制”，则用户 A 对“C:\test”的最后有效权限为两者中最严格的“读取”。

3.5 打印服务器配置与管理

打印机是常见的计算机外部设备，可通过 USB 接口或并行线缆等连接至计算机。出于成本考虑，企业一般不会为每个用户配备打印机，而是将打印机设置为办公网络中独立的节点，共享给网络上的其他用户，将其配置成打印服务器，其网络拓扑如图 3-36 所示。可以选择以下两种方式搭建打印服务器。

- 直接在将扮演打印服务器角色的计算机上安装打印机，并将其共享给网络用户，也就是将其设置为共享打印机。
- 在一台安装了 Windows Server 2016 操作系统的计算机上添加打印和文件服务器角色，能顺便安装打印管理控制台，可以通过此管理控制台集中管理网络上的打印服务器。

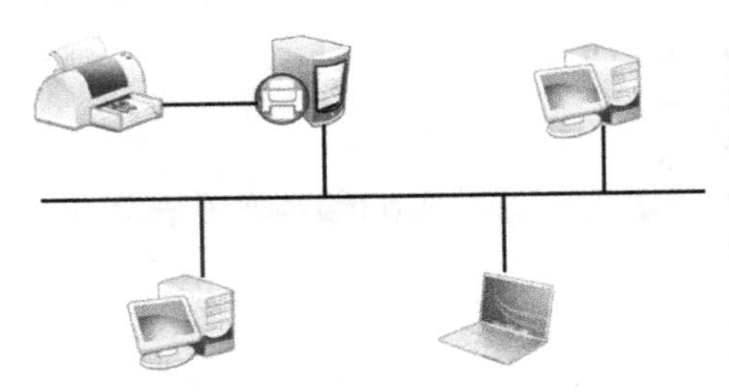

图 3-36 打印服务器网络拓扑

3.5.1 安装打印机

可安装的打印机有本地打印设备和网络打印设备两种，本地打印设备可以通过 LPT（Line Print Terminal，打印终端）端口或者 USB 接口连接，网卡接口的打印机可以通过网络接口连接。网络用户在连接共享打印机时必须安装网络打印机。

1. 安装本地打印机

即插即用的 USB 接口打印机的安装比较简单，将本地打印机连接到计算机上后，打开电源，如果系统支持此打印机的驱动程序，就会自动检测并安装此打印机。如果在安装打印机时找不到所需要的驱动程序，则需要准备好驱动程序，按照界面提示完成安装并测试。

将打印机连接到计算机的 LPT 端口，按以下步骤安装本地打印机，也可以直接执行厂商提供的安装程序。

STEP1 选择“开始→控制面板→硬件”中的“查看设备和打印机”，在出现的“设备和打印机”窗口中选择“添加打印机”，打开如图 3-37 所示的“添加设备”对话框。如果无法自动列出要添加的打印机，则单击“我所需的打印机未列出”。

STEP2 在如图 3-38 所示的“添加打印机”对话框中选择“通过手动设置添加本地打印机或网络打印机”，单击“下一步”按钮。

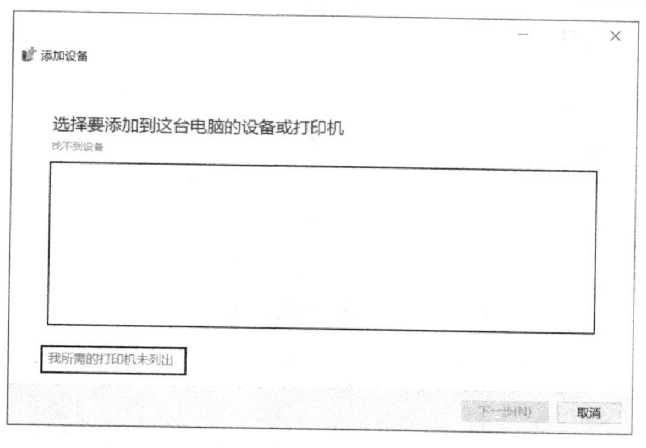

图 3-37　添加设备

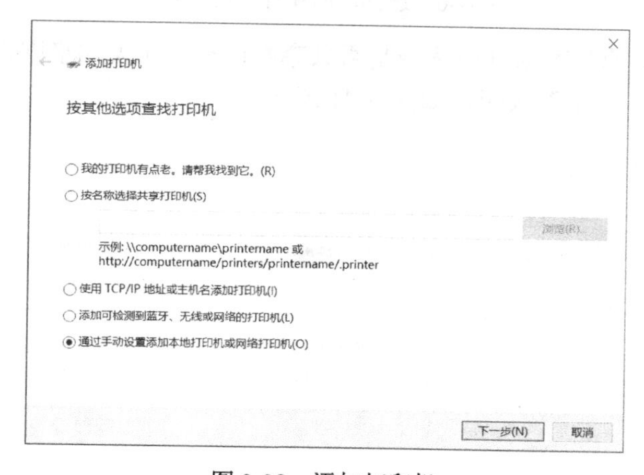

图 3-38　添加打印机

STEP3 在如图 3-39 所示的“选择打印机端口”对话框中选择打印机端口，假设是 LPT1，单击“下一步”按钮。

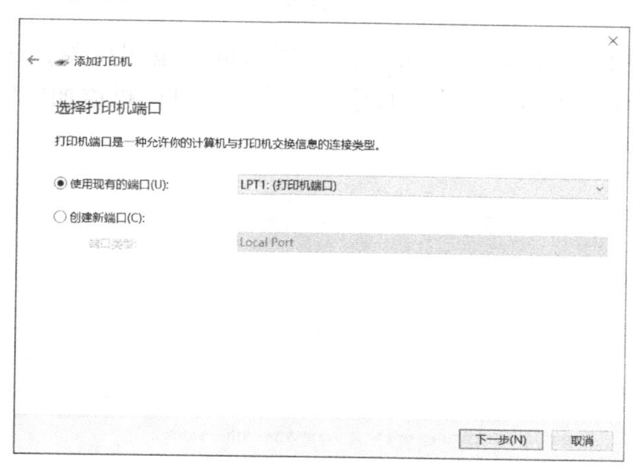

图 3-39　选择打印机端口

STEP4 在如图 3-40 所示的“安装打印机驱动程序”对话框中选择打印机厂商与对应的打印机型号，单击“下一步”按钮，输入打印机名称，安装打印驱动程序。

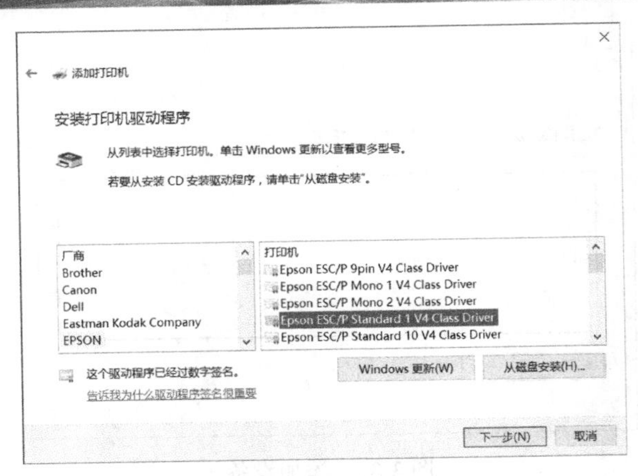

图 3-40　选择厂商和打印机型号

STEP5 在"打印机共享"对话框中选择是否共享打印机，如果共享则设置打印机的共享名称，单击"下一步"按钮，如图 3-41 所示。

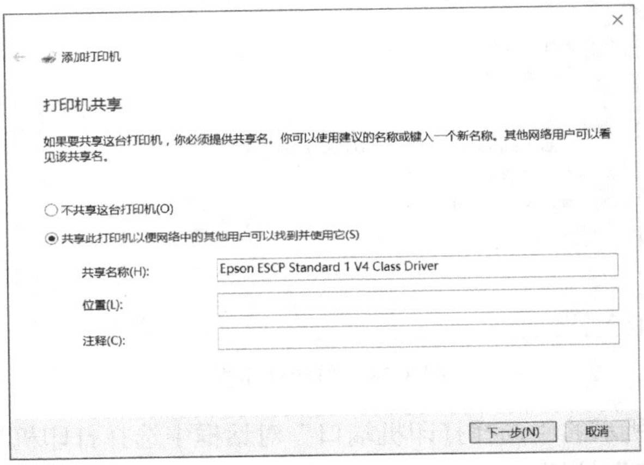

图 3-41　打印机共享

STEP6 显示成功添加打印机后，单击"打印测试页"按钮可测试是否可以正常打印，如图 3-42 所示，单击"完成"按钮，完成本地打印机添加操作。

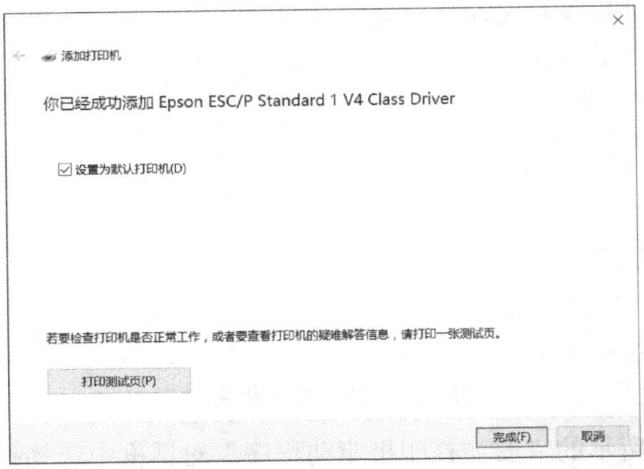

图 3-42　成功添加打印机

如果添加的是具有网络接口的打印机，其安装步骤与添加本地打印机的步骤相似，只是在图 3-39 中选择“创建新端口”，在端口类型处的下拉列表中选择“Standard TCP/IP Port”，单击“下一步”按钮，输入打印机名称或 IP 地址和端口名称，接下来的步骤与添加本地打印机相同。

2. 安装共享的网络打印机

可通过多种方式添加网络中共享的打印机，不同的操作系统操作略有差异。一般通过选择“控制面板→设备和打印机”，在出现的窗口中选择“添加打印机”，可在网络中自动搜索到共享的打印机，也可以手动查找共享的打印机。如果要连接的打印机无法自动出现，可以单击图 3-37 的“我所需的打印机未列出”，按以下步骤添加网络打印机。

STEP1 在如图 3-43 所示的“添加打印机”对话框中选择“按名称选择共享打印机”。

STEP2 单击“浏览”按钮，搜索可用打印机或在文本框中输入共享打印机的网络路径，如图 3-43 所示，单击“下一步”按钮。

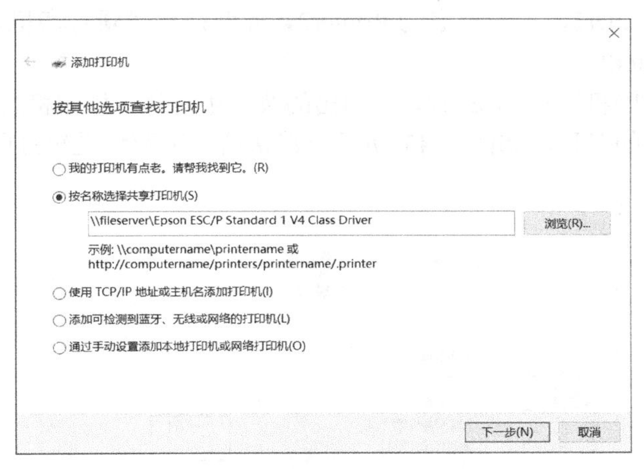

图 3-43 搜索网络打印机

STEP3 安装打印机驱动程序，显示成功添加网络打印机，如图 3-44 所示，单击“下一步”按钮，即可完成添加网络打印机的操作。

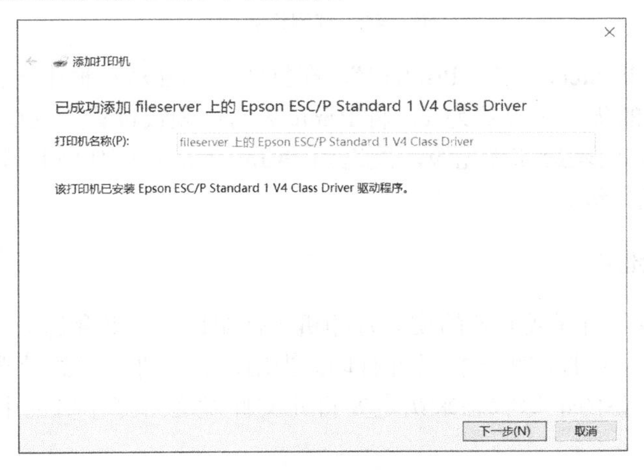

图 3-44 成功添加网络打印机

3.5.2 配置打印机属性

打印机安装完成后，需要对打印机做进一步设置，如打印优先级、打印时间、打印机池等，以便其更好地为用户提供服务。

1. 设置打印优先级

公司内部有一台同时对基层员工和部门主管提供服务的打印设备，希望部门主管的文件优先打印，可以通过打印优先级的调整来改变打印顺序。

- 物理打印机：可以放置打印纸的物理打印机，即打印设备。
- 逻辑打印机：介于客户端应用程序与物理打印机之间的软件接口，用户的打印文件通过它发送到物理打印机上。

STEP1 在打印服务器上为一台物理打印机添加两台不同打印优先级的逻辑打印机，将两台逻辑打印机映射到同一台物理打印机上，即在同一个打印机端口重复添加打印机，一台名为 Printer1，另一台名为 Printer2，此时两台逻辑打印机被合并到一个图标，显示为 Printer2。

STEP2 右键单击打印机图标 Printer2，在弹出的菜单中选择“打印机属性”，可以看到两台逻辑打印机的名称，如图 3-45 所示。默认情况下两台逻辑打印机的优先级相同，都为 1。

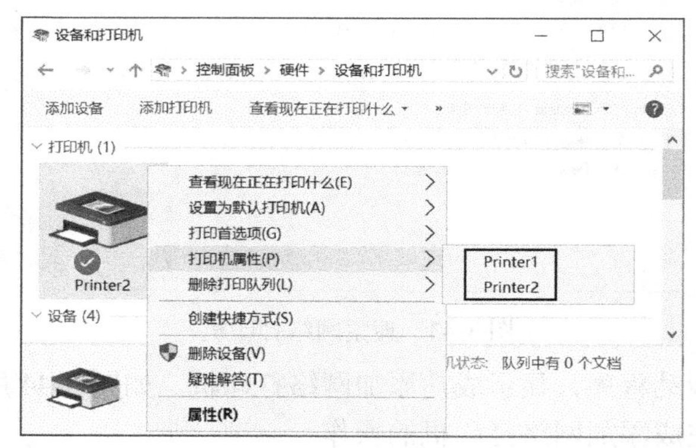

图 3-45 打印机属性

STEP3 分别选择“Printer1”和“Printer2”，在打印机属性对话框中选择“高级”选项卡，将 Printer1 的优先级设置为 1，将 Printer2 的优先级设置为 99。这里的 1 代表最低优先级，99 代表最高优先级，发送到 Printer2 的打印作业将优先打印，如图 3-46 所示改变优先级。

2. 设置打印机池

打印机池是将多台相同或兼容的物理打印机（打印设备）集合起来，组成一台逻辑打印机，用户可以像使用一台打印机一样进行打印。当用户将文件发送给此逻辑打印机时，逻辑打印机会根据打印设备的忙碌状态来决定要将此文件发送给打印机池中的哪一台打印设备打印。

如图 3-47 所示，计算机的 LPT1 和 LPT3 端口上分别连接两台打印机 PrinterA 和 PrinterB，这两台打印机对应一台逻辑打印机，选中“启用打印机池”选项，然后在端口中选择“LPT1”和“LPT3”，单击“确定”按钮。

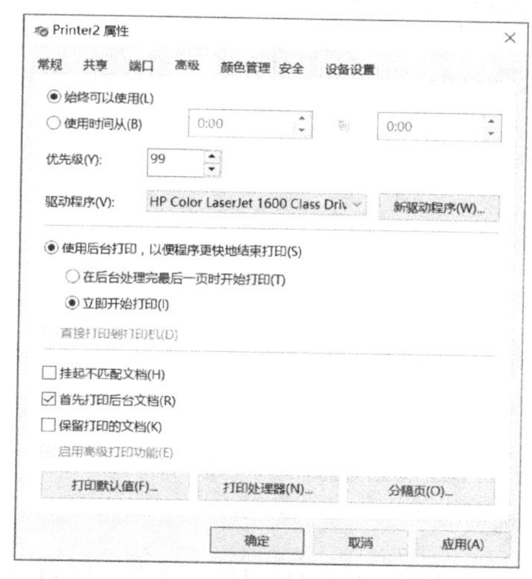

图 3-46　改变优先级

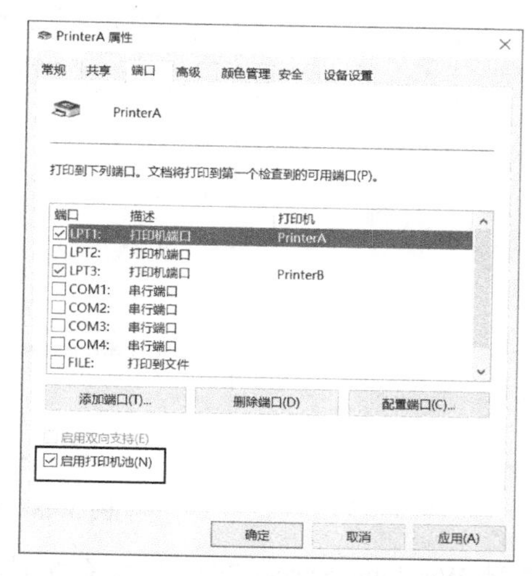

图 3-47　启用打印机池

3．设置打印时间

如果打印设备在白天打印任务集中的时段过于忙碌，希望已经发送到打印服务器的非紧急文件不立刻打印，等到打印设备空闲的时段再打印，可在打印服务器上建立两台打印时段不同的逻辑打印机，对应一台打印设备。与设置打印优先级操作相似，在图 3-46 所示的对话框中设置“使用时间从”什么时间“到”什么时间提供打印服务，在此时间范围以外发送到此打印机的文件会被暂时搁置在打印服务器上，直到时间到了才将其送到打印设备打印。

3.5.3　设置打印机权限

在如图 3-48 所示打印机属性对话框的“安全”选项卡中，可以看到所有分配权限的用户列表，选中某个用户或组，会列出为此用户或组分配的权限，常用权限有打印、管理打印机和管理文档。

- 打印：如果为用户分配打印权限，用户就可以连接到此打印机，并可以将文档发送到打印机。默认情况下，Everyone 组具有打印权限，即任何用户都具有打印权限。
- 管理文档：可以对发送到打印机的打印作业进行暂停、继续、重新开始和取消等操作。默认情况下，系统为 CREATOR OWNER 组分配了管理文档权限，当用户发送打印作业到打印机时，只对自己发送的打印作业具有管理文档权限。
- 管理打印机：用户可以对打印机进行日常的管理操作，如更改打印机名称、设置打印共享、设置打印机端口、设置打印机的优先级、管理打印机权限及暂停或重启打印机等操作。默认情况下，Administrator 和 Administrators 组的成员具有管理打印机的权限。

提示：

如果要将共享打印机隐藏起来，让用户无法通过网络看到它，只要将共享名的最后加$符号即可。对于被隐藏起来的打印机，用户可以通过自行输入网络路径的方式连接。

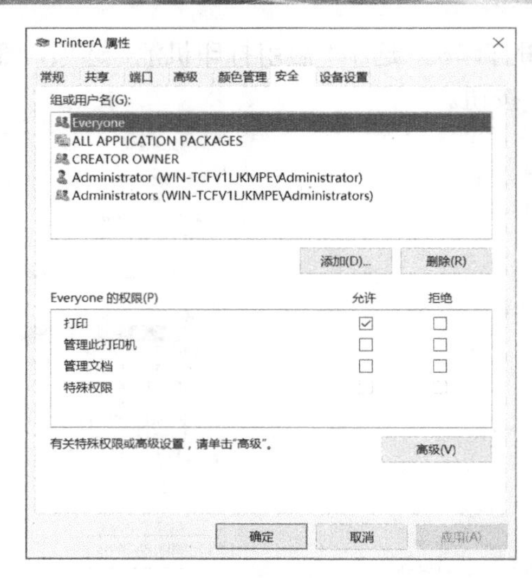

图 3-48 “安全”选项卡

安装 Windows Server 2016 操作系统时默认会在计算机上添加打印和文件服务角色，打印管理控制台随之安装，可以通过“开始→Windows 管理工具→打印管理”打开如图 3-49 所示的“打印管理”控制台，通过此控制台可安装、管理本地计算机与网络计算机上的共享打印机。

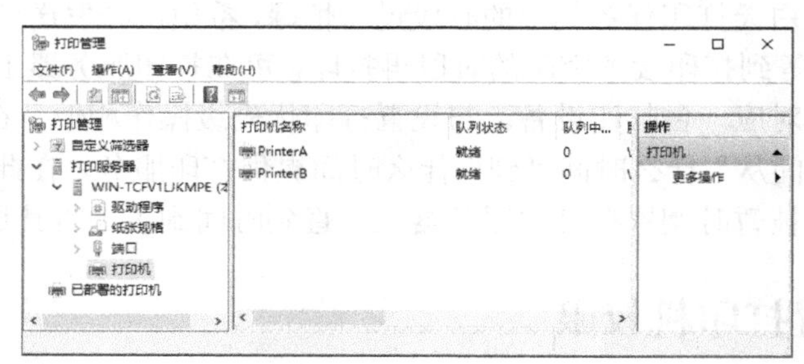

图 3-49 打印管理

3.6 使用分隔页来分隔打印文件

由于共享打印机可供多人同时使用，因此在打印设备上可能有多份已经打印完成的文件，但是不易分辨出文件属于何人。此时可以使用分隔页来分隔每一份文件，也就是在打印每一份文件之前，先打印分隔页，每个分隔页可以包含该文件的用户名、打印日期、打印时间等数据。

分隔页上包含的数据是通过分隔页文件来设置的，分隔页文件除了可供打印分隔页，还具备控制打印机工作的功能。

3.6.1 建立分隔页

系统内置了几个标准的分隔页文件，位于%systemroot%\system32 文件夹内。

- sysprint.sep：适用于与 PostScript 兼容的打印设备。
- pcl.sep：适用于与 PCL 兼容的打印设备，它会先将打印设备切换到 PCL 模式（使用\H 命令），然后再打印分隔页。
- pscript.sep：适用于与 PostScript 兼容的打印设备，用来将打印设备切换到 PostScript 模式（使用\H 命令），但是不会打印分隔页。
- sysprtj.sep：日文版的 sysprint.sep。

如果以上标准分隔页文件不符合用户需求，用户可以自行在%systemroot%\system32 文件夹内使用记事本来设计分隔页文件。分隔页文件中的第一行必须代表命令符号，用户可以自己决定此命令符号，如将“\”符号当作命令符号，则在第一行输入“\”符号后按回车键，以上述的 pcl.sep 为例，其文件内容如图 3-50 所示。

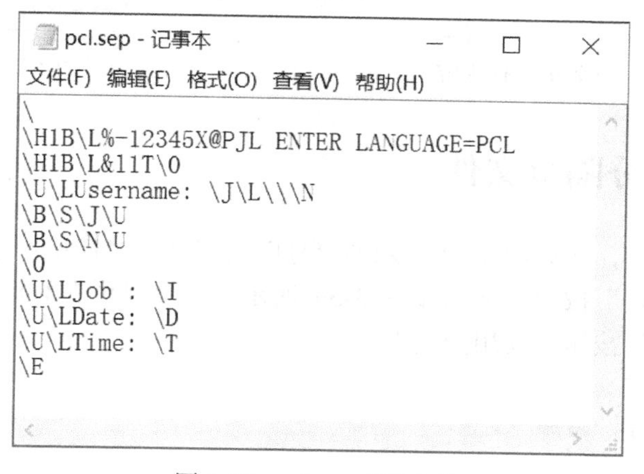

图 3-50 pcl.sep 文件内容

第一行为“\”，表示此文件以“\”代表命令符号。分隔页文件内可使用的分隔页文件命令如表 3-2 所示。

表 3-2 分隔页文件命令

命　令	功　能
\N	打印发送此文件的用户名
\I	打印作业号码（每个文件都会有一个工作号码）
\D	打印文件被打印出来的日期
\T	打印文件被打印出来的时间
\L	打印所有跟在\L后的文字，直到遇到另一个命令符号为止
\Fpathname	由一个空白行开头，将 pathname 所指的文件内容打印出来，此文件不会经过任何处理，而是直接打印
\Hnn	发送打印机句柄 nn，此句柄随打印机而有不同的定义与功能
\Wnn	设置分隔页的打印宽度，默认为 80，最大为 256，超过设置值的字符会被截掉
\U	关闭区块字符打印，兼具跳到下一行的功能
\E	跳页
\n	跳 n 行，n 取值范围为 0～9，n 为 0 表示跳到下一行
\B\S	以单宽度块字符打印文字，直到遇到\U 为止
\B\M	以双宽度块字符打印文字，直到遇到\U 为止

例如，建立分隔页文件 test.sep，其内容如图 3-51 所示，且文件打印人是 tom，则打印出来的分隔页显示如图 3-52 所示。其中 tom 的字样会用“#”符号拼写出来，这是因为“\B\S”命令的限制，如果用“\B\M”，字样会更大。

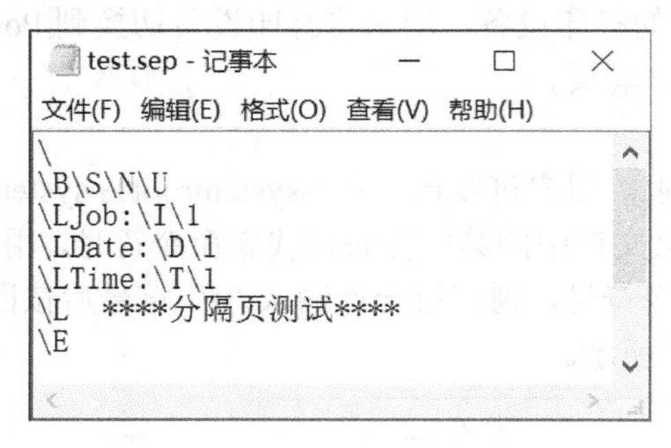

图 3-51 分隔页文件内容

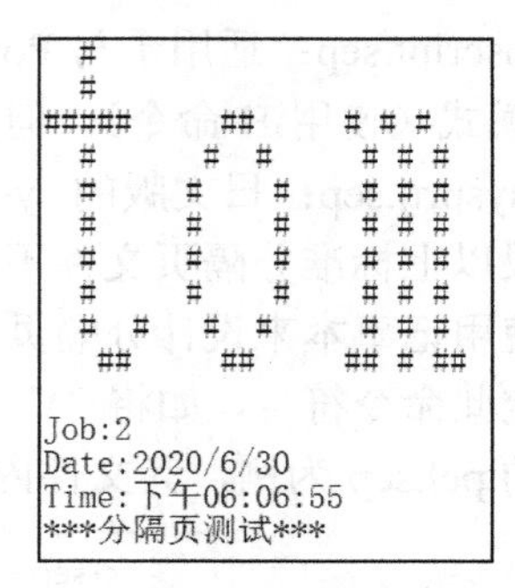

图 3-52 分隔页显示

3.6.2 使用分隔页文件

要使用分隔页文件，在如图 3-53 所示的“打印机属性”对话框中选择“高级”选项卡，单击右下侧的“分隔页”按钮，弹出如图 3-54 所示的“分隔页”对话框，输入或选择分隔页文件，单击“确定”按钮，使用分隔页。

图 3-53 打印机属性

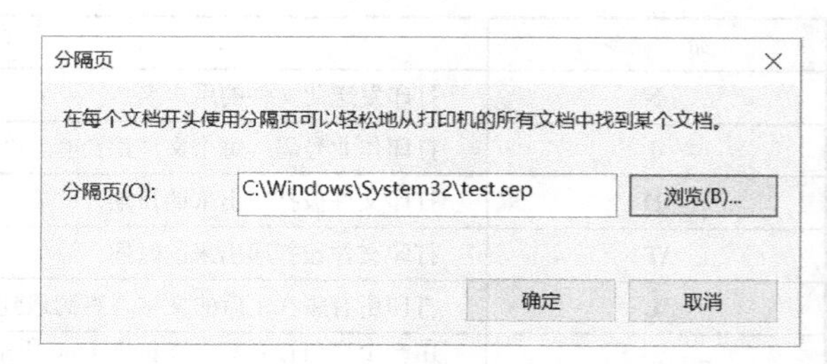

图 3-54 使用分隔页

3.7 实训

实训环境一

HT 公司有员工 Lisi 离职，网络管理员删除了他的用户账户。后来发现他的计算机上某些重要的文件夹谁都访问不了，网络管理员如何才能访问该文件夹并重新为该文件夹设置 NTFS 权限？公司有一台操作系统为 Windows Server 2016 的文件服务器，D:\software 中存放着公司常用的软件，user1 和 user2 等普通用户对其拥有读取权限，Administrator 对其拥有完全控制权限，现在要将 D:\software 中的数据移动到 E 分区，如何能保证权限不变？

需求描述

- 管理员账户 Administrator 取得 Lisi 文件夹的所有权。
- 设置 Administrator 账户的 NTFS 权限。
- 配置 E 分区的 NTFS 权限。
- 将 software 移动到 E 分区。

实训环境二

HT 公司网络采用工作组模式，网络中文件服务器上创建了 3 个共享文件夹，其中 software 文件夹用于向全体员工提供常用软件，product 文件夹用于存放生产部的相关资料，finance 文件夹用于存放财务部的相关资料。

需求描述

- 创建共享文件夹 software 并配置权限，使所有用户具有读取权限，而管理员具有完全控制权限。
- 创建共享文件夹 product 并配置权限，使生产部的员工具有修改权限，而其他用户无任何权限。
- 创建共享文件夹 finance 并配置权限，使财务部的员工具有修改权限，而其他用户无任何权限。

实训环境三

HT 公司网络中有一台操作系统为 Windows Server 2016 的打印服务器 Prtsvr，该服务器上连接着一台打印机，希望该服务器为全体员工提供打印服务，且部门经理较普通员工有优先打印权限。

需求描述

- 连接打印机至服务器，并安装驱动程序。
- 共享打印机。
- 添加两台逻辑打印机 Prtsvr1 和 Prtsvr2。
- 配置打印权限，使普通员工在 Prtsvr1 上具有打印权限，部门经理在 Prtsvr2 上具有打印权限。
- 配置打印优先级，使部门经理优先于普通员工打印。

3.8 习题

- Windows Server 2016 操作系统常用的文件系统有哪些？

- 在相同分区和不同分区内，复制和移动文件 NTFS 权限有什么变化？
- 如何隐藏共享文件？如何访问隐藏的共享文件夹？
- 物理打印机与逻辑打印机有什么区别？
- 打印机权限有哪些？如何设置打印机权限？
- 上网查询网络打印机的品牌、价格、功能。

第4章 Active Directory 域服务

项目需求：

ABC 公司规模迅速扩大，成立多个部门，网络中增加了 100 台计算机，公司要集中管理计算机和用户账户以及其他网络资源，需要将网络变成域结构，把所有的计算机加入域。管理员要按照部门来管理用户账户和组，工作量较大，管理员需要在办公室远程管理中心机房的活动目录。

学习目标：

- 理解域和活动目录的概念
- 理解域的结构
- 会创建、卸载 Windows 域
- 会将计算机加入域或脱离域
- 会管理域组、域用户和组织单位
- 会远程管理活动目录

本章单词

- Domain：域
- AD：Active Directory，活动目录
- Service：服务
- DC：Domain Controller，域控制器
- Namespace：名称空间，名字空间，命名空间
- Object：对象
- Container：容器
- OU：Organizational Unit，组织单位
- Site：站点
- Enterprise：企业
- AD DS：Active Directory Domain Services 活动目录域服务

4.1 Active Directory 域服务概述

在小型网络中，管理员通常独立管理每一台计算机，每台计算机都是一个独立的管理单元。当网络规模扩大到一定程度后，如超过 10 台计算机，每台计算机需要有 10 个用户访问，则管理员就要创建 100 个以上的用户账户，相同的工作就要重复做多遍。虽然可以将用户需要访问的资源集中到某台服务器上，但在实际工作中，并不是所有资源都可以很方便地集中在服务器上。此时可以将网络中的计算机逻辑上组织到一起，将其视为一个整体进行集中管理，这种区别于工作组的逻辑环境被称作 Windows 域（Domain）。

4.1.1 活动目录相关概念

1. 活动目录

目录在日常生活中经常用到，能够帮助人们很容易并且迅速地搜索到所需要的数据，如手机通信录中存储的电话目录，计算机文件系统内记录文件名、大小、日期等数据的文件目录。活动目录域服务（Active Directory Domain Services，简称 AD DS）是一种服务，这里所说的目录不是一个普通的文件目录，而是一个目录数据库，它存储着整个 Windows 网络内的用户账号、组、打印机和共享文件夹等对象的相关信息。目录数据库使整个 Windows 网络的配置信息集中存储，管理员可以集中管理网络，提高管理效率。

活动目录是一种服务，目录数据库所存储的信息都是经过事先整理的有组织、结构化的数据信息，让用户可以非常方便、快速地找到所需数据，也可以方便地对活动目录中的数据执行添加、删除、修改、查询等操作。活动目录具有以下特点。

（1）集中管理

活动目录集中组织和管理网络中的资源信息，类似图书馆的图书目录，图书目录存放了图书馆的图书信息，方便管理。通过活动目录可以方便地管理各种网络资源。

（2）便捷的网络资源访问

活动目录允许用户一次登录网络就可以访问网络中的所有该用户有权限访问的资源，而且用户在访问网络资源时不必知道资源所在的物理位置，便可快速找到资源。

（3）可扩展性

活动目录具有强大的可扩展性，可以随着公司或组织规模的增长而扩展，从一个网络对象较少的小型网络环境发展成大型网络环境。

2. 域和域控制器

域是活动目录的一种实现形式，也是活动目录最核心的管理单位。在域中可以将一组计算机作为一个管理单位，域管理员可以实现对整个域的管理和控制。例如，域管理员为用户创建域用户账号，使他们可以登录域并访问域资源，控制用户什么时间在什么地点登录，能否登录，登录后能够执行哪些操作等。

一个域由域控制器和成员计算机组成，域网络结构如图 4-1 所示。DC（Domain Controller，域控制器）就是安装了活动目录服务的一台计算机。活动目录的数据都保存在域控制器内，即活动目录数据库中。一个域可以有多台域控制器，它们都存储着一份完全相同的活动目录，并会根据数据的变化同步更新。例如，当任意一台域控制器中添加了一个用户后，这个用户的相关数据就会被复制到其他域控制器的活动目录中，保持数据同步，当用户登录时，则由其中一台域控制器验证用户的身份。

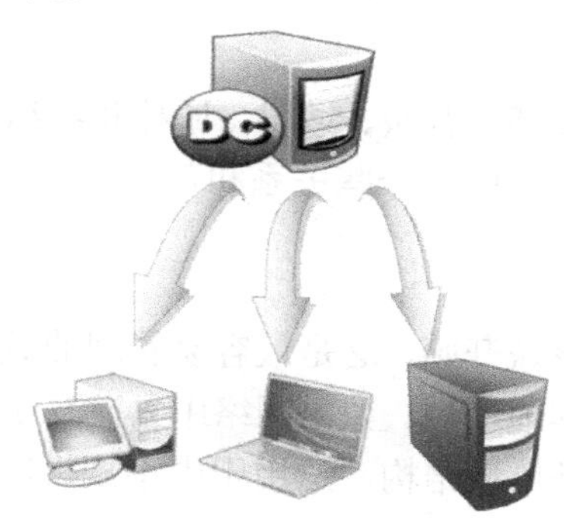

图 4-1　域网络结构

管理员可以通过修改活动目录数据库的配置来实现对整个域的管理和控制，域中的客户机要访问域的资源，必须先加入域，并通过管理员为其创建的域用户账号登录域，同时也必须接受管理员的控制和管理。

3. 名称空间

名称空间（Namespace）是一个区域的名称，在此区域内可以通过网络资源的名称找到其对应的信息，如 ABC 公司就是一个名称空间，通过类似于“ABC 公司→技术研发部→张三”这样的描述找到张三的电话、地址、生日等相关信息。同样，为了快速定位活动目录中的网络资源位置并查找到相关信息，活动目录也需要定义名称空间。在计算机网络环境中，使用 DNS 来解析主机名与 IP 地址的对应关系，因此，活动目录也采用标准的 DNS 架构，如可以将域名命名为 abc.com 等。

如果域 abc.com 中的域控制器的计算机名为 dc01，那么它在活动目录中的完全合格的域名就是 dc01.abc.com。当用户想要登录域或者查找域内资源时，就要先定位域控制器的位置，而通过 DNS 服务器就可以从 dc01.abc.com 解析出域控制器的 IP 地址。

4. 对象和属性

对象（Object）由一组属性组成，它代表的是具体事物。活动目录中的资源是以对象的形式存在的，如用户、计算机等都是对象，而对象是通过属性来描述其特征的。例如，要为用户张三建立一个账户，就要添加一个类型为用户的对象，然后为其定义姓名、登录名、邮件地址、描述等信息，这些信息就是该对象的属性。

5. 容器

容器（Container）是一种特殊的活动目录对象，它与其他对象一样具有属性，但不同的是它没有具体的表现形式。容器是存放对象的空间，可以包含一组对象或其他容器。后面讲到的组织单位都是容器。

4.1.2 域结构

域的组成需要从两方面理解，即逻辑结构和物理结构。所谓逻辑结构，与域中网络资源（域控制器、成员计算机等）的物理位置无关，而物理结构则与网络资源的位置有关。

1. 逻辑结构

活动目录的逻辑结构非常灵活，有域、域树、域林和组织单位等，它们并不是真实存在的一种实体，而是代表了活动目录中的一些关系和范围。

（1）单域

在规划域结构时，应该从单域开始，这是最容易管理的域结构，只有在单域模式不能满足用户的要求时，才应该增加其他的域。如果网络中只建立了一个域，那么可以称其为单域结构，图 4-1 所示的网络结构是单域结构，适用于中小规模的企业。

（2）域树

当需要配置一个包含多个域的网络时，需要将网络配置成域树结构。域树是一种树形结构，如图 4-2 所示。域目录树最上层的域名为 abc.com，是该域树的根域，也称为父域。下面的两个域 sh.abc.com 和 gd.abc.com 是 abc.com 域的子域，3 个域共同构成了该域树。

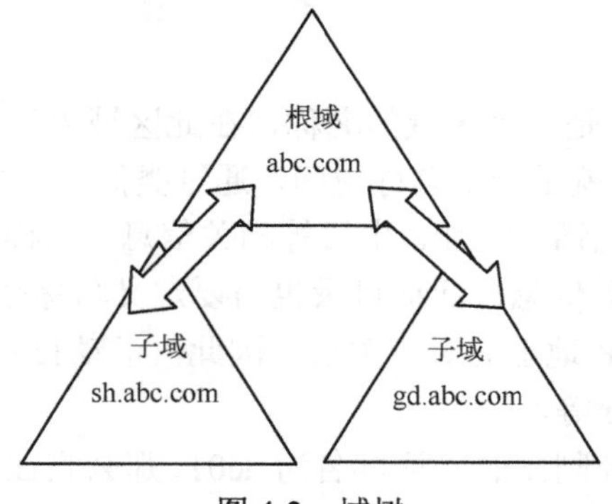

图 4-2　域树

域树遵循 DNS 域名空间的命名规则，而且具有连续性，子域的域名包含其父域的域名。在如图 4-2 所示的域树中，两个子域的域名中包含父域的域名，它们的名称空间是连续的，这也是判断两个域是否属于同一个域树的有效手段。

在整个域树中，所有域共享一个活动目录，该活动目录分散地存储在不同的域中，每个域只负责存储和本域有关的数据，整体上形成一个大的分布式活动目录数据库。在配置一个较大规模的企业网时，可以将其配置为域树结构，将总公司的网络配置为根域，将各分公司的网络配置为子域，整体上形成一个域树，以实现集中管理。

（3）域林

如果网络的规模超大，甚至包含了多个域树，这时可以将网络配置为林结构，称为域林，又称为域森林。域林由一个或多个没有形成连续名称空间的域树组成，如图 4-3 所示。域林中的每个域树都有唯一的名称空间，它们之间不是连续的。

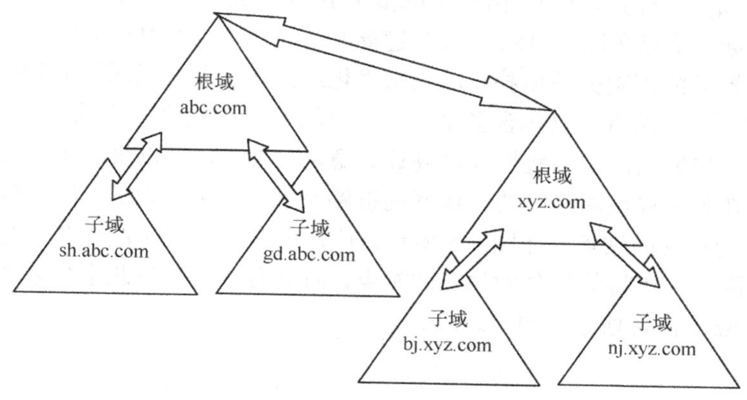

图 4-3 域林

在创建林时，组成林的两个域树的树根之间会自动创建相互传递的信任关系，才可以访问对方域内的资源。任何一个新的域加入域树后，该域会自动信任其上层的父域，同时父域也会自动信任此新子域。这些信任关系具备双向传递性，正是因为有了双向的信任关系，使林中和每个域中的用户都可以访问其他域的资源，也可以从其他域登录到本域。

（4）组织单位

组织单位（Organizational Unit，OU）是域内部的一种容器，可以包含域中的各种对象，如用户、组、计算机、打印机和其他组织单位等。企业可以根据自身的管理需求，按照部门或者地理位置组织并管理组织单位，如图 4-4 所示，是按照部门划分 OU 的。

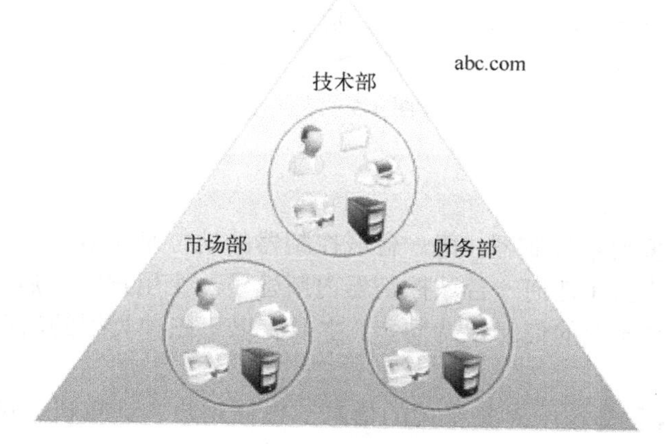

图 4-4 组织单位

2. 物理结构

活动目录的物理结构与逻辑结构有很大区别。逻辑结构侧重于网络资源的管理，而物理结构则侧重于活动目录的配置和优化。例如，多个域之间信息的复制或者用户登录域时的性能优化。物理结构中两个重要的概念是站点和域控制器。

（1）站点

站点（Site）是一个物理范围，由一个或多个 IP 子网组成，这些子网间通过高速且可靠的链路连接在一起。站点在活动目录复制中起着重要的作用，管理员可以管理活动目录的数据在多个域控制器间的复制关系拓扑，以此来优化站点内复制（局域网）和站点间复制（跨广域网）的效率。一个站点可以包含多个域，一个域也可以包含多个站点。

通常情况下，局域网内部的链接满足高速、稳定的要求，可以将一个局域网划分为一个站点；相对而言在各个局域网之间的广域网的链路是低速、不稳定的，所以应将跨广域网的多个局域网划分为不同的站点。如图 4-5 所示，广州分公司、哈尔滨分公司与外部通过低速的互联网连接，因此应该将其划分为独立的站点，而上海总公司与北京分公司之间通过高速专线连接，所以应该将其划分为同一站点。

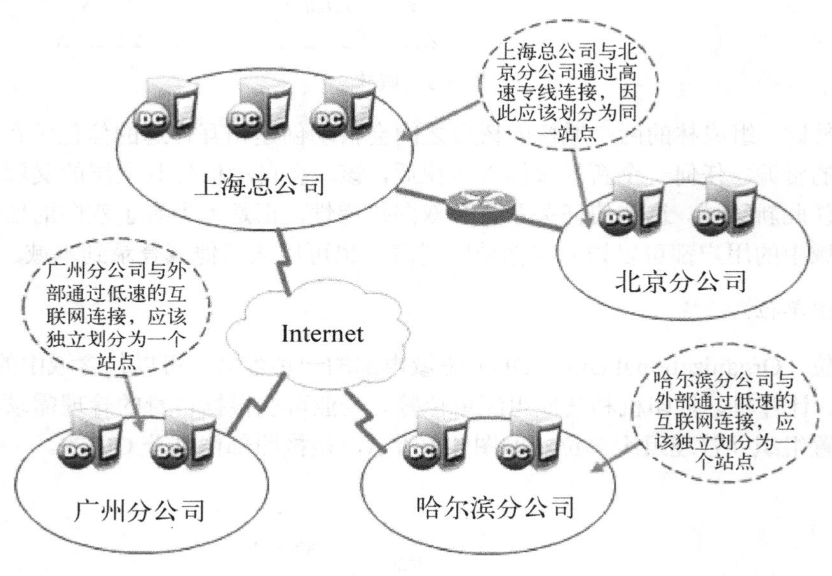

图 4-5　站点

（2）域控制器

一个域内可以有多台域控制器，每一台域控制器的地位是平等的，它们各自存储着一份相同的活动目录数据。当在任何一台域控制器内新建了一个用户账户后，会自动复制到其他域控制器上，各域控制器上的信息保持同步。主要有以下三种类型的活动目录数据会在域控制器之间复制。

- 域数据：包含了与域中对象有关的信息，包括用户、计算机、电子邮件联系人等对象及属性。
- 配置数据：描述了目录的拓扑结构，包括所有域、域树、域林的列表，以及域控制器和全局编录服务器所处的位置。
- 架构数据：架构是对活动目录中存储的对象和属性数据的正式定义，管理员可以通过定义新的对象类型和属性，从而对架构进行扩展。

一个域至少有一个域控制器，规模较小的域一般需要两个域控制器，其中一个用于冗余，规模大的域通常要有多个域控制器。

4.1.3 安装域控制器的条件

部署域必须先安装一台域控制器（DC），DC 上存储着域中的网络资源信息，如名称、位置和特性描述等。通过在一台服务器上安装活动目录，就可将这台计算机升级成 DC。

一台计算机要安装活动目录，必须具备以下条件：

- 安装者必须具备本地管理员权限，普通用户不能安装活动目录。
- 本地磁盘分区是 NTFS，有足够的磁盘空间。
- 具有 TCP/IP 设置（IP 地址和子网掩码等）。
- 有相应的 DNS 服务器支持（也可以在安装活动目录的同时安装 DNS）。

4.2 安装活动目录

当一台 Windows Server 2016 服务器满足成为 DC 的所有条件时，就可以创建活动目录，步骤如下。

STEP1 将计算机名设置为 DC1，如图 4-6 所示设置 IP 地址等参数。此处的首选 DNS 服务器地址可以采用两种方式，一种是让系统自动在这台服务器上安装 DNS 服务器角色，系统会自动在此服务上建立一个支持活动目录域服务的域名，此时首选 DNS 服务器地址就是自己的 IP 地址；另一种是使用另外一台 DNS 服务器的 IP 地址作为首选 DNS 服务器地址，时此需要在 DNS 服务器上自行建立活动目录域服务的域名。这里的首选 DNS 服务器地址选择第一种方式。

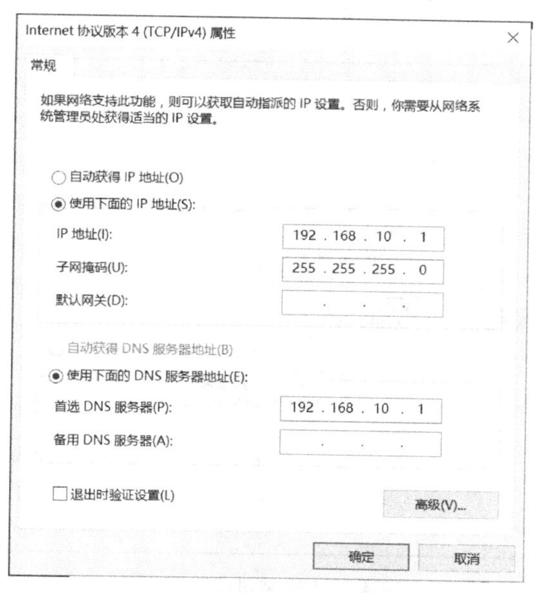

图 4-6 设置 IP 地址等参数

STEP2 打开“服务器管理器”窗口，选择“仪表板”项，单击右侧窗格中的“添加角色和功能”，出现“开始之前”界面，单击“下一步”按钮。

STEP3 在“选择安装类型”界面保持默认选项“基于角色或基于功能的安装”，单击“下一步”按钮。在“选择目标服务器”界面默认已选择此服务器，单击“下一步”按钮。

STEP4 在“选择服务器角色”界面勾选“Active Directory 域服务”项，在弹出的如图 4-7 所示的“添加角色和功能向导”对话框中单击“添加功能”按钮，然后单击“下一步”按钮。

图 4-7　添加角色和功能向导

STEP5 在“选择功能”界面保持默认选项，单击“下一步”按钮，在“Active Directory 域服务”界面继续单击“下一步”按钮，接下来在“确认安装所选内容”界面单击“安装”按钮，显示正在安装。

STEP6 等安装成功后，在如图 4-8 所示的“安装进度”界面单击“将此服务器提升为域控制器”。

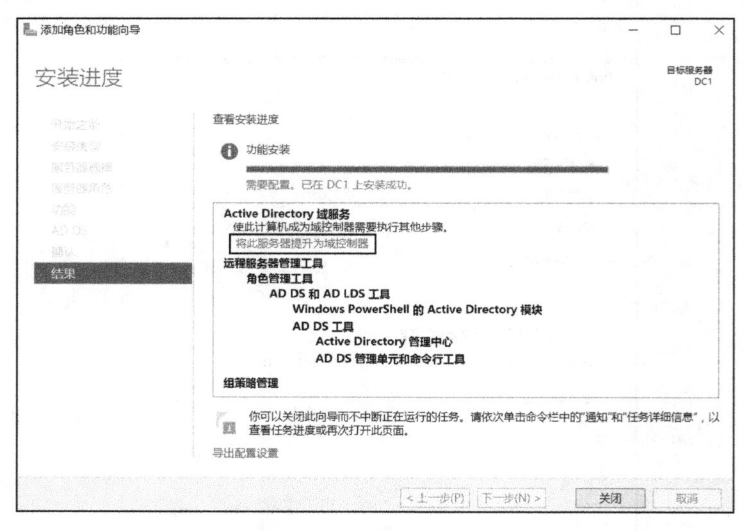

图 4-8　“安装进度”界面

STEP7 如图 4-9 所示选择“添加新林”，设置根域名为 abc.com，单击“下一步”按钮。

STEP8 在图 4-10 中完成林功能级别、域功能级别、指定域控制器功能、目录服务还原模式密码等设置，单击“下一步”按钮。

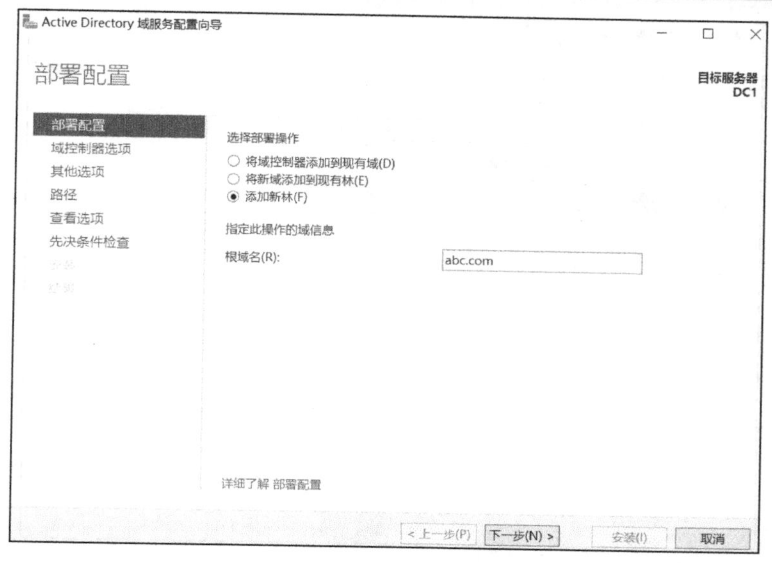

图 4-9 添加林并设置根域名

图 4-10 设置林和域功能级别及还原模式密码等

设置活动目录的域和林功能级别是为了使不同系统版本的活动目录功能一致。域和林功能级别分别有 Windows Server 2008、Windows Server 2008 R2、Windows Server 2012、Windows Server 2012 R2 和 Windows Server 2016 几种模式。域功能级别的设置只会影响该域，林功能级别会影响该林内所有域。域和林的功能级别都可以提升，最新的 Windows Server 2016 级别拥有活动目录域服务的所有功能。

目录服务还原模式是一个安全模式，进入此模式可以修复 Active Directory 数据库。在系统启动时按 F8 键可选择进入此模式，此时必须输入本步骤所设置的密码。

STEP9 在如图 4-11 所示的警告提示界面中直接单击“下一步”按钮，在接下来的界面中系统自动为此域设置一个 NetBIOS 域名，单击“下一步”按钮。

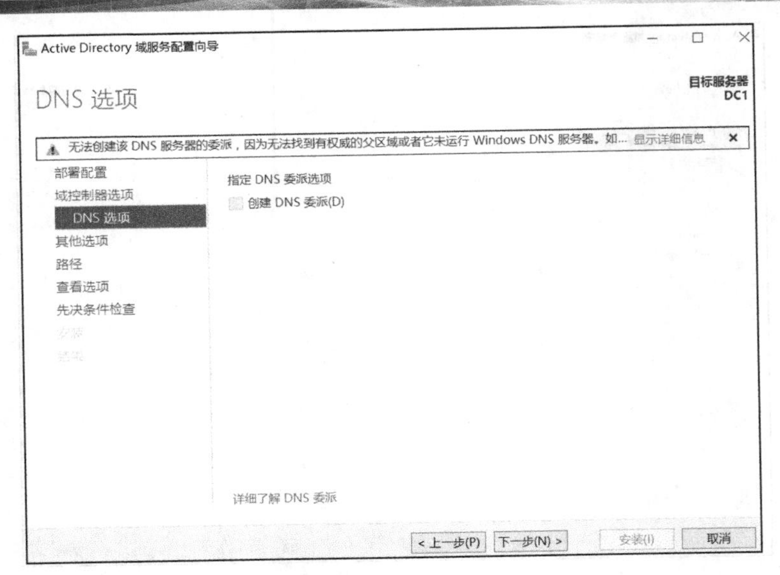

图 4-11　警告提示界面

STEP10 在图 4-12 所示的界面中保持默认设置，单击“下一步”按钮，指定数据库、日志文件和 SYSVOL 的位置。

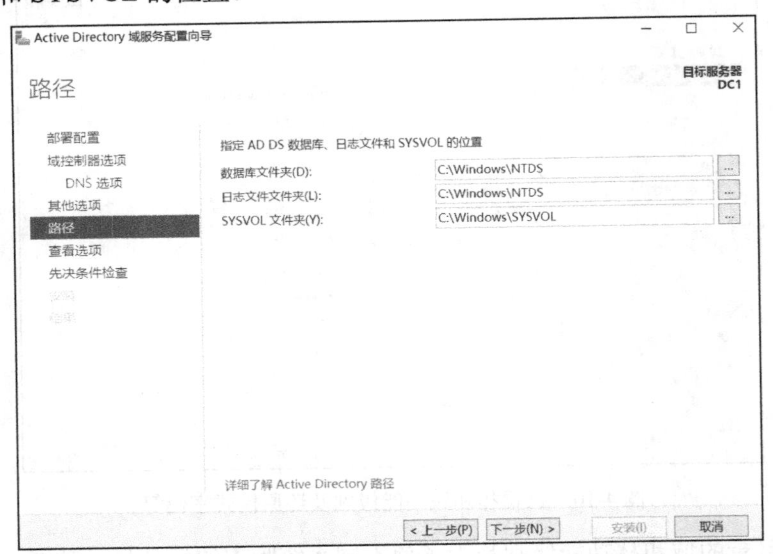

图 4-12　指定数据库、日志文件和 SYSVOL 的位置

- 数据库文件夹：用来存储 Active Directory 数据库。
- 日志文件文件夹：用来存储 Active Directory 的更改日志，此日志文件可用来修复 Active Directory。
- SYSVOL 文件夹：用来存储域共享文件，必须位于 NTFS 的磁盘内。

STEP11 在“查看选项”界面单击“下一步”按钮，出现如图 4-13 所示的“先决条件检查”界面，若顺利通过检查，就直接单击“安装”按钮，启动安装过程，安装完成后系统会自动重启。

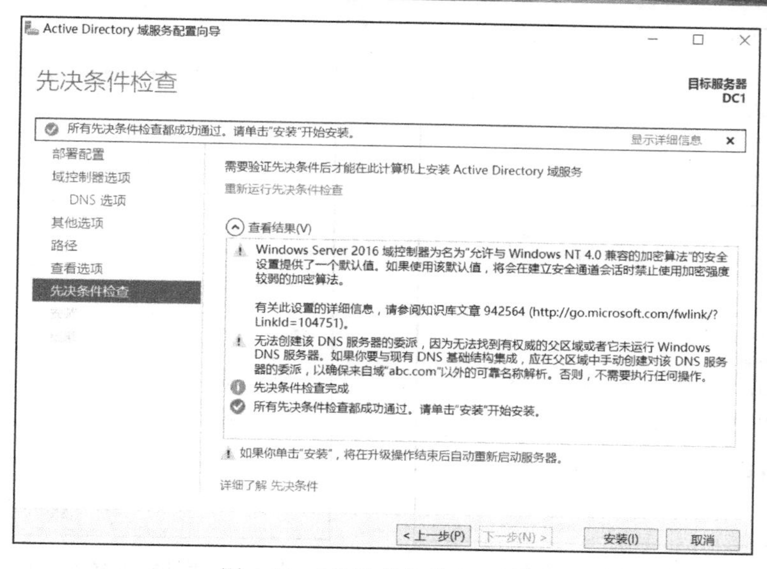

图 4-13 “先决条件检查”界面

完成域控制器的安装后，由于它本身是 DNS 服务器，因此首选 DNS 服务器地址自动改为 127.0.0.1。

提示：

如果要在此域中安装第二台域控制器，又称额外域控制器，与配置第一台的步骤相似，需要更改计算机名，如 DC2，首选 DNS 服务器地址设置为第一台域控制器的 IP 地址，在 STEP7 的图 4-9 中选择“将域控制器添加到现有域”，域名也是 abc.com，还要提供此操作所需的凭据，即单击“更改”按钮，输入有权限添加域控制器的账户与密码，按照提示完成额外域控制器的添加。

4.3 将计算机加入域

在完成 Active Directory 安装后，需要将客户机或其他服务器加入域，可加入域的计算机操作系统有 Windows 7、Windows 8 和 Windows 10 等个人操作系统，还有 Windows Server 2008、Windows Server 2012 和 Windows Server 2016 等服务器操作系统。用户必须在客户机上拥有管理权限才能将其加入域，在加入域之前，首先检查客户机的网络配置，确保客户机与域控制器互相连通，配置 IP 地址及首选 DNS 服务器地址。首选 DNS 服务器地址通常配置为第一台 DC 的 IP 地址。以安装 Windows Server 2016 操作系统的计算机为例，通过以下步骤将计算机加入域（本例中 DC 的 IP 地址为 192.168.10.1）。

STEP1 将该计算机名设置为 Client01，IP 地址设置为 192.168.10.10，首选 DNS 服务器地址为 192.168.10.1，计算机 IP 地址参数配置如图 4-14 所示。

STEP2 在桌面上右键单击“此电脑”图标，在弹出的菜单中选择“属性”，单击“更改设置”，在“系统属性”对话框的“计算机”选项卡中单击“更改”按钮，出现如图 4-15 所示的“计算机名/域更改”对话框，输入域名后单击“确定”按钮。

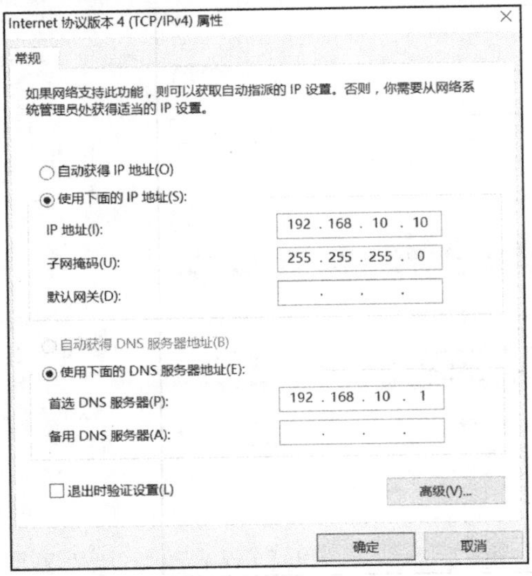

Internet 协议版本 4 (TCP/IPv4) 属性
常规
如果网络支持此功能，则可以获取自动指派的 IP 设置。否则，你需要从网络系统管理员处获得适当的 IP 设置。
自动获得 IP 地址(O)
使用下面的 IP 地址(S):
IP 地址(I):
192 . 168 . 10 . 10
子网掩码(U):
255 . 255 . 255 . 0
默认网关(D):
自动获得 DNS 服务器地址(B)
使用下面的 DNS 服务器地址(E):
首选 DNS 服务器(P):
192 . 168 . 10 . 1
备用 DNS 服务器(A):
退出时验证设置(L)
高级(V)...
确定
取消

图 4-14　计算机 IP 地址参数

计算机名/域更改
你可以更改该计算机的名称和成员身份。更改可能会影响对网络资源的访问。
计算机名(C):
Client01
计算机全名:
Client01
其他(M)...
隶属于
域(D):
abc.com
工作组(W):
WORKGROUP
确定
取消

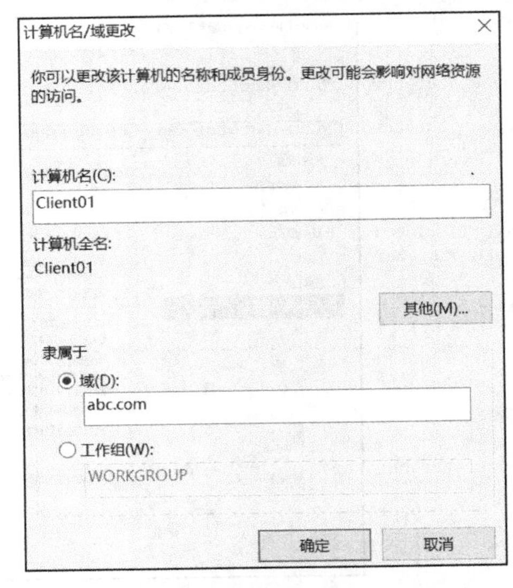

图 4-15　“计算机名/域更改”对话框

STEP3 在如图 4-16 所示的“Windows 安全性”对话框中输入域管理员账户和密码，单击“确定”按钮。

STEP4 出现欢迎加入域的提示，如图 4-17 所示，单击“确定”按钮，根据提示重新启动计算机，重启后该计算机成功加入了域，加入域后计算机名自动改为 Client01.abc.com。

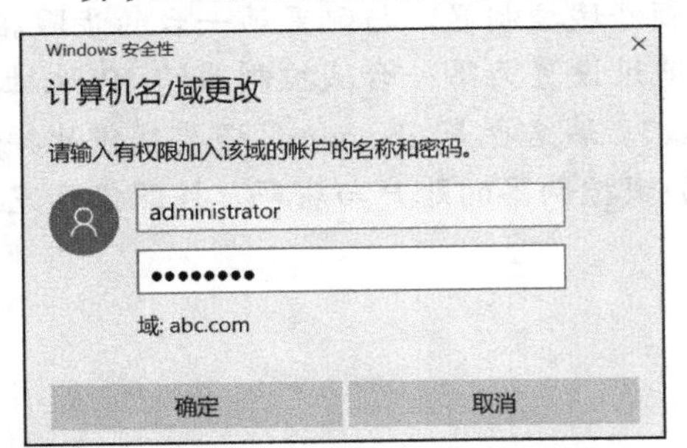

Windows 安全性
计算机名/域更改
请输入有权限加入该域的帐户的名称和密码。
administrator
••••••••
域: abc.com
确定
取消

图 4-16　输入域管理员账户和密码

计算机名/域更改
欢迎加入 abc.com 域。
确定

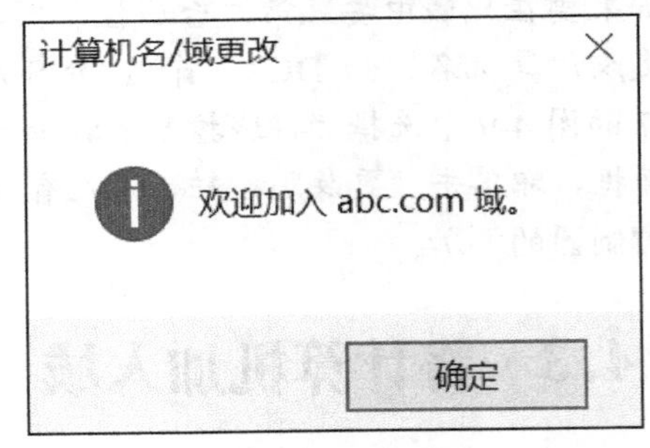

图 4-17　欢迎加入域

提示：

当按照加入域的办法将计算机加入某个工作组时，计算机就会自动从域中退出。

如 STEP3 不出现输入域管理员账户和密码，而出现错误警告，请检查 TCP/IPv4 处的首选 DNS 服务器是否设置了正确的地址。

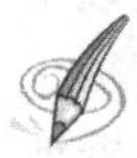

4.4　卸载域控制器

当有新服务器接替域控制器的工作或者网络需要重新规划时，就需要卸载域控制器。卸载域控制器的过程就是删除 Active Directory 服务的过程。

卸载域控制器的注意事项如下。

➘ 如果域内还有其他域控制器存在，该域控制器会被降级为该域的成员服务器。

- 如果该域控制器是域内最后一台域控制器，则该域控制器会被降级为独立服务器。
- 如果此域控制器承担了“全局编录”角色，还要检查其所属站点内是否还有其他全局编录服务器，如果没有，要先分配另外一台域控制器来扮演全局编录服务器，否则将影响用户登录。分配的方法是选择“开始→Windows 管理工具→Active Directory 站点和服务→Sites→Default-First-Site-Name→Servers”，选择服务器名称，右键单击“NTDS Settings”，在快捷菜单中选择“属性”，勾选“全局编录”。
- 如果所删除的域控制器是林内最后一台域控制器，则林会一并被删除。Enterprise Admins 组的成员才有权限删除这台域控制器与林。

卸载域控制器的步骤如下。

STEP1 选择“服务器管理器”窗口的“管理”菜单中的“删除角色和功能”，如图 4-18 所示。持续单击“下一步”按钮，在“删除服务器角色”界面，取消勾选“Active Directory 域服务”，出现如图 4-19 所示的对话框，单击“删除功能”按钮。

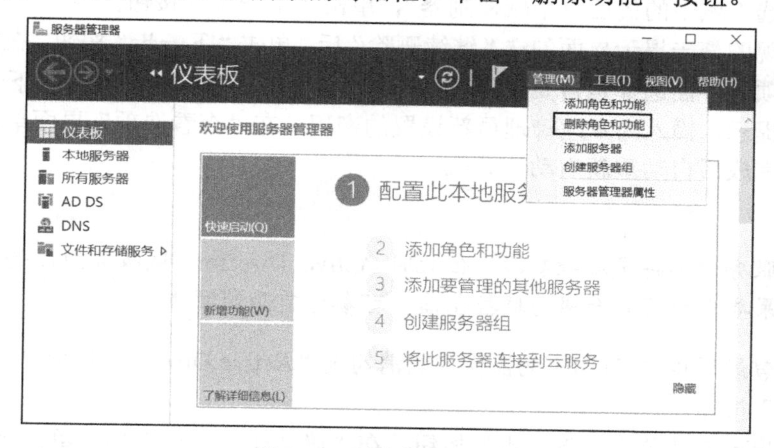

图 4-18　删除角色和功能

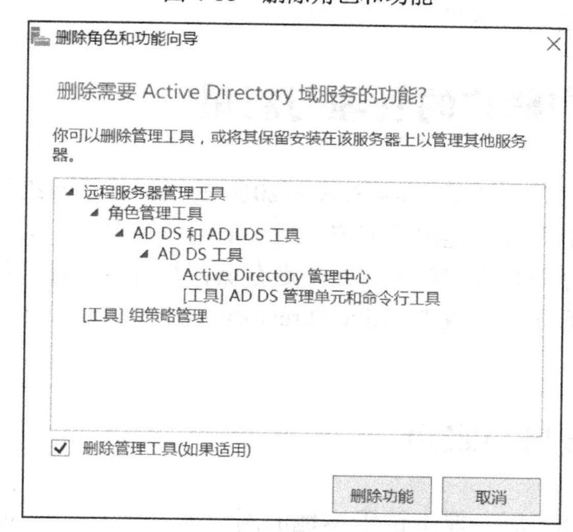

图 4-19　删除功能

STEP2 出现如图 4-20 所示的对话框，单击“将此域控制器降级”，降级域控制器。

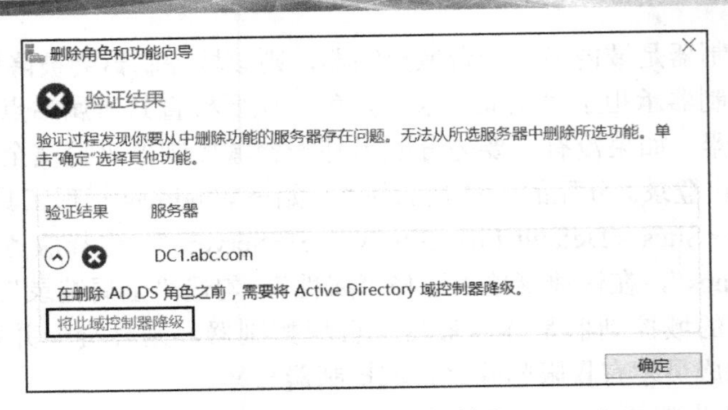

图 4-20　降级域控制器

STEP3 如果当前用户有权限删除此域控制器，在出现的凭据界面直接单击“下一步”按钮，否则单击“更改”按钮输入另一个有权限的账户与密码。如果是最后一台域控制器，要勾选“域中的最后一个域控制器”，单击“下一步”按钮。

STEP4 在出现的警告提示界面勾选“继续删除”后，单击“下一步”按钮。在接下来的“删除选项”界面选择是否要删除 DNS 区域与应用程序分区，单击“下一步”按钮。根据提示，输入为本地管理员新设置的密码，在“查看选项”界面单击“降级”按钮，完成后自动重新启动计算机。

提示：

虽然这台服务器不再是域控制器，但此时 Active Directory 域服务组件仍然存在，并没有被删除。如果要重新将其升级为域控制器，可参考前面的做法。

STEP5 重启登录后重复 STEP1 的操作，取消勾选“Active Directory 域服务”，单击“删除功能”按钮。

STEP6 根据提示持续单击“下一步”按钮，在“确认删除选项”界面单击“删除”按钮。完成后，重新启动计算机。

4.5　域用户账户的管理与应用

如果用户要访问一个基于 Windows Server 2016 的活动目录网络资源，则需要一个合法的域用户账户，在 DC 上可以创建用户账户、组等活动目录对象。与工作组中的本地用户账户相比，域用户账户集中存储在 DC 上，而不是存储在每台成员计算机上。域系统管理员利用“Active Directory 管理中心”或“Active Directory 用户和计算机”控制台来建立与管理域用户账户。

4.5.1　创建域用户账户

在服务器升级为 DC 后，原本位于本地的用户账户被移动到活动目录数据库中，保存到图 4-21 所示的 Users 容器内，同时这台服务器的计算机账户被存储到组织单位 Domain Controllers 内，其他加入域的计算机账户默认存储到 Computers 容器内。可在任何一个容器或组织单位中创建用户账户，以在 Users 容器中创建域用户为例，步骤如下。

STEP1 选择“开始→Windows 管理工具→Active Directory 用户和计算机”，打开如图 4-21 所示的“Active Directory 用户和计算机”窗口，右键单击“Users”，选择“新建→用户”。

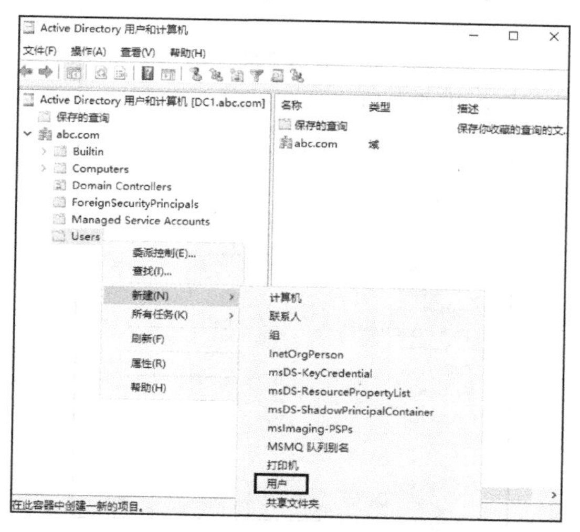

图 4-21　“Active Directory 用户和计算机”窗口

STEP2 在如图 4-22 所示的对话框中输入用户姓名、登录名等相关信息，单击“下一步”按钮，创建域用户。

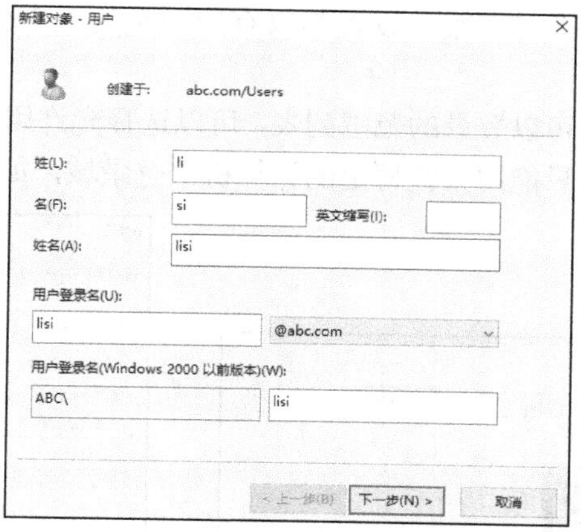

新建对象 - 用户
创建于:　abc.com/Users
姓(L):　li
名(F):　si　英文缩写(I):
姓名(A):　lisi
用户登录名(U):
lisi　@abc.com
用户登录名(Windows 2000 以前版本)(W):
ABC\　lisi
< 上一步(B)　下一步(N) >　取消

图 4-22　创建域用户

STEP3 在设置密码对话框中指定用户账户的密码并选择相应的密码选项，域用户账户的密码至少包含大写字母、小写字母、数字、非字母数字 4 组字符中的 3 组，并区分大小写，默认必须至少 7 个字符。后续步骤与创建本地用户账户方法相同，按向导提示完成。

4.5.2　配置域用户账户的属性

每个域用户账户都有一些相关属性，可以通过双击用户账户的方式或右键单击用户账户，在弹出的菜单中选择“属性”，在账户属性对话框中修改或设置账户属性，如图 4-23 所示。这些选项卡中常用部分与本地用户账户属性相似，请参照设置。

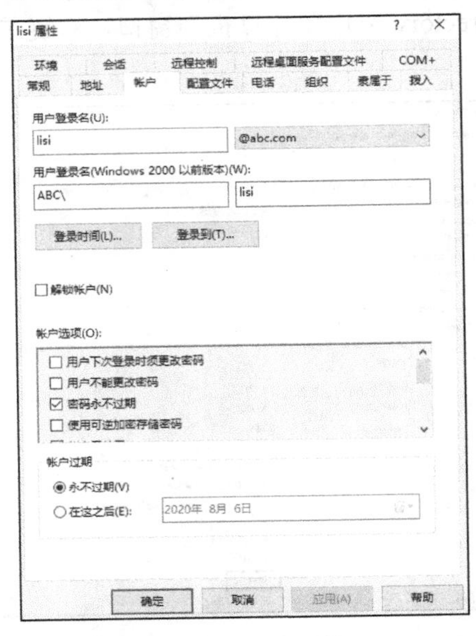

图 4-23　账户属性

在“账户”选项卡中可限制账户登录时段和登录的计算机范围。

- 登录时间：用来限制用户登录到域的时间，可以在某些时间段内禁止用户使用域账户登录网络。例如，将用户账户设置为只有周一至周五工作时间可以登录，如图 4-24 所示设置登录时间。
- 登录到：定义了用户可以登录的范围列表，可以选择允许用户账户从所有的计算机上登录，也可以限制用户只能用某些特定的计算机来登录域，如图 4-25 所示设置登录地点。

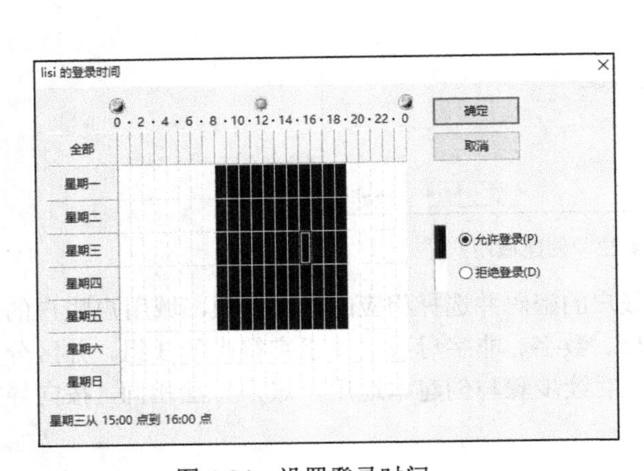

图 4-24　设置登录时间

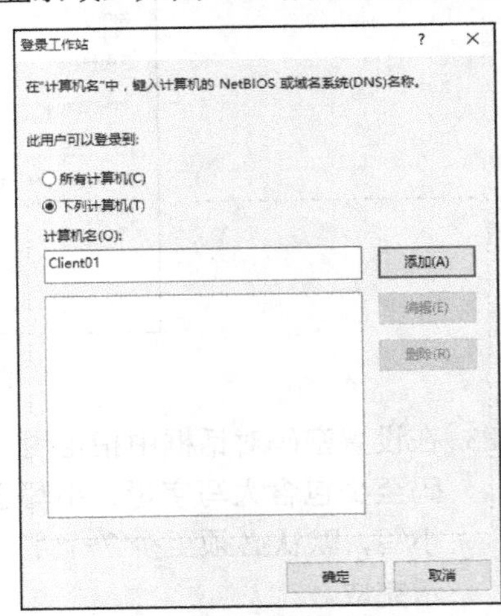

图 4-25　设置登录地点

4.5.3　利用已加入域的计算机登录

可以在已加入域的计算机上，利用本机或域用户账户登录。

1. 利用本地用户账户登录

在登录窗口单击“切换用户”按钮，再单击“其他用户”，如果要用本地用户账户登录，在登录界面中输入“计算机名\本地用户登录名”和密码登录本机，如图 4-26 所示，在 Client01 计算机上用本地账户 administrator 登录。

图 4-26 本地用户登录

2. 利用域用户账户登录

域用户可以在域内任何一台非域控制器的计算机上登录域，在如图 4-27 所示的登录界面中输入“域名\域用户登录名”和密码登录域。

图 4-27 域用户登录

4.6 域组的管理与应用

域组和本地组的作用相似，都是为了向一组用户分配权限以简化用户管理。

4.6.1 域组的类型及使用范围

Active Directory 域内的组有以下两种类型。

- 安全组：管理员一般不为用户账户设置自己独特的访问权限，而是将用户账户加入相应的安全组中。通过赋予安全组访问资源的权限使得组内用户也具有相应的权限。默认情况下，在管理 Active Directory 时使用的都是安全组。
- 通信组：通信组没有安全方面的功能，只能用于电子邮件通信，其中可以包含联系人和用户账户。只有在电子邮件应用程序中，才能使用通信组将电子邮件发送给一组用户。

从组的使用范围来看，域内的组有以下 3 种类型。

- 本地域组：使用范围是本域，针对本域的资源创建本地域组，只能访问该域内的资源。其成员可以是用户、全局组、通用组，还可能包含相同域内的本地域组，但无法包含其他域内的本地域组。
- 全局组：使用范围是整个林以及信任域。通常使用全局组来管理那些具有相同管理任务或者访问权限的用户账户。
- 通用组：使用范围是整个林以及信任域，与全局组相似，在多域环境中由于成员信息存储位置不同于全局组，所以通用组成员登录或者查询速度比全局组快。

4.6.2 域组的创建与管理

创建域组与创建域用户账户方法类似，在“Active Directory 用户和计算机”窗口中右键单击“Users”，选择“新建→组”，输入组名并选择组作用域及类型，单击“确定”按钮，如图 4-28 所示创建组，组名为财务部。

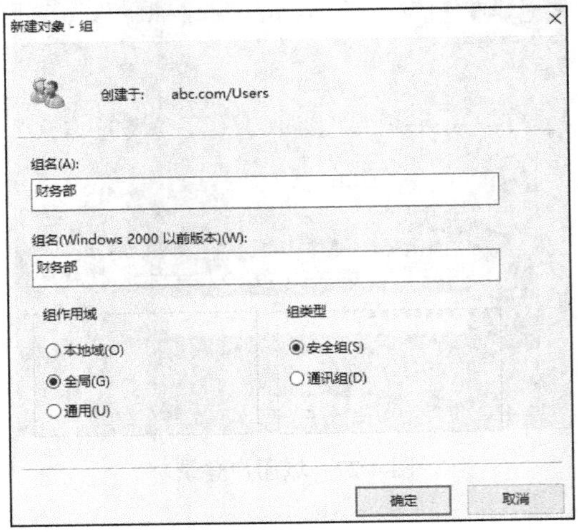

图 4-28 创建组

双击已创建的组或右键单击组名，选择“属性”可修改组信息、添加组成员及所属关系等。组的属性如图 4-29 所示。

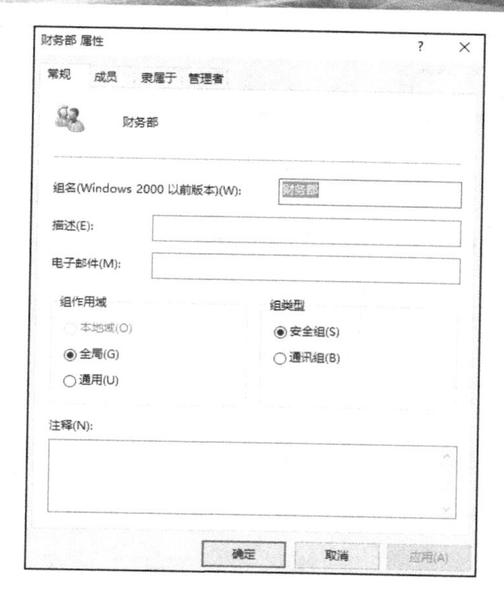

图 4-29　组的属性

4.7　管理组织单位

一个域中有很多种类对象，如用户账户、组、计算机账户、共享文件夹和打印机等，它们的数量很多，OU（组织单位）可以将这些对象采用逻辑等级结构组织起来，方便管理。

OU 是活动目录对象，也是活动目录容器，可以在其中放置用户、组、计算机和其他 OU。OU 不能包含来自他域中的对象。

为了有效组织活动目录对象，可以根据公司业务模式来创建不同的 OU 层次结构，以下是几种常见的设计方式。

- 基于部门的 OU：为了和公司组织结构相同，OU 可以基于公司内部的各种各样的功能部门创建，如行政部、财务部、销售部等。
- 基于地理位置的 OU：基于每一个地理位置创建 OU，如北京、上海和广州等。
- 基于对象类型的 OU：在活动目录中将各种对象分类，为每一类对象建立 OU，如用户、计算机和打印机等，这种结构的 OU 让管理员能快速定位需要管理的对象。

OU 的设计也可以是混合的，例如，可以先在域中创建部门 OU 为“财务部”，然后在“财务部”OU 下创建“用户”OU 和“计算机”OU 两个子 OU，在“用户”OU 中存放本部门所有的用户账号，在“计算机”OU 中存放本部门所有的计算机账户。

在活动目录中默认已经建立了一个名称为 Domain Controllers 的 OU，用于存放域控制器。OU 的图标与其他容器的图标略有不同。

1．创建 OU

在“Active Directory 用户和计算机”窗口右键单击域名“abc.com”，选择“新建→组织单位”，输入组织单位名称，单击“确定”按钮，如图 4-30 所示创建销售部 OU。

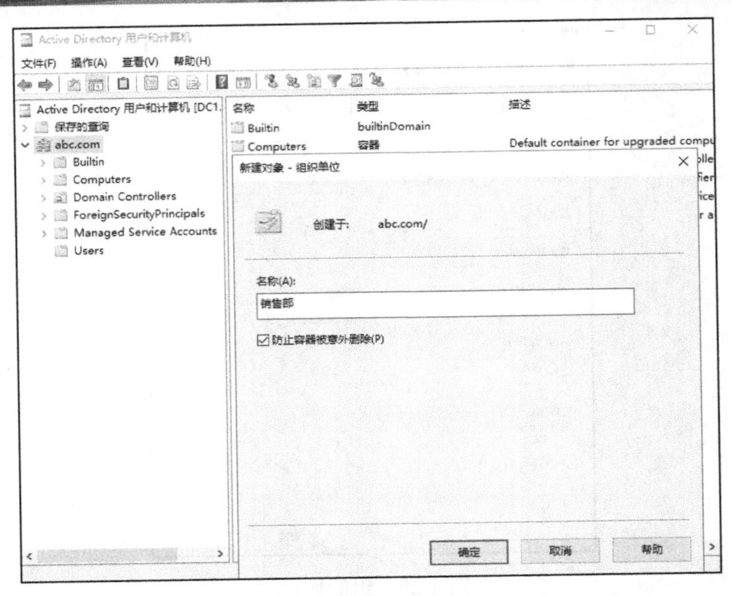

图 4-30 创建销售部 OU

可以在 OU 下创建其他活动目录对象，或者将现在的活动目录对象移动到 OU 中。如某员工调往销售部，现在需要把他的账户移动到销售部 OU。右键单击该用户，选择“移动”，在弹出的“将对象移动到容器”对话框中选择“销售部”，如图 4-31 所示将对象移动到销售部 OU。

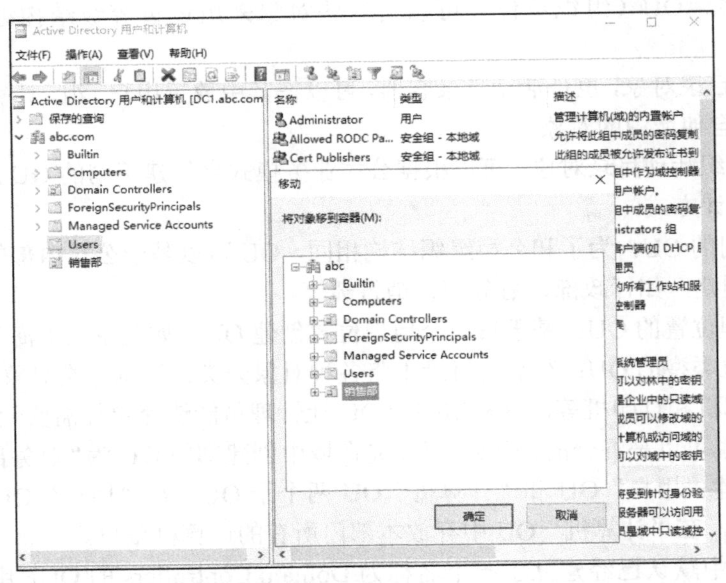

图 4-31 将对象移动到销售部 OU

2. 删除 OU

如要删除图 4-30 中的销售部 OU，右键单击该 OU，选择“删除”，然后选择确定删除 OU，会出现如图 4-32 所示的警告对话框，提示无法删除。原因是在创建 OU 时，系统默认选中了如图 4-30 中的“防止容器被意外删除”。可以使用以下步骤删除 OU。

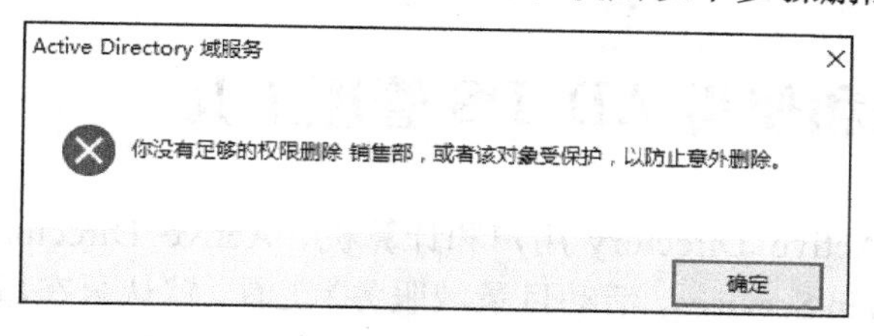

图 4-32 警告

STEP1 打开“Active Directory 用户和计算机”窗口，单击“查看”菜单，如图 4-33 所示，勾选“高级功能”选项。

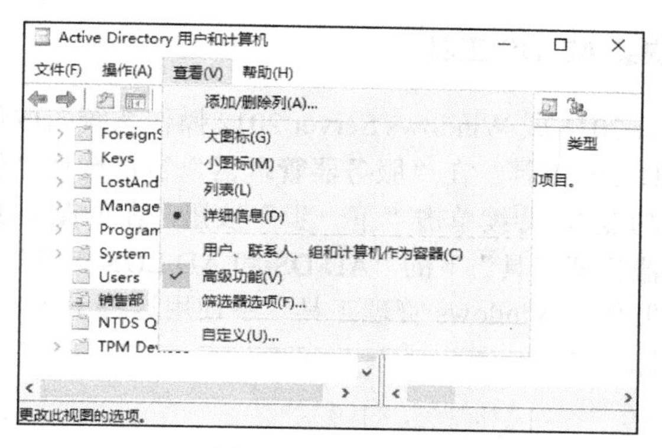

图 4-33 高级功能

STEP2 右键单击销售部，选择“属性”，在弹出的 “销售部 属性”对话框中选择“对象”选项卡，取消勾选“防止对象被意外删除”选项，如图 4-34 所示，单击“确定”按钮。

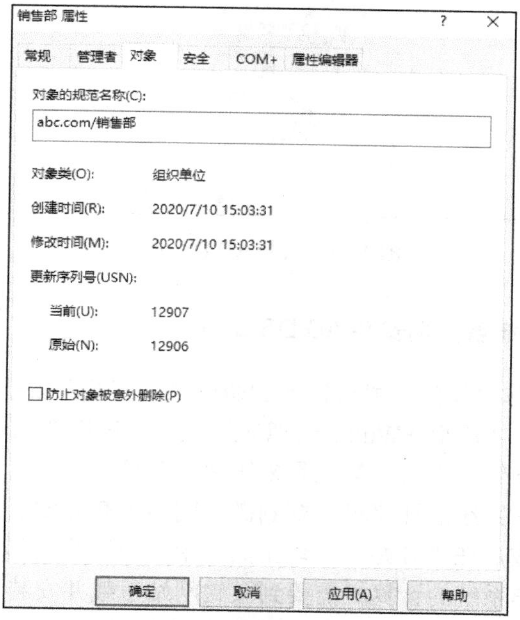

销售部 属性
常规 管理者 对象 安全 COM+ 属性编辑器
对象的规范名称(C):
abc.com/销售部
对象类(O): 组织单位
创建时间(R): 2020/7/10 15:03:31
修改时间(M): 2020/7/10 15:03:31
更新序列号(USN):
当前(U): 12907
原始(N): 12906
☐ 防止对象被意外删除(P)
确定 取消 应用(A) 帮助

图 4-34 “销售部 属性”对话框

STEP3 再次右键单击销售部，选择“删除”，此 OU 被成功删除。

4.8 安装和使用 AD DS 管理工具

管理域需要借助 Active Directory 用户和计算机、Active Directory 管理中心等 AD DS（Active Directory Domain Services，活动目录域服务）工具，默认只在域控制器上才有 AD DS 管理工具，非域控制器的成员服务器（Windows Server 2016 和 Windows Server 2012 等服务器操作系统）与客户端计算机（Windows 10 和 Windows 8 等个人操作系统）内默认并没有安装 AD DS 管理工具。可以另外安装这些工具来管理活动目录。

1．给成员服务器安装 AD DS 工具

安装 Windows Server 2016 或 Windows Server 2012 操作系统的成员服务器可通过添加角色和功能的方式安装 AD DS 工具。在“服务器管理器”窗口选择“仪表板”项，单击右侧窗格中的“添加角色和功能”，持续单击“下一步”按钮，在如图 4-35 所示的“选择功能”界面中勾选“远程服务器管理工具”下的“AD DS 和 AD LDS 工具”，根据提示安装 AD DS 工具。安装完成后在“开始→Windows 管理工具”中使用这些工具。

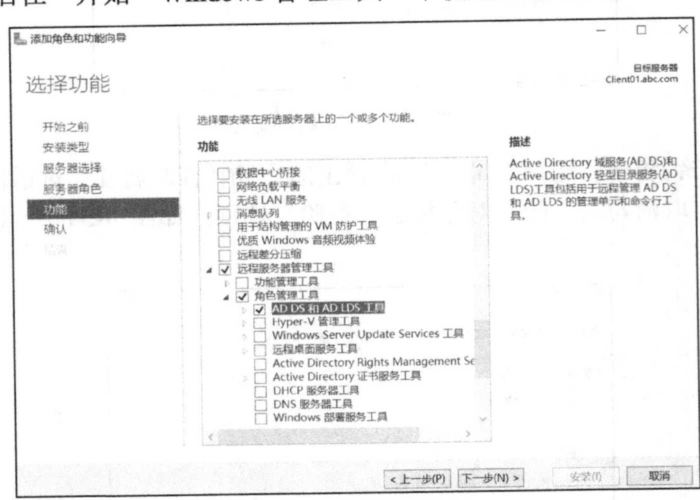

图 4-35 安装 AD DS 工具

2．给个人版操作系统客户端安装 AD DS 工具

安装 Windows 10 操作系统的计算机需要到微软网站下载并安装 Windows 10 远程服务器管理工具，安装完成后在“开始→Windows 管理工具”中选用“Active Directory 用户和计算机”和“Active Directory 管理中心”等工具来管理活动目录。

安装 Windows 8 操作系统的计算机需要到微软网站下载并安装程序 Windows 8.1 远程服务器管理工具，安装完成后在“开始→管理工具”中选用这些工具。

安装 Windows 7 操作系统的计算机需要到微软网站下载并安装程序 Windows 7 SP1 的远程服务器管理工具，在“开始→控制面板”窗口选择“打开或关闭 Windows 功能”，勾选“远

程服务器管理工具”之下的“Active Directory 管理中心”，安装完成后，在“开始→系统管理工具”中选用这些工具。

4.9 实训

实训环境一

HT 公司的网络中有 100 多台计算机和 100 多个员工，公司需要集中管理计算机和用户账户以及网络资源，需要建立域环境，域名为 huatian.com。

需求描述

- 为服务器配置 TCP/IP 参数。
- 将服务器名称设置为 DC01，安装活动目录。
- 将客户机 Client01 加入域中。
- 为员工创建域用户，按部门创建域组，将域用户加入相应的域组。

实训环境二

HT 公司有 5 个部门：技术部、财务部、销售部、人力资源部和生产部，网络管理员需要以部门来管理用户账户和组，并且用户账户在第一次登录域时需要更改密码。创建对应的组账号，便于日后分配权限。所有的域控制器都在机房集中管理，管理员需要在办公区用自己装有 Windows 10 操作系统的办公用计算机远程管理活动目录。

需求描述

- 在域控制器上创建技术部、财务部、销售部、人力资源部和生产部 OU。
- 在各部门 OU 中创建多个域用户账户，在创建账户的时候勾选“用户下次登录时须更改密码”复选框。
- 按照部门创建本地域组，并将各部门账户添加至对应的组。
- 下载 Windows 10 远程服务器管理工具。

4.10 习题

- 在什么情况下适合采用 Windows 域模式？
- 安装域控制器需要满足哪些条件？
- 活动目录有哪些特点？如何卸载活动目录？
- 在成员计算机上安装远程服务器管理工具的作用是什么？

第5章 本地安全策略与组策略应用

项目需求：

为了提升计算机的安全性，ABC 公司要求账户密码长度最少为 8 位，用户连续 3 次输错密码就会被锁定；管理员想查看哪些人曾经访问过文件服务器中的重要数据；所有的普通员工用户登录计算机后不显示防火墙；公司要求所有员工在登录计算机时，阅读公司的计算机使用规定；公司所有计算机都要安装 PDF 阅读器软件，并希望快速部署该程序。

学习目标：

- 理解本地安全策略
- 会配置账户策略、本地策略和本地组策略
- 理解组策略的作用
- 理解组策略的应用顺序
- 会配置组策略管理域内用户和计算机的工作环境
- 会运用组策略的继承、阻止继承、强制生效和筛选
- 会使用组策略分发软件

本章单词

- Group：组
- Policy：策略
- GPO：Group Policy Object，组策略对象
- Default：默认
- Local：本地
- Filter：筛选
- OU：组织单位
- Publish：发布

5.1 本地安全策略

本地安全策略影响本地计算机的安全设置，当用户登录安装 Windows Server 2016 操作系统的计算机时，就会受到此台计算机的本地安全策略影响。学习设置本地安全策略，建议在未加入域的计算机上配置，以免受到域组策略（5.4 节介绍）的影响，因为域组策略的优先级较高，可能会造成本地安全策略的设置无效或无法设置。

要管理本地安全策略，选择“开始→Windows 管理工具→本地安全策略”，出现如图 5-1 所示的“本地安全策略”窗口，也可运行 secpol.msc 命令打开此窗口。

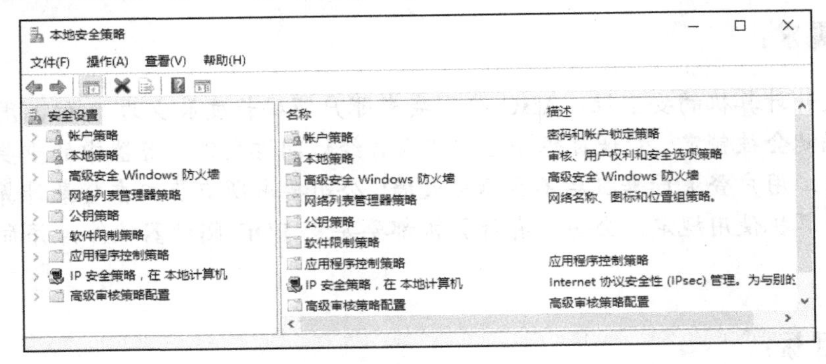

图 5-1 “本地安全策略”窗口

应用本地安全策略，可以加固系统账户，加强用户密码安全，通过设置“审核对象访问”，跟踪用于访问文件或其他对象的用户账户、登录尝试、系统关闭或重新启动以及类似的事件。

5.2 设置账户策略

在网络中，由于用户名和密码过于简单导致的安全性问题比较突出。黑客在攻击网络系统时也把破解管理员密码作为一个主要的攻击目标，账户策略可以通过设置密码策略和账户锁定策略来提高账户密码的安全级别。

5.2.1 密码策略

在如图 5-1 所示的“本地安全策略”窗口中展开“账户策略”节点，显示“密码策略”和“账户锁定策略”两项，选择“密码策略”，在右侧出现所有的密码策略内容。“密码策略”窗口如图 5-2 所示，可通过双击策略，可在出现的对话框中更改设置。

提示：

选择图 5-2 右侧策略后，若系统不允许修改设置值，则表示这台计算机已经加入域，且该策略在域内已经设置，此时会以域设置为其最后有效设置。

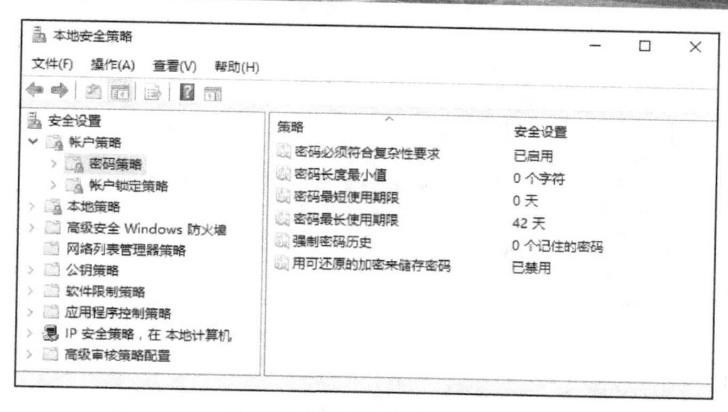

图 5-2 “密码策略”窗口

- 密码必须符合复杂性要求：启用此策略后，用户账户使用的密码必须符合复杂性要求。密码复杂性是指密码中必须包含 A～Z、a～z、0～9、非字母数字字符 4 组字符中任意 3 组中的字符，并且不少于 6 个字符。
- 密码长度最小值：该项安全设置确定用户账户的密码包含的最少字符个数。设置范围为 0～14，将字符设置为 0（默认值），表示用户可以没有密码。
- 密码最短使用期限：此安全设置确定在用户更改某个密码之前至少使用该密码的天数。设置范围为 0～998，如果设置为 0 天，表示可以随时更改密码。期限未到之前，用户不得更改密码，密码最短使用期限必须小于密码最长使用期限。
- 密码最长使用期限：密码使用的最长时间，单位为天。设置范围为 0～999，默认设置为 42 天，如果设置为 0 表示密码永不过期。
- 强制密码历史：用来设置多少个最近使用过的密码不允许再使用。设置范围在 0～24 之间，默认值为 0，代表可以随意使用过去使用过的密码。
- 用可还原的加密来储存密码：如果应用程序需要读取用户的密码，以便验证用户身份，就可以启用此功能。此策略的应用会使安全性降低，所以一般不要启用。

5.2.2　账户锁定策略

账户锁定策略是指当用户输入错误密码的次数达到一个设定值时，就将此账户锁定。锁定的账户暂时不能登录，只有等超过指定时间自动解除锁定或由管理员手动解除锁定。账户锁定策略包括 3 项设置，如图 5-3 所示。

- 账户锁定时间：用来设置锁定账户的期限，期限过后自动解除锁定。设置范围为 0～99999，0 表示永久锁定，不会自动被解除锁定，需要由系统管理员手动解除锁定。
- 账户锁定阈值：用来设置用户几次输入错误密码后登录失败，就将该账户锁定。在未被解除锁定之前，用户无法再使用此账户来登录。设置范围为 0～999，默认值为 0，表示账户永远不会被锁定。
- 重置账户锁定计数器：锁定计数器用来统计用户登录失败的次数，起始值为 0，若用户登录失败，则锁定计数的值就会增加 1；若登录成功，则锁定计数器的值就会归零。若锁定计数器的值等于账户锁定阈值，该账户就会被锁定。

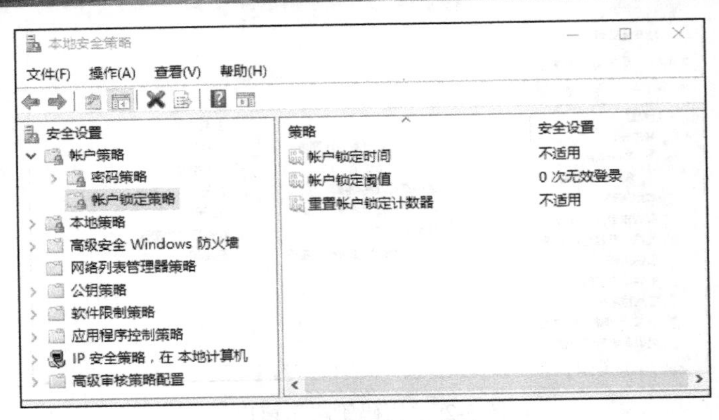

图 5-3　账户锁定策略

5.3　设置本地策略

本地策略涉及是否在安全日志中记录登录用户的操作事件，用户能否交互式登录此计算机，用户能否从网络上访问计算机等。本地策略主要包括审核策略、用户权限分配和安全选项策略。

5.3.1　审核策略

建立审核跟踪是系统安全的重要内容，通过设置审核策略可以确定是否将计算机中与安全有关的事件记录到安全日志中。另外，也可以将用户登录成功或者失败的信息记录在日志中，以方便查看，审核策略中包括的内容如图 5-4 所示。

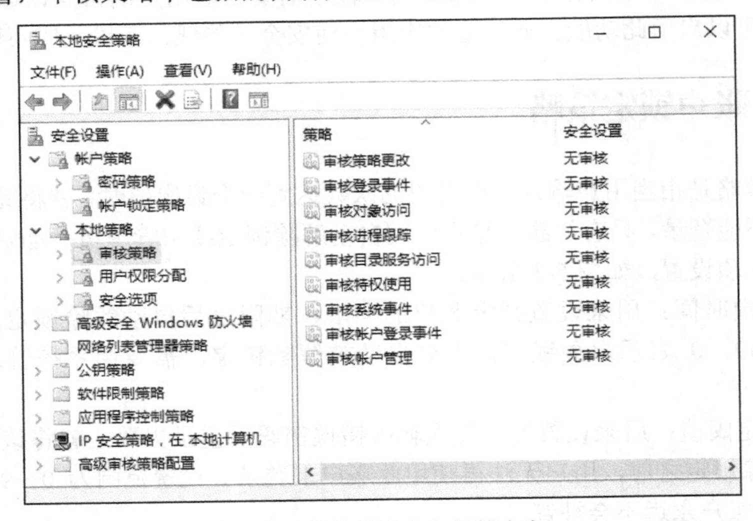

图 5-4　审核策略中包括的内容

审核策略指定了要审核的与安全有关的事件类别，在完成审核前，必须先确定审核策略，详细的审核策略见表 5-1。

表 5-1　审核策略

审 核 策 略	说　明
审核策略更改	确定是否对用户权限分配策略、审核策略或信任策略的更改进行审核
审核登录事件	确定是否审核应用此策略的系统中发生的登录和注销事件
审核对象访问	确定是否审核用户访问某个对象（如文件、文件夹、注册表和打印机等）的事件
审核账户登录事件	确定是否审核在这台计算机用于验证账户时，用户登录到其他计算机或者从其他计算机注销的每个实例
审核账户管理	确定是否对计算机上每个账户管理事件进行审核，包括创建、更改、删除用户账户或组，重命名、禁用或启用用户账户，以及设置或更改密码
审核目录服务访问	确定是否对用户访问活动目录服务对象进行审核
审核系统事件	确定是否审核用户重新启动、关闭计算机，以及对系统安全或安全日志有影响的事件
审核进程跟踪	审核程序的执行与结束，如是否有某个程序被启动或结束
审核特权使用	审核用户是否使用了用户权限分配策略内所赋予的权限，如更改系统时间

审核策略的安全设置选项包括以下三个方面。

- 成功：当请求的操作执行成功时会生成一个审核项。
- 失败：当请求的操作执行失败时会生成一个审核项。
- 无审核：相关操作不会生成审核项。

1．审核登录事件

要审核对象登录成功与失败的事件，首先要检查审核登录事件策略是否启用，如果尚未启用，则在如图 5-4 中，双击审核策略中的“审核登录事件”策略，对该策略进行设置，勾选“成功”和“失败”，如图 5-5 所示启用审核对象访问策略。

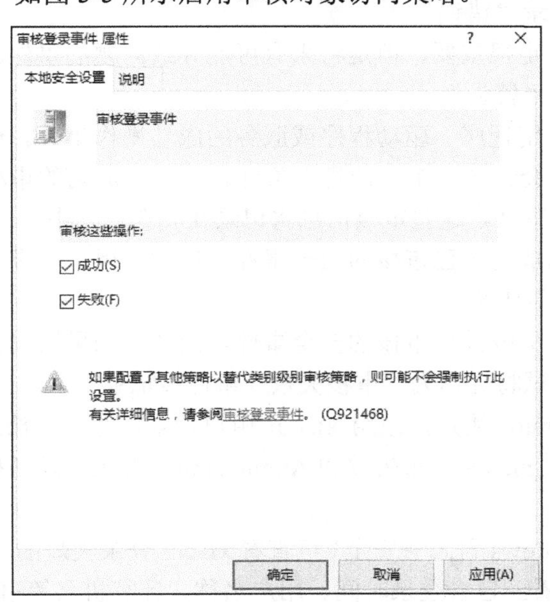

图 5-5　启用审核对象访问策略

审核的成功与失败记录在事件日志中，失败日志比成功日志更有意义，如有人多次尝试登录到此计算机都未能成功，则说明可能有攻击者在尝试入侵。事件日志用于记录计算机上发生的事情，事件查看器可浏览和管理事件日志，选择“开始→Windows 管理工具→事件查看器”，如图 5-6 所示，打开“事件查看器”窗口，包括 Windows 日志及应用程序和服务日志两个类别的事件日志。

图 5-6 “事件查看器”窗口

Windows 日志包括应用程序、安全、设置、系统和已转发事件，其中安全日志记录诸如有效和无效登录等事件，以及与资源使用相关的事件。

在“事件查看器”窗口中，事件分为以下几种级别。

- 错误：重要的问题，如数据丢失或功能丧失。例如，如果在启动过程中某个服务加载失败，将会记录“错误”。
- 警告：虽然不一定很重要，但是将来有可能导致问题的事件。例如，当磁盘空间不足时，将会记录“警告”。
- 信息：描述了应用程序、驱动程序或服务的成功操作事件。例如，当网络驱动程序加载成功时，将会记录一个“信息”事件。另外，成功的审核和失败的审核也会产生一个“信息”事件，这些审核信息将记录在安全日志中。
- 审核成功：任何成功的已审核的安全事件。例如，用户登录系统成功会被作为“审核成功”事件记录下来。
- 审核失败：任何失败的已审核的安全事件。例如，如果用户试图访问网络驱动器但失败了，则该尝试将会作为“审核失败”事件被记录下来。

注销当前 Administrator 用户，改用 xiaoqi 用户登录，并故意输入错误密码，然后改用 Administrator 账户登录，xiaoqi 登录失败和 Administrator 登录成功的操作都会记录到安全日志中。

展开图 5-6 中“Windows 日志→安全”可查看 xiaoqi 登录失败的事件，登录日志如图 5-7 所示，双击该事件可以看到包含登录时间、用户名称、计算机名等事件属性信息，如图 5-8 所示。其中的登录类型为 2 表示本机登录，若登录类型为 3 表示网络登录。

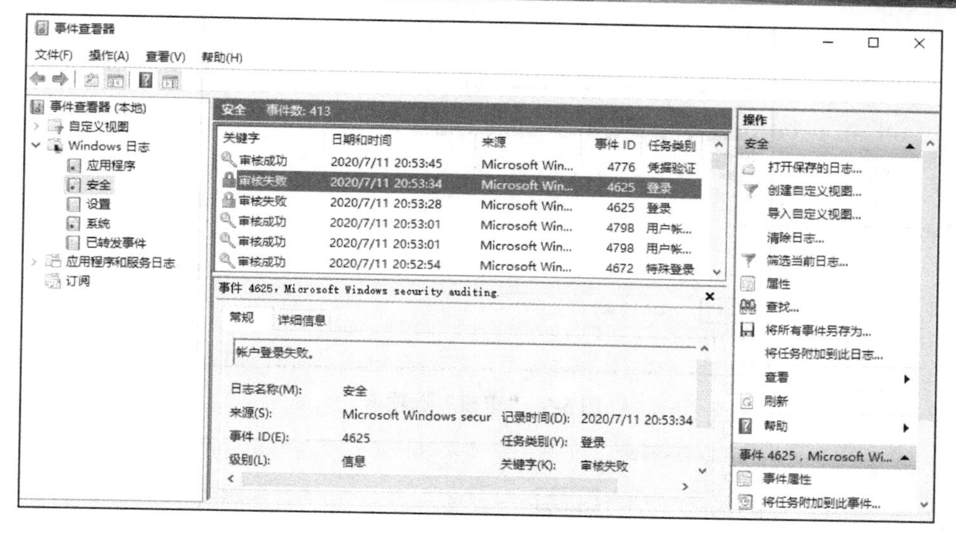

图 5-7　登录日志

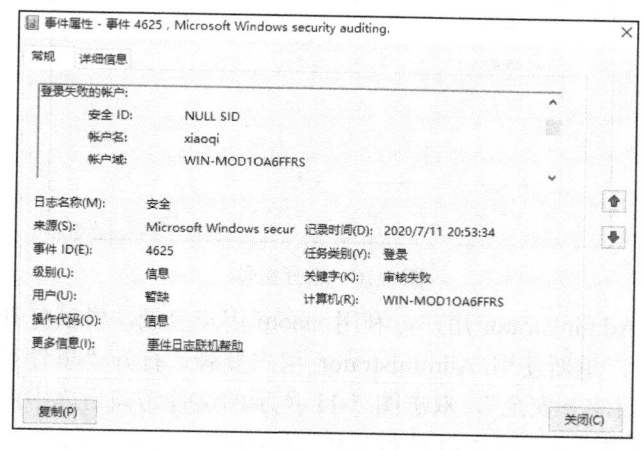

图 5-8　事件属性

2．审核文件访问

ABC 公司文件服务器 Filesvr 存放着公司日常工作规范等文档，管理员希望能够查看员工对该文件夹的成功访问和失败访问的情况。

STEP1 双击图 5-4 中右侧的“审核对象访问”策略，在“审核对象访问 属性”对话框中勾选“成功”和“失败”复选框，启用审核对象访问策略。

STEP2 右键单击需要审核的文件，如 report.doc，在弹出的菜单中选择“属性”，然后在弹出的对话框中选择“安全”选项卡，单击 “高级”按钮。在如图 5-9 所示的对话框中选择“审核”选项卡，单击“添加”按钮。

STEP3 在图 5-10 所示的对话框中单击上方的“选择主体”，选择要审核的用户 xiaoqi，在类型处选择审核全部事件（成功与失败），在下方选择要审核的操作后单击“确定”按钮。

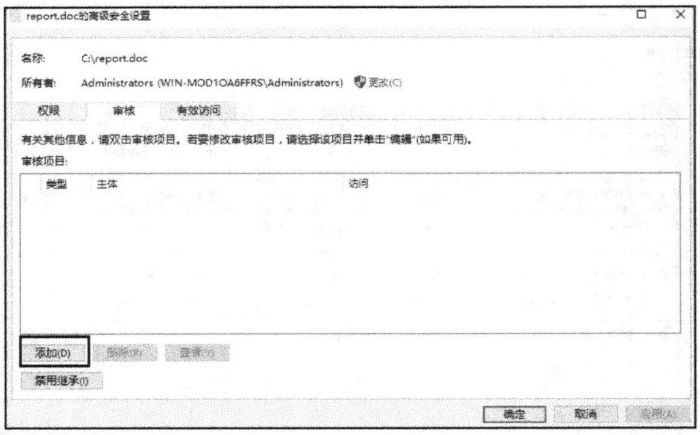

图 5-9 “审核”选项卡

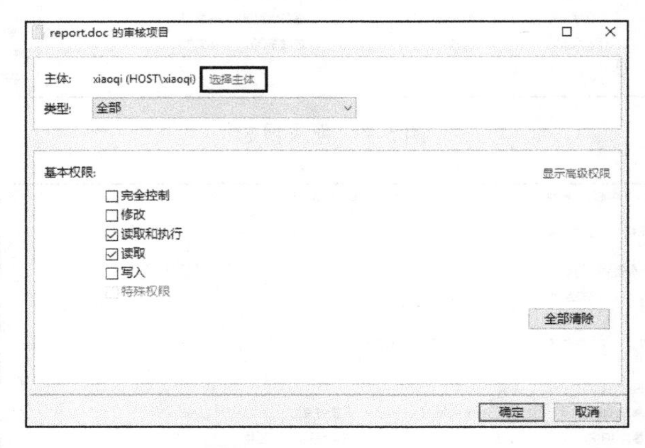

图 5-10 选择主体

STEP4 注销当前 Administrator 用户，利用 xiaoqi 用户登录，尝试打开被审核的文件。注销登录用户，重新使用 Administrator 用户登录，打开“事件查看器”窗口，展开“Windows 日志→安全”，双击图 5-11 所示的文件访问日志中所审核到的“其他对象访问”事件记录，就可以看到打开文件的操作已被记录。

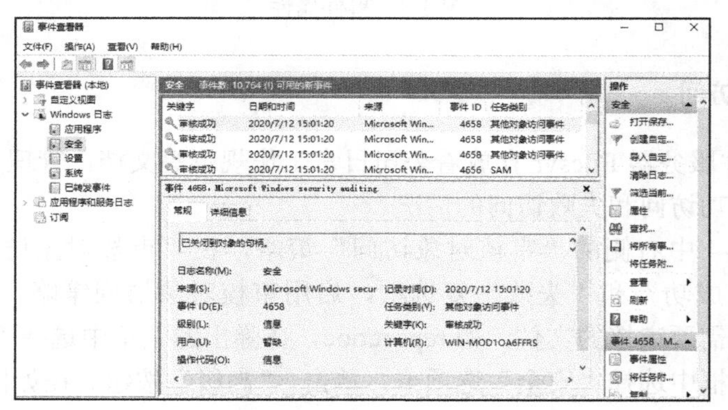

图 5-11 文件访问日志

5.3.2 用户权限分配

通过用户权限分配，可以为某些用户和组授予或拒绝一些特殊的权限，如关闭系统、更改系统时间、拒绝本地登录和允许在本地登录等，用户权限分配中的策略如图 5-12 所示。

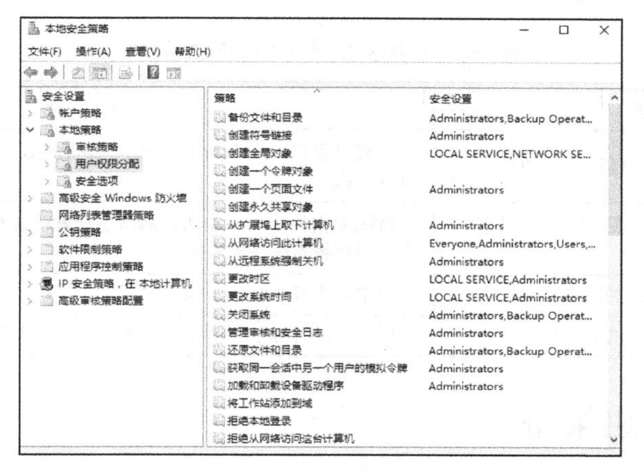

图 5-12　用户权限分配中的策略

表 5-2 列出了常用的用户权限分配安全策略。

表 5-2　常用的用户权限分配安全策略

策　略	说　明
从网络访问此计算机	默认情况下，任何用户都可以从网络访问此计算机，可以根据实际需要撤销某用户或某组从网络访问计算机的权限
拒绝从网络访问这台计算机	如果某用户只在本地使用这台计算机，不允许其通过网络访问这台计算机，可以将该用户加入本策略
允许在本地登录	允许用户直接在此计算机上登录
拒绝本地登录	此安全设置阻止用户在此计算机上登录，如果一个账户同时受“允许在本地登录”策略制约，则此策略设置将取代“允许在本地登录”策略
关闭系统	允许用户关闭此计算机

5.3.3　安全选项

利用本地策略中的安全选项，可以控制一些和操作系统安全相关的设置，安全选项中的策略如图 5-13 所示。

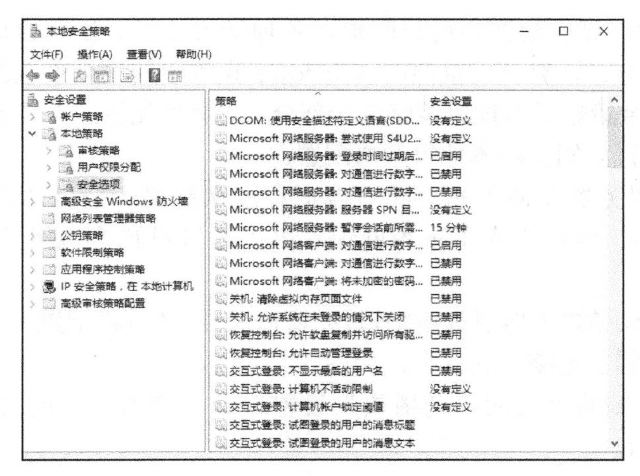

图 5-13　安全选项中的策略

表 5-3 列出了常用安全选项中的安全策略。

表 5-3 常用安全选项中的安全策略

策　略	说　明
关机：允许系统在未登录的情况下关闭	使登录窗口的右下角能够显示关机图标，以便在不需要登录的情况下可以关机
账户：使用空白密码的本地账户只允许进行控制台登录	密码为空的用户不能通过网络访问此计算机，此策略禁用后，密码为空的用户将不会受到限制
交互式登录：试图登录用户的消息文字	指定用户登录时显示的文本消息
交互式登录：试图登录用户的消息标题	用户登录时显示的消息文本窗口标题栏中显示的标题说明

5.3.4 本地组策略

组策略是一组策略的集合，是管理员为用户和计算机定义并控制程序、网络资源及操作系统行为的主要工具，通过组策略可设置各种软件、计算机和用户策略。按下 Windows 键+R 键打开运行对话框，输入 gpedit.msc 命令，单击“确定”按钮，出现如图 5-14 所示的“本地组策略编辑器”窗口。

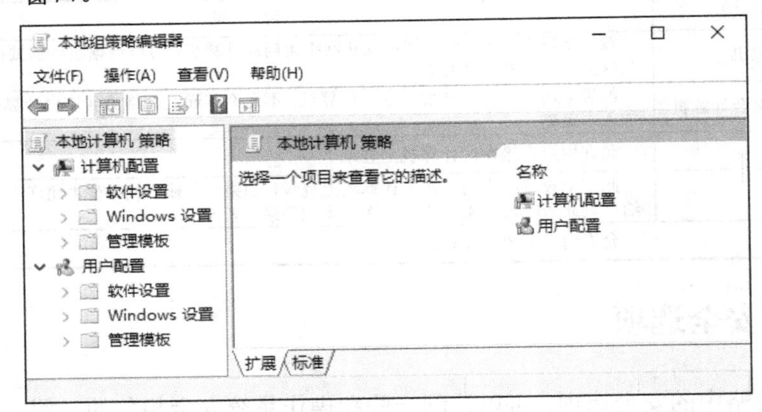

图 5-14 “本地组策略编辑器”窗口

本地组策略包含计算机配置和用户配置，各项配置中又分别包含软件设置、Windows 设置和管理模板三部分。计算机配置项的 Windows 设置中的安全设置就是前面介绍的本地安全策略，即本地安全策略是本地组策略的一部分。计算机配置一般需要重启计算机才能生效，下面以计算机配置为例介绍本地组策略配置。

ABC 公司文件服务器在插入光盘或 U 盘时，默认情况下会自动播放，此功能虽然给用户带来了很多便利，但也带来了不少麻烦。可以通过设置本地组策略实现禁止自动播放功能。

STEP1 在图 5-14 所示的“本地组策略编辑器”窗口展开“计算机配置→管理模板→Windows 组件→自动播放策略”文件夹，如图 5-15 所示。

STEP2 双击窗口右侧的“关闭自动播放”设置选项，弹出“关闭自动播放”界面，如图 5-16 所示。

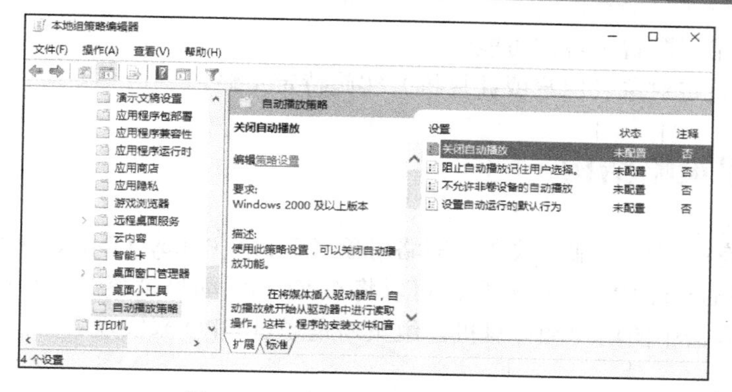

图 5-15　“自动播放策略”文件夹

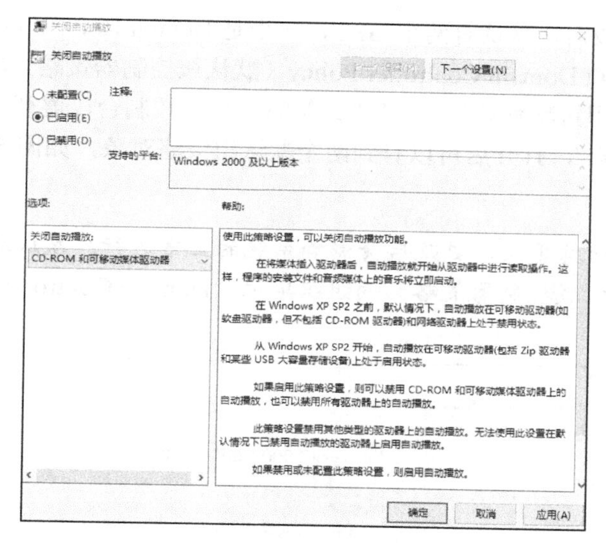

图 5-16　“关闭自动播放”界面

STEP3 在“关闭自动播放”界面选中“已启用”，重启计算机后测试已经关闭了自动播放功能。

5.4　域组策略

5.4.1　组策略简介

本地安全策略和本地组策略可以加强工作组中计算机的安全性。域组策略适用于在域环境对多台客户机进行统一配置。通过应用域组策略，管理员可以方便地管理 Active Directory 中的用户和计算机的工作环境，如用户桌面环境、计算机启动 / 关机与用户登录 / 注销时所执行的脚本文件、软件安装和安全设置等。

使用组策略，可以实现以下功能。

- 减少管理成本，只需设置一次，相应的用户或计算机可全部应用规定设置。

- 减少用户错误配置环境的可能性。
- 可以针对特定对象（用户或计算机）实施特定策略。

5.4.2 组策略结构

组策略的所有配置信息都存放在组策略对象（Group Policy Object，GPO）中，组策略被视为 Active Directory 中的特殊对象，可以将 GPO 和活动目录容器（站点、域和 OU）链接起来，以影响容器中的用户和计算机，组策略是通过 GPO 来实现管理的。

1．默认 GPO

当域环境创建完成后，默认有两个 GPO，一个是 Default Domain Policy（默认域策略）GPO；另一个是 Default Domain Controller Policy（默认域控制器策略）GPO。选择“开始→Windows 管理工具→组策略管理”，打开“组策略管理”控制台，展开左侧窗格中的各个节点，找到“组策略对象”，打开后可以看到两个默认组策略对象，如图 5-17 所示。

提示：

默认 GPO 不能随意更改，更改后会影响系统的正常运行。默认域策略影响域中所有的用户和计算机，默认域控制器策略影响组织单位“Domain Controllers”中所有的用户和计算机。

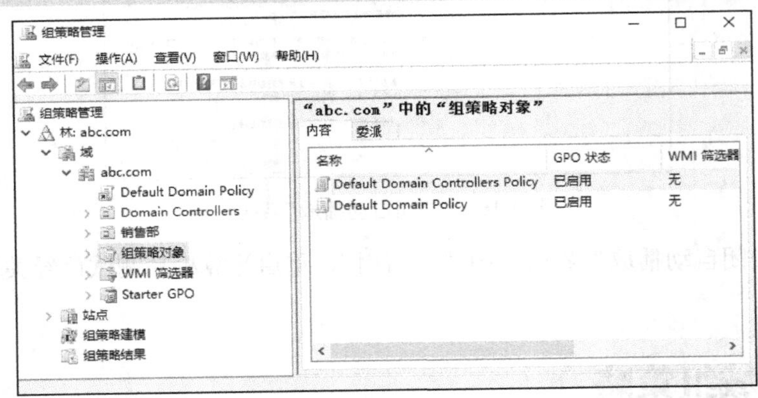

图 5-17 默认组策略对象

2．GPO 链接

GPO 用来保存组策略，要应用组策略必须进一步指定 GPO 所链接的对象，GPO 只能链接到 Active Directory 的站点、域或组织单位，即活动目录容器，该容器中包含的用户和计算机会受到组策略的控制。

单击组策略对象中的“Default Domain Controller Policy”，在右侧窗格中可以看到此 GPO 已经链接到组织单位“Default Controllers”，默认域控制器策略如图 5-18 所示；单击组策略对象中的“Default Domain Policy”，在右侧窗格中可看到此 GPO 已经链接到域 abc.com，默认域策略如图 5-19 所示。

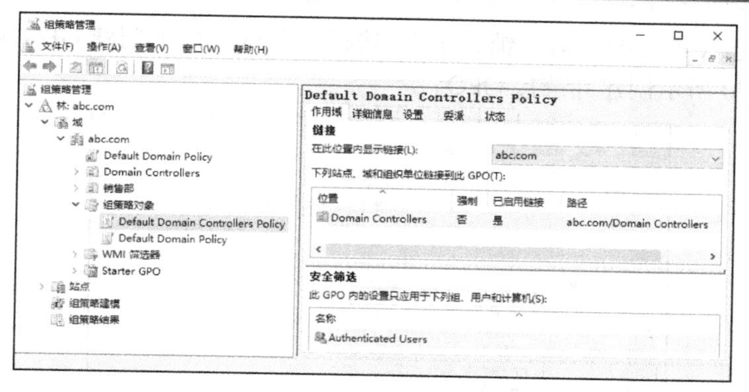

图 5-18　默认域控制器策略

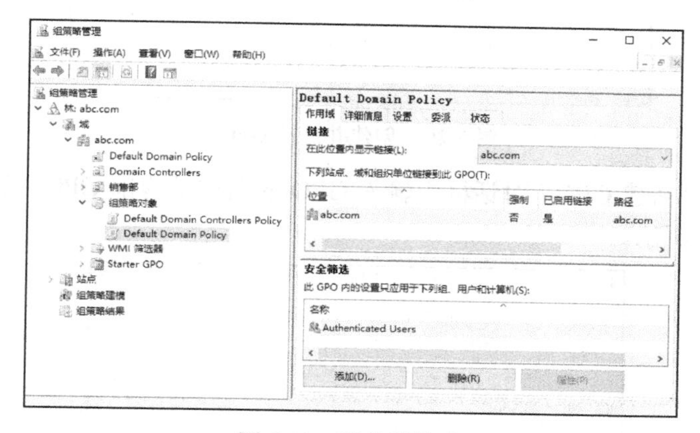

图 5-19　默认域策略

5.5　应用组策略

组策略中包含计算机配置和用户配置，计算机配置对容器中的计算机起作用，用户配置对容器中的用户起作用。计算机配置一般需要重新启动计算机后才能生效，用户配置一般是用户重新登录就可以生效。

可以针对站点、域或组织单位等容器创建组策略，限制容器内用户或计算机的环境。以下以 abc.com 域内的组织单位应用组策略为例。

5.5.1　组策略应用实例

1. 用户配置实例

ABC 公司采用域环境管理，销售部员工的用户账户位于销售部 OU，（以 lisi 账户为例，将 lisi 账户移动到此 OU），现要求销售部的员工登录后，其控制面板中不显示 Windows 防火墙。

STEP1 以域管理员账号登录域控制器，打开图 5-17 所示的“组策略管理”窗口，右键单击要创建组策略的容器“销售部”，选择“在这个域中创建 GPO 并在此处链接”，如图 5-20 所示创建并链接 GPO。

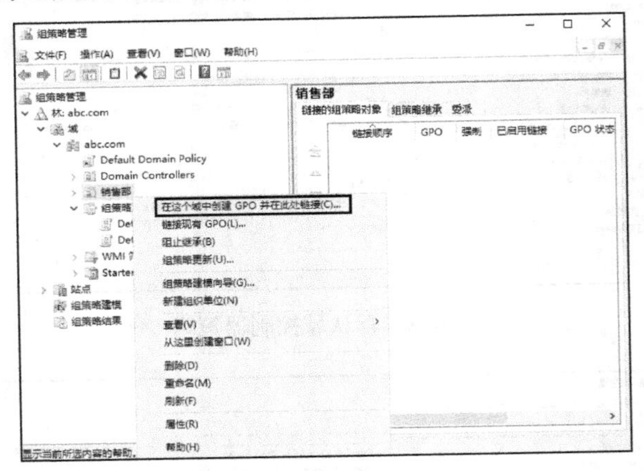

图 5-20　创建并链接 GPO

STEP2 在弹出的“新建 GPO”对话框中输入 GPO 的名称销售部 GPO，单击“确定”按钮，如图 5-21 所示。

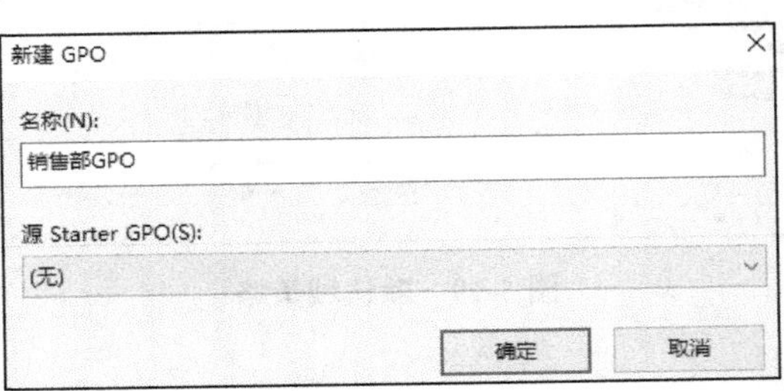

图 5-21　新建 GPO

STEP3 右键单击“销售部 GPO”，选择“编辑”，打开如图 5-22 所示的“组策略管理编辑器”窗口，展开左侧节点“用户配置→策略→管理模板→控制面板”，在右侧选项中找到“隐藏指定的“控制面板”项”。

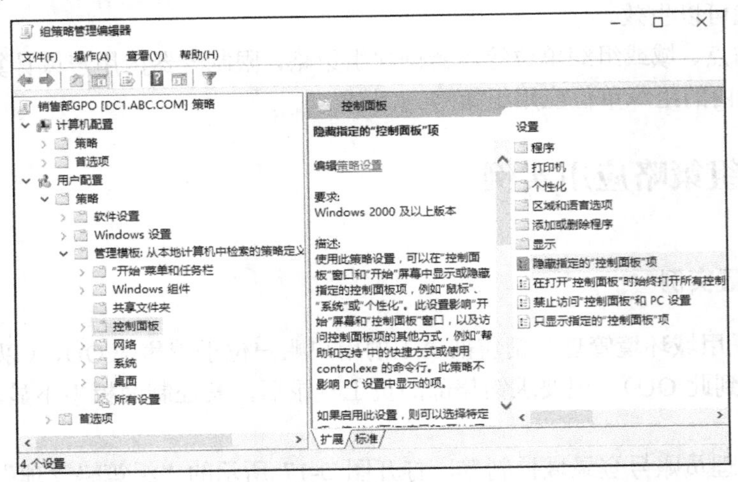

图 5-22　组策略管理编辑器

STEP4 双击“隐藏指定的“控制面板”项”，在图 5-23 中选择“已启用”，启用隐藏指定的“控制面板”项。

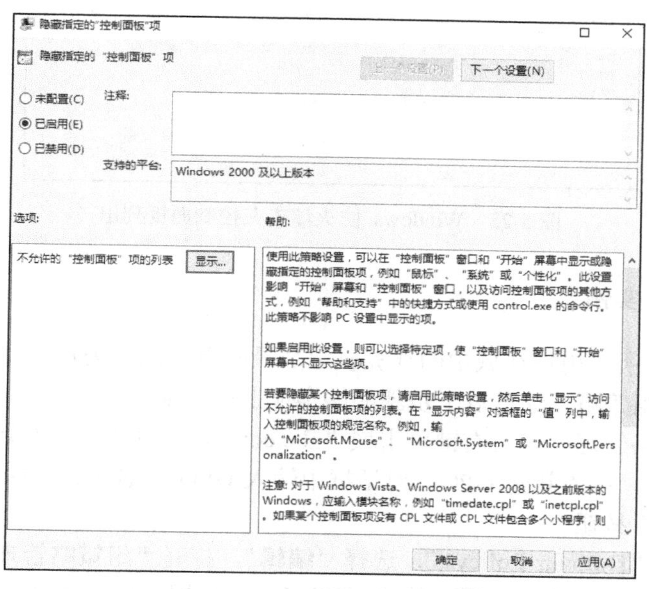

图 5-23 启用隐藏指定的“控制面板”项

STEP5 单击图 5-23 中的“显示”按钮，在如图 5-24 所示的“显示内容”对话框的“值”列，输入“Windows 防火墙”（Windows 与防火墙之间有一个空格），单击“确定”按钮，设置不允许控制面板列出的项。

显示内容

不允许的“控制面板”项的列表

	值
▸	Windows 防火墙
*	

确定(O) 取消(C)

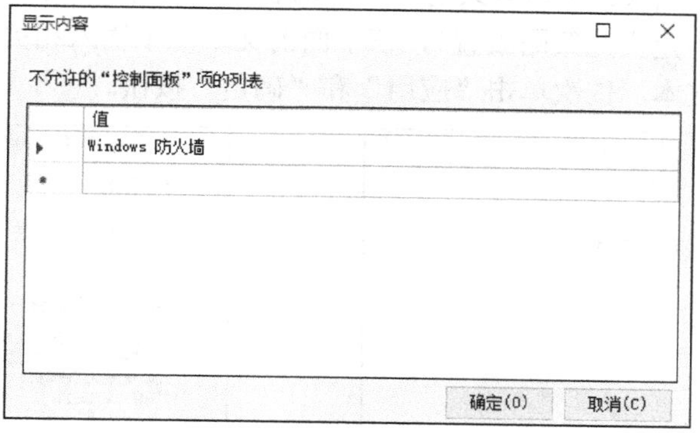

图 5-24 设置不允许控制面板列出的项

STEP6 以销售部 OU 中的用户账户 lisi 在域内客户机上登录，打开“控制面板→系统和安全”，原本排在第二位显示的 Windows 防火墙未在控制面板列出，如图 5-25 所示。

提示：

如果其他部门的 OU 要应用与销售部 OU 同样的组策略设置，不需要在该部门 OU 创建新的 GPO，可以利用 GPO 的链接来实现。右键单击其他部门 OU，选择“链接现有 GPO”，在“选择 GPO”对话框中单击要链接的 GPO，然后单击“确定”按钮。

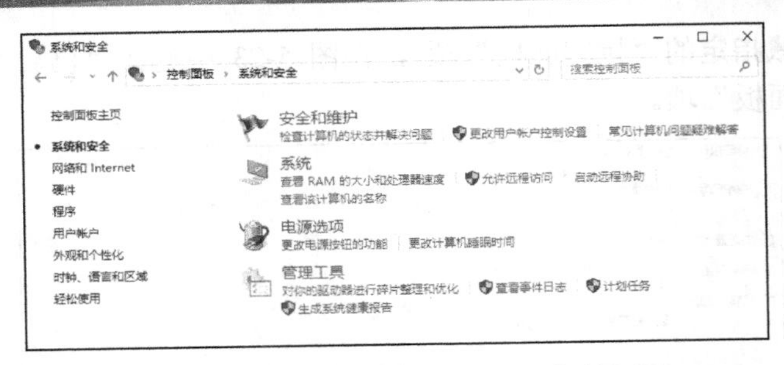

图 5-25　Windows 防火墙未在控制面板列出

2. 计算机配置实例

ABC 公司希望所有用户在域中的计算机上登录时首先阅读公司计算机使用规范，因此要针对整个域设置组策略。通过以下步骤能够实现上述要求。

STEP1 在“组策略管理”窗口右键单击域“abc.com”，选择“在这个域中创建 GPO 并在此处链接”，在“新建 GPO”对话框中输入 GPO 的名字为“Domain Policy1”，单击“确定”按钮。

STEP2 右键单击“Domain Policy1”，选择“编辑”，打开“组策略管理编辑器”窗口，展开左侧节点“计算机配置→策略→Windows 设置→安全设置→本地策略→安全选项”，双击右侧的“交互式登录：试图登录的用户的消息标题”，在弹出的如图 5-26 所示的对话框中勾选“定义此策略设置”，在下面的文本框中输入“温馨提示”——试图登录的用户的消息标题，依次单击“应用”和“确定”按钮。

STEP3 双击“交互式登录：试图登录的用户的消息文本”，在如图 5-27 所示的对话框中勾选“在模板中定义此策略设置”，在下面的文本框中输入相关内容——试图登录的用户的消息文本，依次单击“应用”和“确定”按钮。

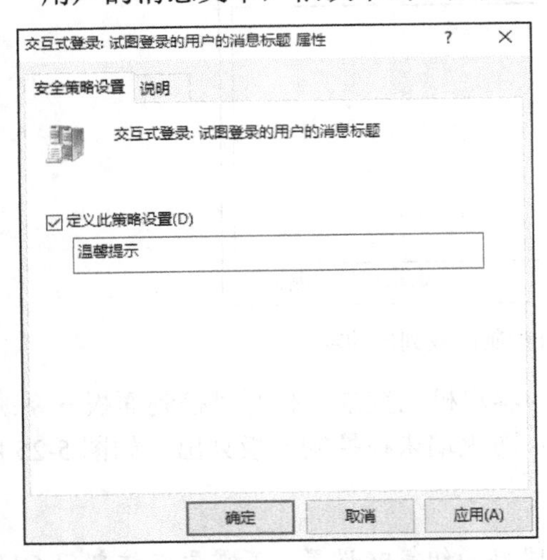

图 5-26　试图登录的用户的消息标题

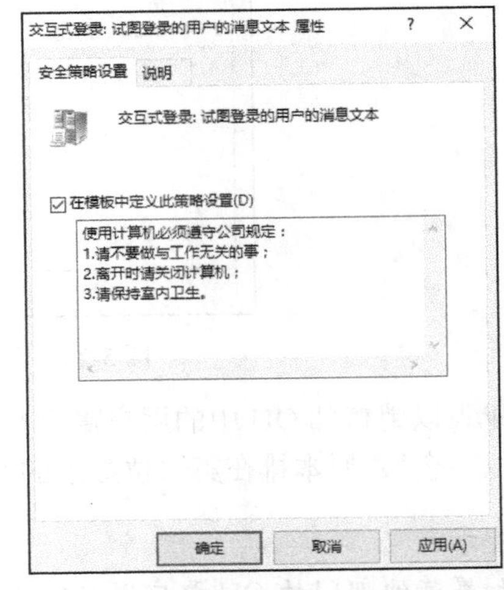

图 5-27　试图登录的用户的消息文本

STEP4 启动加入域的计算机（如果已经启动，需要重启），会出现如图 5-28 所示的提示标题和文字界面——用户登录时显示的信息。

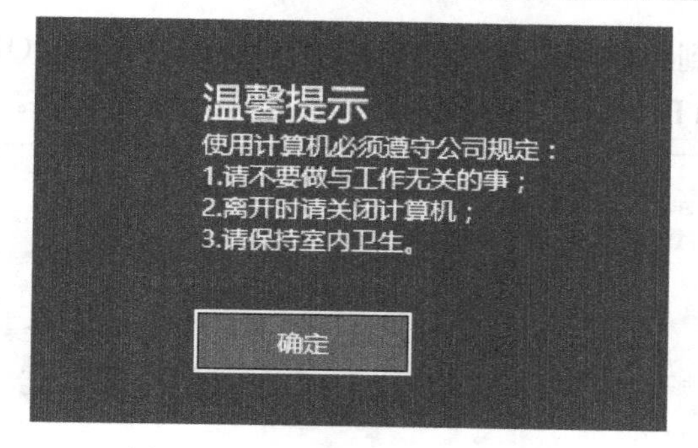

图 5-28　用户登录时显示的信息

5.5.2　组策略应用规则

组策略可以影响域内所有用户或计算机，在应用组策略前要明确组策略的应用规则，如组策略的继承与阻止、累加与冲突、应用顺序和强制继承等，以方便利用这些规则满足用户的需求。

1．组策略的继承与阻止

默认情况下，下层容器会继承来自上层容器的组策略，如图 5-29 所示，销售部 OU 会继承域 abc.com 的组策略，华北区子 OU 会继承上级销售部 OU 的组策略。

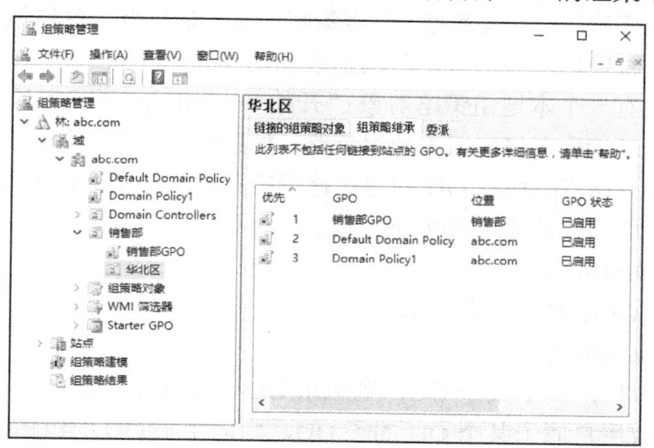

图 5-29　组策略继承

子容器也可以阻止继承上层容器的组策略，在图 5-29 中，若要配置华北区子 OU 阻止继承上级 OU 的组策略，可以右键单击"华北区"，选择"阻止继承"，华北区子 OU 就不会应用任何组策略。

2．组策略的累加与冲突

如果容器的多个组策略设置不冲突，则最终的有效策略是所有组策略设置的累加。例如，将域 abc.com 链接到组策略对象"Default Domain Police"和"Domain Police1"，如图 5-30

所示。销售部 OU 链接到组策略对象“销售部 GPO”，则销售部 OU 会同时应用“Default Domain Police”“Domain Police1”“销售部 GPO”三个组策略对象。

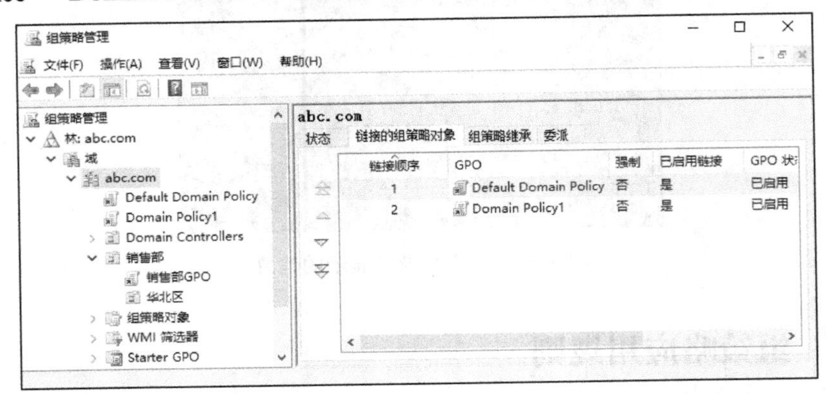

图 5-30　abc.com 链接的组策略对象

如果容器的多个组策略设置冲突，即对相同项目进行了不同的设置，在默认情况下，后应用的组策略将覆盖先应用的组策略。例如，域的组策略设置用户不显示 Windows 防火墙，OU 的组策略设置显示 Windows 防火墙，则在默认情况下，OU 的有效设置是显示 Windows 防火墙。

3．组策略应用顺序

组策略按以下顺序应用：本地策略、站点策略、域策略和组织单位策略。在默认情况下，当策略设置发生冲突时，后应用的策略将覆盖前面的策略。

每台计算机都只有一个本地组策略对象（“开始→Windows 管理工具→本地安全策略”）。如果计算机在工作组环境中，将应用本地组策略；如果计算机加入域，则除了受到本地组策略的影响，还可能受到站点、域和 OU 的组策略影响；如果策略之间发生冲突，则后应用的策略起作用。总之，组策略应用顺序如下所述。

- 首先应用本地组策略对象。
- 如果有站点组策略对象，则应用。
- 然后应用域组策略对象。
- 如果计算机或用户属于某个 OU，则应用 OU 的组策略对象。
- 如果计算机或用户属于某个 OU 的子 OU，则应用子 OU 的组策略对象。
- 如果同一个容器下链接了多个组策略对象，则链接顺序最低的组策略对象最后处理。

5.5.3　组策略的筛选

上面介绍的 GPO 都应用于容器内的所有用户和计算机，但在实际环境中会有特殊的需求。例如，销售部的所有普通用户都受 GPO 约束，而销售部经理的账户不受此约束，使用组策略的筛选功能可以实现，筛选可以阻止一个 GPO 应用于容器中的特定用户和计算机。

容器中的用户和计算机之所以受到 GPO 影响，是因为他们对 GPO 拥有读取和应用组策略的权限。如果用户或计算机账户没有读取和应用此组策略的权限，组策略将拒绝执行。

假设销售部 OU 中的 lisi 账户从事的工作需要设置防火墙保护安全，希望 lisi 登录后显示 Windows 防火墙，xiaoqi 账户则不需要，可以通过以下步骤完成。

STEP1 在“组策略管理”窗口，单击“销售部 GPO”，在右侧窗格中单击“委派”选项卡，如图 5-31 所示，列出了当前拥有此 GPO 的指定权限的组和用户。

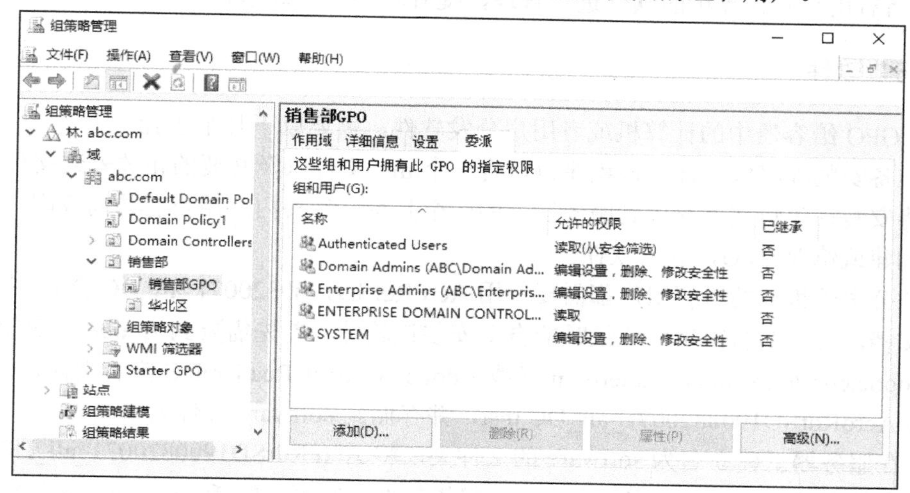

图 5-31　销售部 GPO

STEP2 单击右下方的“高级”按钮，出现“销售部 GPO 安全设置”对话框，添加 lisi 账户拒绝读取和拒绝应用组策略权限，如图 5-32 所示。

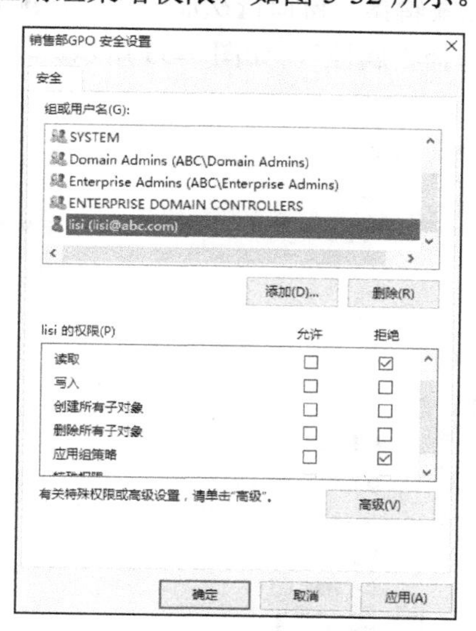

图 5-32　销售部 GPO 安全设置

STEP3 分别以 lisi 和 xiaoqi 账户登录域，验证组策略设置效果。lisi 账户登录显示 Windows 防火墙，而 xiaoqi 账户登录则不显示防火墙。

5.6 利用组策略部署软件

网络管理员在域内部署软件时，经常需要在域中多台计算机上安装或卸载同一软件。如果在每台计算机上重复这些操作，工作量大而且容易出错。利用组策略部署软件，可以实现对容器中所有用户和计算机的软件进行管理，提升软件部署效率。

1. 分发软件

利用 GPO 给容器中的计算机或者用户分发软件，需要以下几个步骤。

- 准备安装程序包文件，该程序包包含一个.msi 文件以及必要的相关安装文件。
- 将安装程序包文件存放到服务器上的一个共享文件夹内，用户有访问权限。
- 创建或修改 GPO，分发软件。

ABC 公司销售部的所有用户都需要使用 AcroRdrSD1900820071_all_DC 查看、打印和注释 PDF 文档，希望销售部用户登录时能自动安装该软件。首先需要到 Adobe 的 FTP 服务器 ftp://ftp.adobe.com/pub/adobe/reader/win 下载 Adobe Acrobat Reader DC 安装文件，假设下载的文件为 AcroRdrSD1900820071_all_DC.msi，并存储到 software 文件夹中。

STEP1 在服务器上建立名为 software 的文件夹，将 AcroRdrSD1900820071_all_DC 的安装文件存储到 software 文件夹中，并将该文件夹共享，赋予 Everyone 读取权限。

STEP2 在“组策略管理”窗口，右键单击销售部，选择“在这个域中创建 GPO 并在此处链接”，输入新建 GPO 的名称“Soft_Policy”。右键单击“Soft_Policy”，选择“编辑”，在“组策略管理编辑器”窗口依次展开“用户配置→策略→软件设置”，右键单击“软件安装”，选择“属性”，如图 5-33 所示。

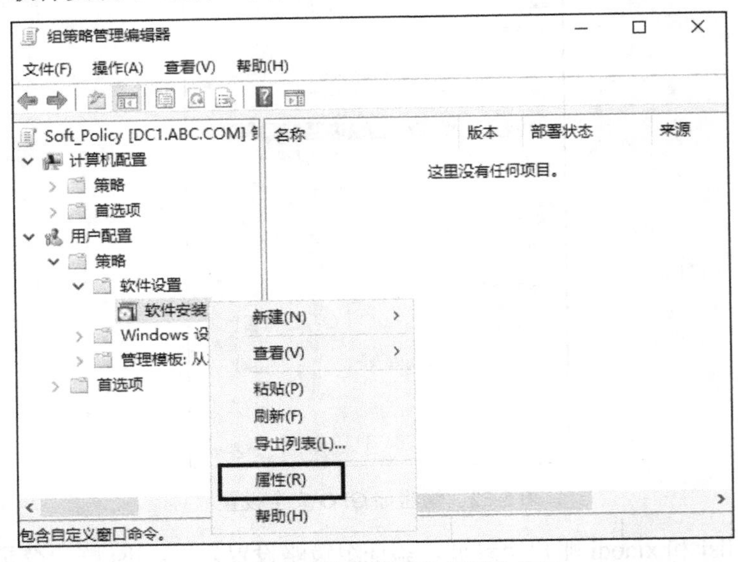

图 5-33 “组策略管理编辑器”窗口

STEP3 在图 5-34 所示的“默认程序数据包位置”文本框中输入软件的存储位置，即安装程序包文件所在的共享文件夹 UNC 路径，例如，\\192.168.10.1\software，完成后单击“确定”按钮。

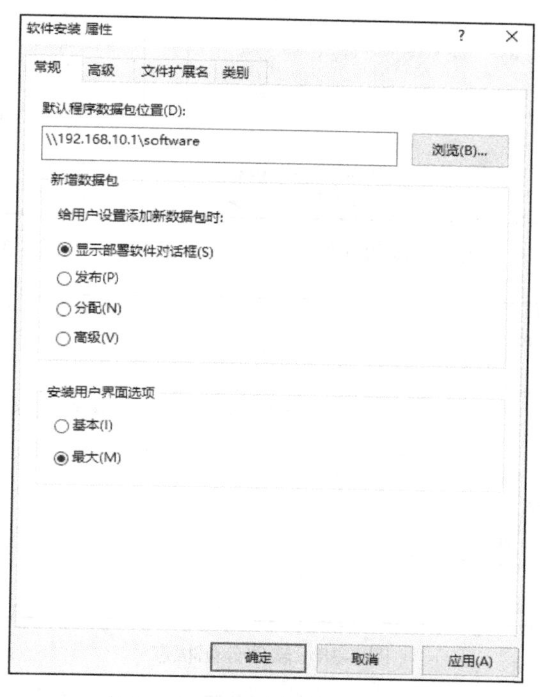

图 5-34　输入软件的存储位置

STEP4 右键单击“软件安装”，选择“新建→数据包”，如图 5-35 所示新建数据包。

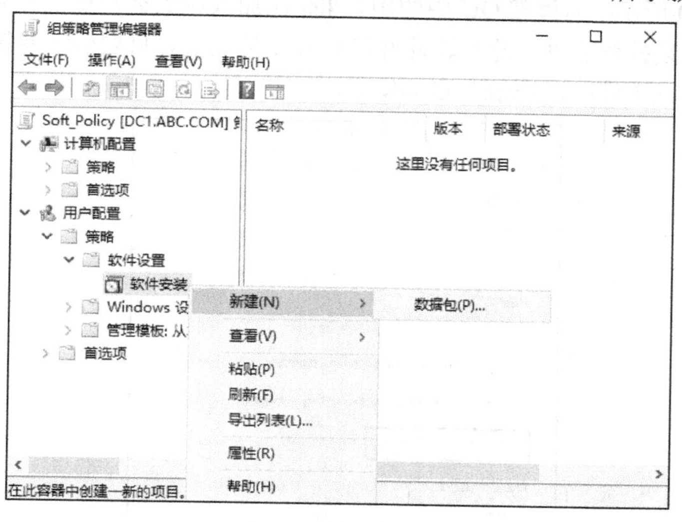

图 5-35　新建数据包

STEP5 浏览共享文件夹找到并选中需要分发的软件，如图 5-36 所示，单击“打开”按钮，在如图 5-37 所示的“部署软件”对话框中将选择部署方法设置为“已分配”，单击“确定”按钮，显示软件已分配，其分配状态如图 5-38 所示。

图 5-36　找到并选中需要分发的软件

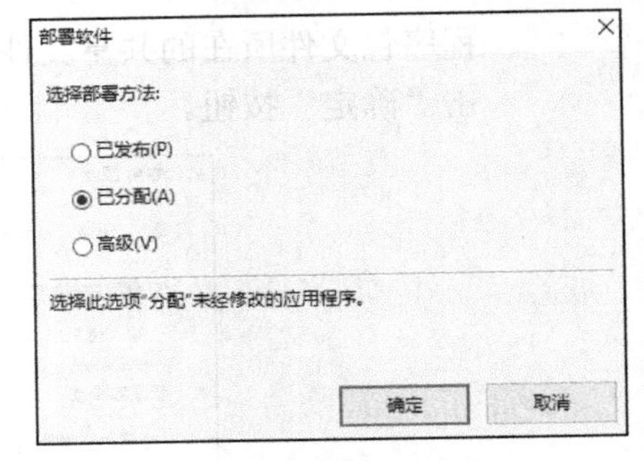

图 5-37　选择部署方法

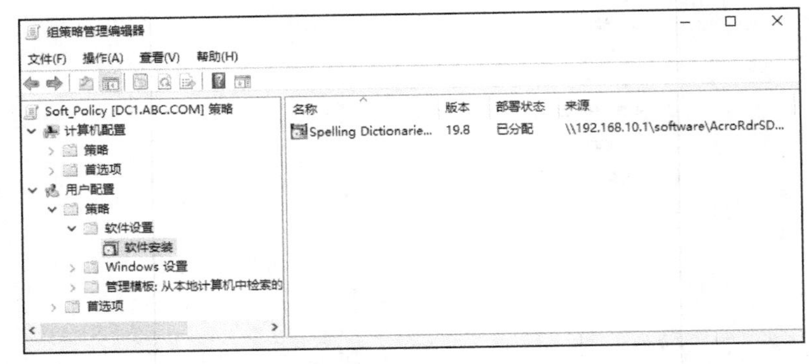

图 5-38　软件分配状态

STEP6 右键单击图 5-38 中已发布的软件包，选择“属性”，在“部署”选项卡中选择“在登录时安装此应用程序”，单击“确定”按钮，如图 5-39 所示设置部署选项。

STEP7 如图 5-40 所示，销售部 OU 中的用户 lisi 在加入域的客户机上登录时，该客户机显示正在安装托管软件。此时软件并没有真正地安装，只安装了快捷方式，当用户第一次使用该软件时，系统会自动安装。

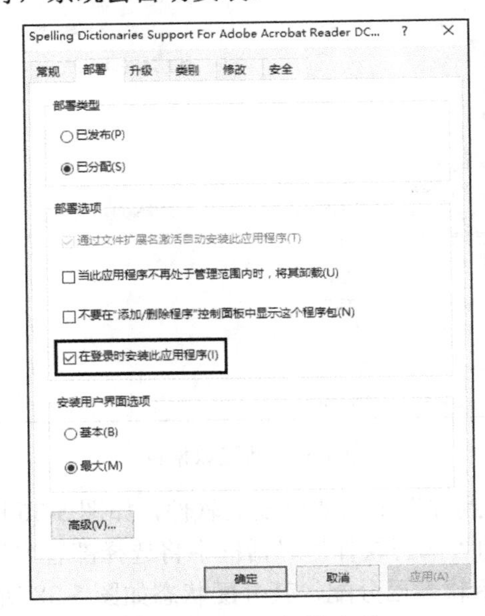

图 5-39　设置部署选项

图 5-40　登录时安装软件

软件部署方法中的分配与发布有区别。分配可以将程序分配到用户或计算机，如果将程序分配给用户，当用户登录到计算机时就会安装此程序，用户第一次运行此程序时，安装过程最终完成。如果将程序分配给一台计算机，计算机启动时就会安装此程序，所有登录到该计算机上的用户都可以使用它。如果是所有用户都必须使用的软件，则采用"分配"方式分发软件。

发布只可以将程序发布给用户，不可以发布给计算机，当用户登录到计算机时，发布的程序显示在"控制面板→程序→获得程序"中，如图 5-41 所示，要想使用软件需要点击图中的"安装"以安装发布的软件，完成安装过程。

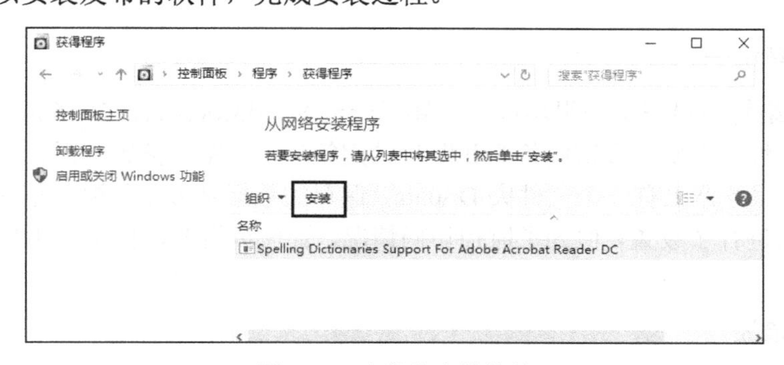

图 5-41　安装发布的软件

2. 删除已发布的软件

如果要删除已经发布的软件，右键单击图 5-42 中已发布的软件包，选择"所有任务→删除"，删除发布的软件。可以如图 5-43 所示选择删除方法。

- 立即从用户和计算机中卸载软件：当用户下次登录时或计算机启动时，此软件就会自动被删除。
- 允许用户继续使用软件，但阻止新的安装：用户已经安装的软件不会被删除，可以继续使用，但新用户登录时，就不会有此软件可供选择与安装。

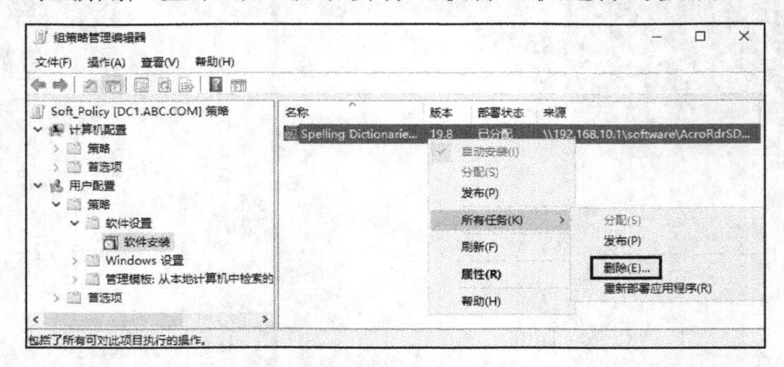

图 5-42　删除发布的软件

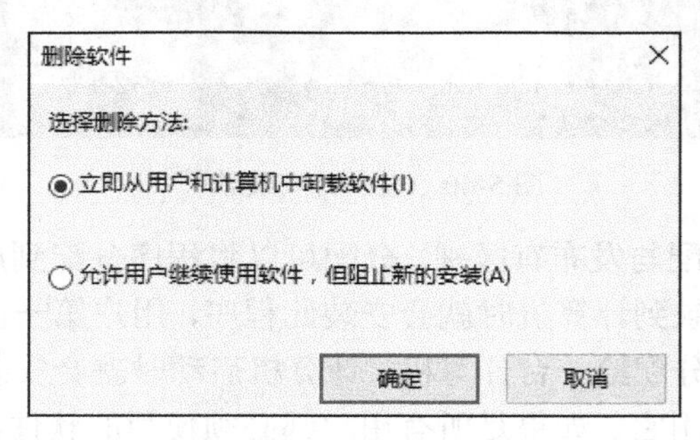

图 5-43　选择删除方法

5.7 实训

实训环境一

HT 公司网络管理员在工作组环境中部署了一台 Windows Server 2016 服务器，为了加强该服务器的安全性，需要配置密码策略和账户锁定策略，在账户被锁定后，只有管理员账户才能解锁。文件服务器上有一个文件夹 D:\data，保存的数据是公司的财务信息，虽然管理员已经对访问权限进行了设置，但为了监控访问情况，管理员需要审核所有用户账户对该文件夹的访问情况。

需求描述

- 启用密码复杂性策略，配置密码最短长度要求。
- 配置账户锁定阈值。
- 解锁锁定的账户。
- 启用审核对象访问策略。
- 查看审核结果。

实训环境二

HT 公司搭建了 Windows Server 2016 域环境，域内有多个用户账户，所有用户在域中计算机上登录时首先阅读“使用计算机须知”，用统一桌面背景，不能更改。域中所有计算机开机显示“使用计算机须知”。

需求描述

- 准备一张作为桌面背景的图片，在 DC 上共享，域用户有读取权限。
- 在域上创建并链接一个设置统一桌面背景的组策略。
- 配置组策略：“用户配置→策略→管理模板→桌面→桌面→启用 Active Desktop”，启用此功能。“用户配置→策略→管理模板→桌面→桌面→桌面墙纸”，启用并指定共享的墙纸网络路径和名称。
- 配置组策略（计算机配置），设置用户登录时显示的信息标题和相关文字。
- 在加入域的计算机上登录，验证组策略。

5.8　习题

- 在本地安全策略中，密码策略主要包含哪些具体策略？
- 在本地安全策略中，账户锁定策略主要包含哪些策略？
- 组策略能应用到哪些容器对象？
- 组策略的应用顺序是什么？
- 组策略的计算机配置与用户配置作用有什么不同？
- 应用组策略发布软件与分配软件有什么区别？

第6章 磁盘管理

项目需求：

ABC 公司的文件服务器存储的内容越来越多，需要增加磁盘空间。该服务器原有一块 SCSI 磁盘，并且安装了 Windows Server 2016 操作系统，要增加 3 块 SCSI 磁盘，用来存放数据。要求有较快的读写速度，一定的容错功能，较高的空间利用率。

学习目标：

- 了解磁盘分区方式、类型
- 会配置基本磁盘
- 理解动态磁盘的优点
- 会配置简单卷、跨区卷、带区卷、镜像卷和 RAID-5 卷
- 会使用存储池创建虚拟磁盘和卷

本章单词

- Partition Table：分区表
- Master Boot Record：主引导记录
- Basic Volume：基本卷
- RAID：Redundant Array of Independent Disks，独立磁盘冗余阵列
- Simple Volume：简单卷
- Spanned Volume：跨区卷
- Striped Volume：带区卷
- Mirrored Volume：镜像卷
- Storage Pool：存储池
- Virtual Disk：虚拟磁盘
- Primordial：原始的
- Mirror：镜像，镜子
- Parity：奇偶校验

6.1 磁盘管理概述

在将数据存储到磁盘之前，必须要将磁盘分割成一个或多个磁盘分区，在磁盘内有一个被称为磁盘分区表（Partition Table）的区域，用来存储磁盘分区的数据，如每一个磁盘分区的起始地址、结束地址、是否为活动的磁盘分区等信息。

6.1.1 磁盘分区方式

根据磁盘分区表的格式，磁盘有 MBR 和 GPT 两种分区。

1. MBR 分区

MBR（Master Boot Record，主引导记录）分区采用的是旧的传统磁盘分区表格式，MBR 位于磁盘的第一个扇区，共计 64 字节。磁盘分区表存储在 MBR 内，分区表中存储着磁盘每个分区的信息，包括起始柱面号和结束柱面号，每个分区信息占 16 字节，一共可容纳 4 个分区的信息，所以每块磁盘最多划分 4 个分区。MBR 分区的磁盘所支持的磁盘最大容量为 2.2 TB。

2. GPT 分区

GPT（GUID Partition Table，GUID 分区表）分区采用一种新磁盘分区表格式，它有主分区表和备份分区表，可提供容错功能。突破了 64 字节的固定大小限制，每块磁盘最多可以建立 128 个主分区，所支持的磁盘最大容量超过 2.2 TB。

6.1.2 磁盘类型

Windows Server 2016 操作系统依据磁盘的配置方式，将磁盘分为两种类型：基本磁盘和动态磁盘。

1. 基本磁盘

基本磁盘是一种包含主磁盘分区、扩展磁盘分区或逻辑分区的物理磁盘，新安装的磁盘默认是基本磁盘。基本磁盘上的分区被称为基本卷，只能在基本磁盘上创建基本卷，可以向现有分区添加更多空间，但仅限于同一物理磁盘上的连续未分配的空间。如果要跨磁盘扩展空间，需要使用动态磁盘。

2. 动态磁盘

动态磁盘打破了分区只能使用连续的磁盘空间的限制，动态分区，可以灵活地使用多块磁盘上的空间。使用动态磁盘可获得更高的可扩展性、读写性能和可靠性。

6.1.3 磁盘分区

在使用基本磁盘类型管理磁盘时，首先要将磁盘划分为一个或多个磁盘分区，才可以向磁盘中存储数据。MBR 分区中每块磁盘最多可被划分为 4 个分区，为了划分更多分区，可以对某一分区进行扩展，在扩展分区上再次划分逻辑分区。以下磁盘分区以 MBR 分区为例。

1. 主分区

主分区是可以用来引导操作系统的分区，一般就是操作系统的引导文件所在的分区。每块基本磁盘最多可以创建 4 个主分区或者 3 个主分区加上一个扩展分区，磁盘 4 种主分区的分区结构如图 6-1 所示。每一个主分区都可以被赋予一个驱动器号，例如 C:和 D:等。

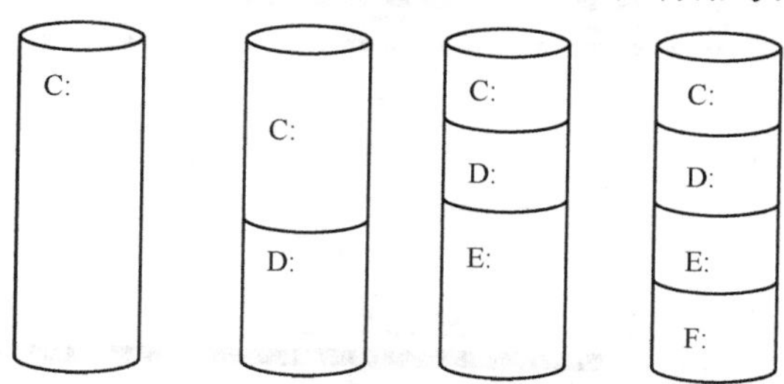

图 6-1 磁盘 4 种主分区的分区结构

2. 扩展分区

如果主分区的数量达到 3 个，磁盘上还有未分配的磁盘空间，那么执行“新建简单卷”就会将剩余的空间划分为扩展分区，每一块磁盘上只能有一个扩展分区，扩展分区的结构如图 6-2 所示。扩展分区不能用来启动操作系统，并且扩展分区在划分之后不能直接使用，不能被赋予盘符（又称驱动器号），必须要在扩展分区中划分逻辑分区后才可以使用。

3. 逻辑分区

用户不能直接访问扩展分区，需要在扩展分区内部再划分若干个被称为逻辑分区的部分，每个逻辑分区都可以被赋予一个盘符（又称驱动器号）。逻辑分区的分布结构如图 6-3 所示。

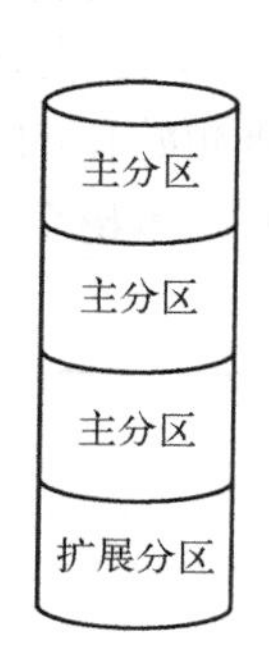

图 6-2 扩展分区的结构

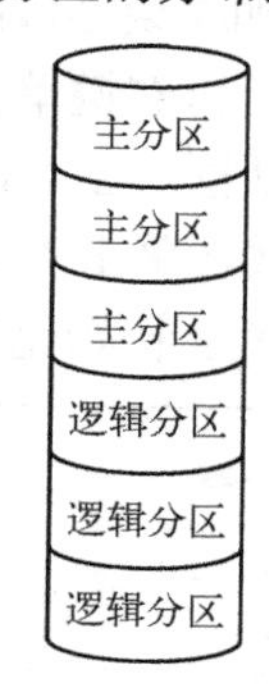

图 6-3 逻辑分区的分布结构

基本磁盘内的每一主分区或逻辑分区又被称为基本卷（Basic Volume）。基本卷与动态磁盘中的卷不同，动态磁盘中的卷由一个或多个磁盘分区组成，将在后面动态磁盘部分介绍。

6.2 基本磁盘管理

1. 磁盘管理工具

Windows Server 2016 操作系统提供磁盘管理工具来管理、优化并维护磁盘。选择“开始

→Windows 管理工具→计算机管理”，在打开的“计算机管理”窗口展开“存储→磁盘管理”节点，显示磁盘管理窗口，如图 6-4 所示。利用系统内署的磁盘管理工具可以控制磁盘联机或脱机，以及创建和删除卷等。

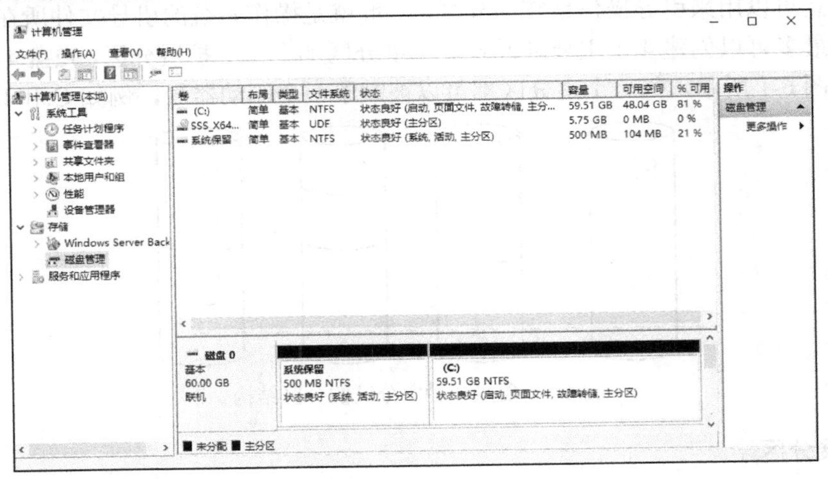

图 6-4 磁盘管理窗口

图 6-4 中显示的“磁盘 0”为基本磁盘，此磁盘在安装 Windows Server 2016 时就被划分为图中的两个主分区，其中第一个为系统保留区域，没有驱动器号；另一个磁盘分区的驱动器号为（C:），是安装了 Windows Server 2016 操作系统的启动分区。

2. 联机并初始化

在计算机内安装新磁盘后，必须经过联机并初始化才可以使用，本例采用 VMware Workstation 虚拟机添加 3 块 20 GB 的虚拟磁盘。在图 6-5 中右键单击新加磁盘，选择“联机”，完成联机操作。联机后再右键单击该磁盘，选择“初始化磁盘”，会自动弹出如图 6-6 所示的“初始化磁盘”对话框。在“初始化磁盘”对话框中选择要初始化的磁盘，可以选择使用 MBR 或 GPT 分区形式，单击“确定”按钮，磁盘被初始化为基本磁盘。重复联机和初始化操作，将磁盘 2 和磁盘 3 初始化为基本磁盘。

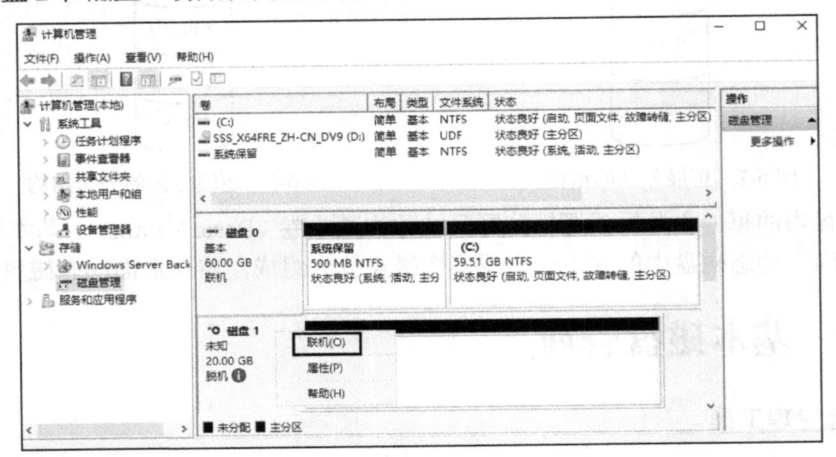

图 6-5 联机磁盘

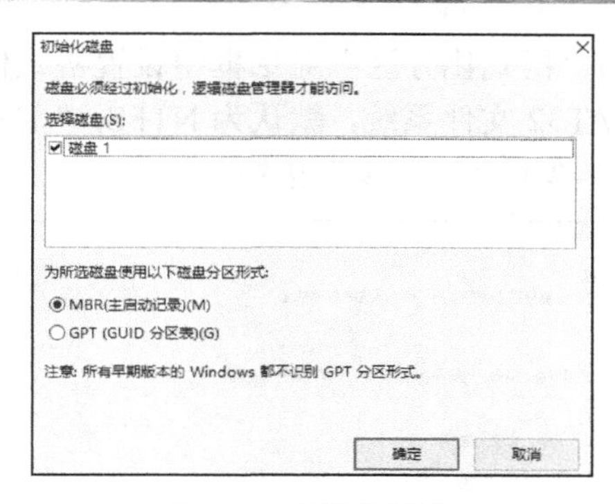

图 6-6　初始化磁盘

6.2.1　创建主分区

在基本磁盘（如磁盘 1）上创建主分区的步骤如下。

STEP1 在图 6-7 中右键单击“磁盘 1”，在弹出的菜单中选择“新建简单卷”，在“欢迎使用新建简单卷向导”界面单击“下一步”按钮。

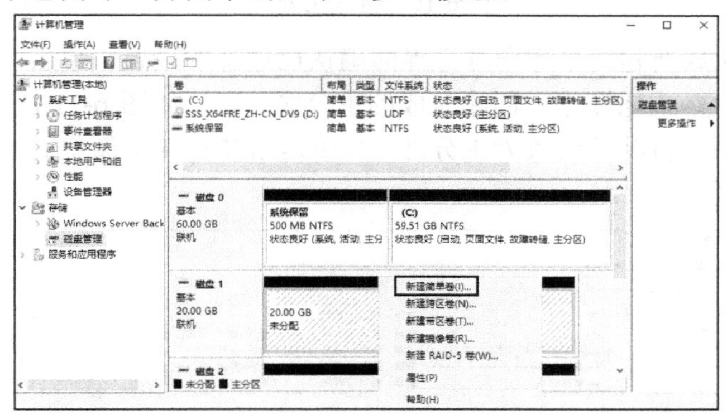

图 6-7　新建简单卷

STEP2 在如图 6-8 所示的“指定卷大小”对话框中输入主分区的大小（假设是 5 GB），单击“下一步”按钮。

STEP3 在如图 6-9 所示的“分配驱动器号和路径”对话框中选择一个未使用的驱动器号，单击“下一步”按钮。

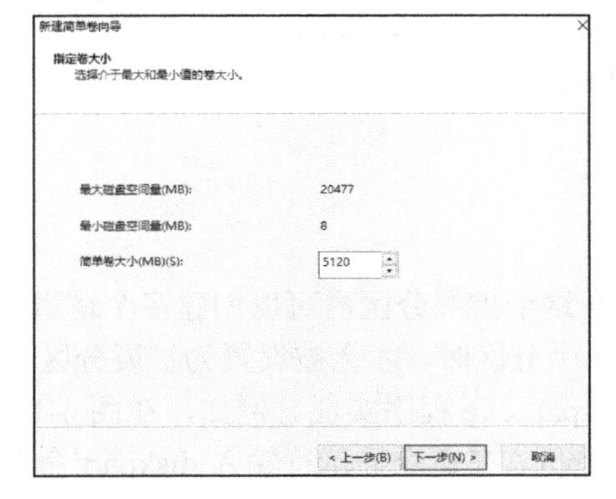

图 6-8　指定卷大小

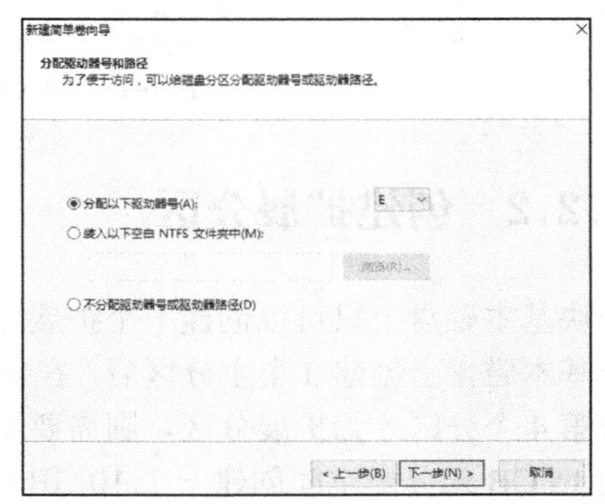

图 6-9　分配驱动器号和路径

STEP4 在如图 6-10 所示的“格式化分区”对话框中设置格式化选项，可选择将其格式化为 NTFS、ReFS、FAT32 文件系统，默认为 NTFS，“卷标”项可以为此分区设置一个易于识别的名称。单击“下一步”按钮。

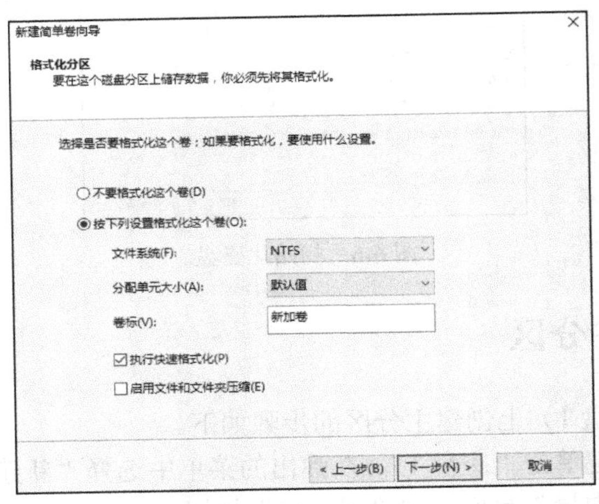

图 6-10　格式化分区

STEP5 在“正在完成新建简单卷向导”界面确认已选择的设置，单击“完成”按钮。系统将完成磁盘格式化操作，创建完成的主分区（E:）如图 6-11 所示。“磁盘 1”上新建的简单卷会自动被设置为主分区，如果是新建第 4 个简单卷，则它将自动被设置为扩展分区。

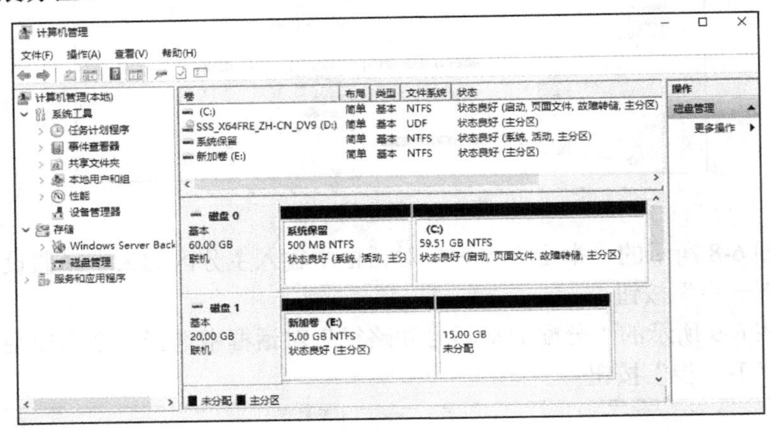

图 6-11　创建完成的主分区（E:）

6.2.2　创建扩展分区

一块基本磁盘上只可以创建一个扩展分区，在这个扩展分区内可以创建多个逻辑分区。在一个基本磁盘上创建 3 个主分区后，在新建第 4 个分区时，才会被设置为扩展分区。如果不希望第 4 个分区才为扩展分区，则需要使用 diskpart.exe 程序实现。例如，在图 6-11 中磁盘 1 的 15 GB 未分配空间创建一个 10 GB 的扩展分区，在命令提示行输入 diskpart 命令，再输入 select disk 1 命令选择要创建扩展分区的磁盘，输入 creat partition extended size=10240

命令创建 10 GB 扩展分区（默认为 MB）。创建完成后，执行 exit 命令退出，如图 6-12 所示。

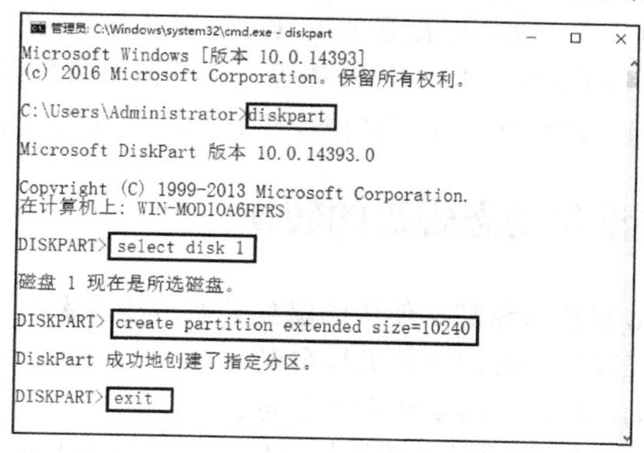

图 6-12 创建扩展分区

6.2.3 创建逻辑分区

一个扩展分区内可以创建多个逻辑分区，在图 6-13 中右键单击扩展分区（可用空间），在弹出的菜单中选择“新建简单卷”，后续步骤与创建主分区的操作基本相同。

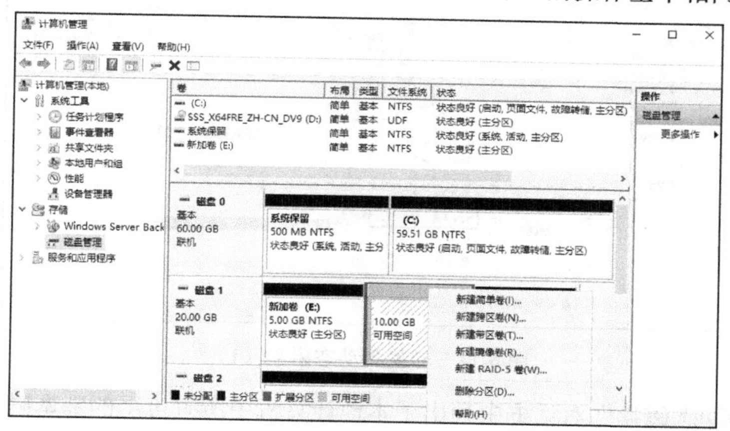

图 6-13 创建逻辑分区

6.2.4 删除分区

要删除主分区，只需要右键单击要删除的分区，选择“删除卷”，按提示完成即可。要删除扩展分区，必须首先删除其中的逻辑分区（方法与删除主分区的方法相同），再右键单击扩展分区，选择“删除分区”，按提示完成相应操作。

6.3 动态磁盘管理

要使磁盘具有较强的扩展性和可靠性（具有容错功能）等特性，就需要将基本磁盘转换成动态磁盘。Windows Server 2016 操作系统支持的动态磁盘卷有 5 种类型：简单卷、跨区卷、带区卷、镜像卷和 RAID-5 卷，使用磁盘管理工具可以管理各种类型的动态磁盘卷。

ABC 公司的文件服务器增加了 3 块 SCSI 磁盘用于存储重要数据，要求有较快的读写速度和一定的容错功能，并具有较高的空间利用率，在 5 种动态卷类型中选择合适的卷来管理。

6.3.1 基本磁盘和动态磁盘的转换

Windows Server 2016 操作系统默认使用的磁盘类型是基本磁盘，要将指定的磁盘由基本磁盘转换成动态磁盘，可以使用磁盘管理工具实现。

由基本磁盘转化成动态磁盘，需要注意以下问题。

- 如果磁盘包括当前的操作系统或者引导文件，则转换需要重启后才能完成。
- 当基本磁盘转换为动态磁盘后，原有的主分区和逻辑分区都变成简单卷。
- 在转换磁盘之前，必须先关闭该磁盘运行的所有程序。
- 转换为动态磁盘后，无法直接转换回基本磁盘，要删除磁盘内的所有卷才可以。

右键单击需要转换的基本磁盘，在弹出的菜单中选择“转换到动态磁盘”，如图 6-14 所示。

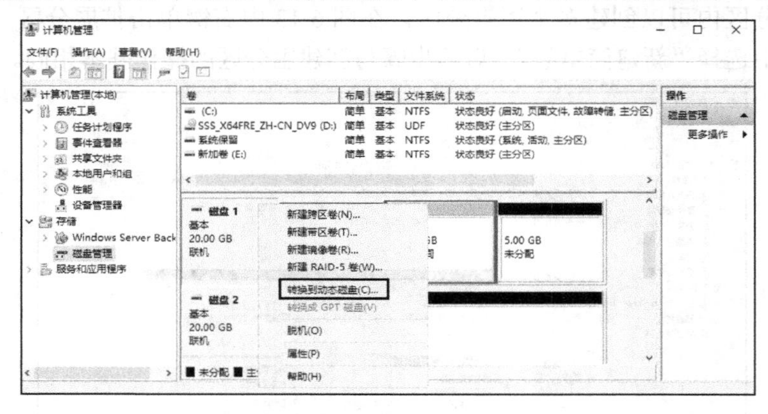

图 6-14 转换到动态磁盘（1）

在“转换为动态磁盘”对话框中列出了本地计算机中所有可用的基本磁盘，选择要转换的（一块或多块）基本磁盘，这里将磁盘 1、磁盘 2、磁盘 3 转换为动态磁盘，如图 6-15 所示，单击“确定”按钮，进一步确认要转换的基本磁盘，单击“转换”按钮。系统会弹出一个对话框，提示基本磁盘一旦转换为动态磁盘，将无法从这些磁盘的卷启动已安装的操作系统。

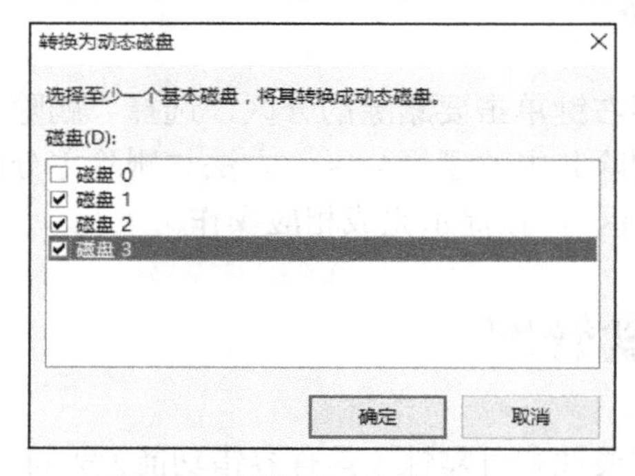

图 6-15 转换到动态磁盘（2）

完成转换后，在磁盘管理窗口可以看到原来的基本磁盘已经转换成动态磁盘，而原来所有的分区都转换成了简单卷，如图 6-16 所示为转换后的动态磁盘和卷。

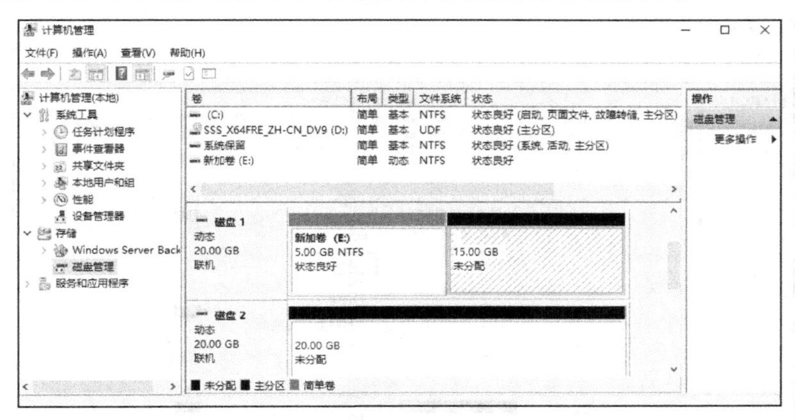

图 6-16 转换后的动态磁盘和卷

将基本磁盘转换为动态磁盘后，便可以在其中创建动态磁盘卷了。如果系统中有多块磁盘，可以将部分或全部的磁盘转换成动态磁盘，也可以保留基本磁盘。当动态磁盘上的所有卷都被删除后，动态磁盘将自动转换成基本磁盘。

6.3.2 简单卷

简单卷是动态磁盘中的基本单位，它的地位与基本磁盘中的主分区相似。可以在一块动态磁盘上选择未分配空间来创建简单卷，并且在必要的时候可以将简单卷扩大。如果跨多块磁盘扩展简单卷，则该卷将变为跨区卷。简单卷不能容错，但可以随时添加镜像，从而将简单卷转换为镜像卷。

在磁盘管理窗口右键单击动态磁盘的未分配空间，在弹出的菜单中选择“新建简单卷”，如图 6-17 所示。在“欢迎使用新建简单卷向导”界面单击“下一步”按钮，接下来指定卷的大小及分配驱动器号，选择格式化文件系统并执行格式化操作。

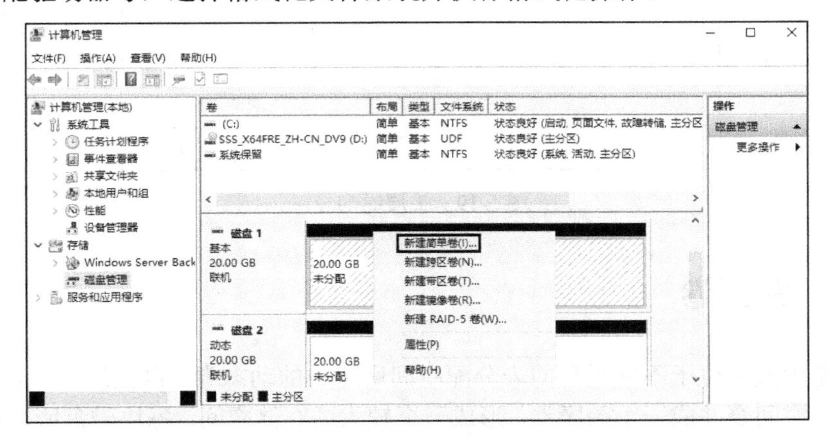

图 6-17 新建简单卷

当简单卷的空间需要扩展时，可将空闲空间合并到简单卷。只有尚未格式化或已被格式化为 NTFS 或 ReFS 的卷才可以被扩展。在磁盘管理窗口右键单击要扩展的简单卷，在弹出的菜单中选择“扩展卷”，如图 6-18 所示。

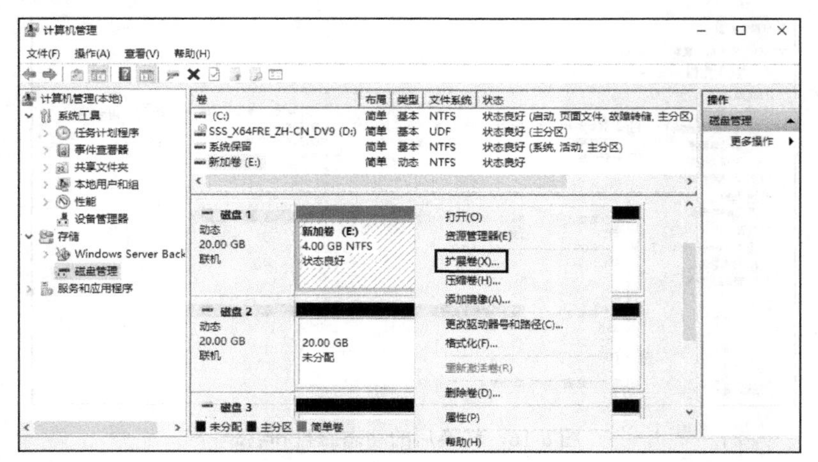

图 6-18 扩展卷

在打开的“扩展卷向导”对话框中选择扩展磁盘及空间大小，如图 6-19 所示，按照提示完成简单卷的扩展。新增加的空间既可以是同一块磁盘内的未分配空间，也可以是另外一块磁盘内的未分配空间。若将简单卷扩展到另外一块磁盘的未分配空间，就变成了跨区卷。

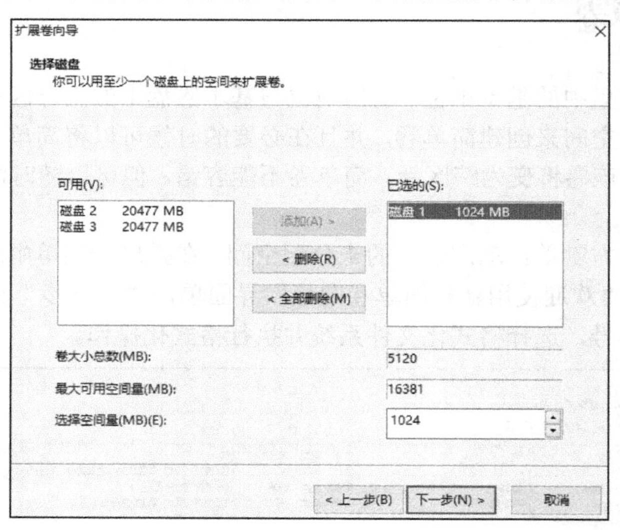

图 6-19 扩展卷向导

6.3.3 跨区卷

跨区卷是由数个位于不同磁盘的未分配空间所组成的动态卷，也就是说，可以将多块磁盘内的未分配空间合并成一个跨区卷，形成一个较大的存储空间，每块磁盘所提供的磁盘空间不必相同。在磁盘管理窗口右键单击未分配的区域，在弹出的菜单中选择“新建跨区卷”，依据向导提示，选择磁盘和空间，如图 6-20 所示，图中磁盘 1 提供 4 GB 的空间，磁盘 2 提供 10 GB 的空间，跨区卷的容量就是 14 GB。指定驱动器号并格式化分区，完成跨区卷（F:）的创建，如图 6-21 所示。虽然利用跨区卷可以快速增加卷的容量，但它既不能提高磁盘数据的读写性能，也不具有任何容错功能，当其中任何一块磁盘发生故障时，整个跨区卷内的数据会丢失。

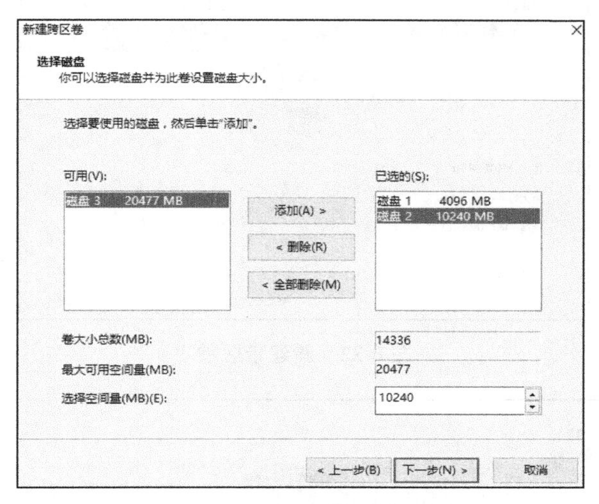

图 6-20　新建跨区卷

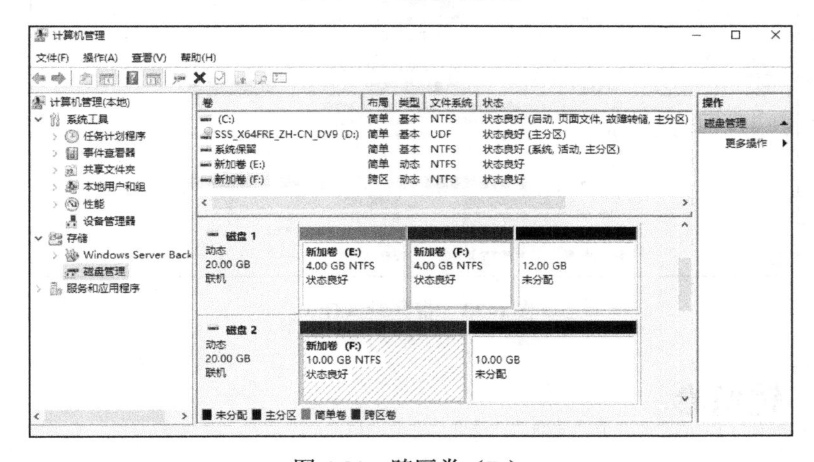

图 6-21　跨区卷（F:）

6.3.4　带区卷

带区卷也叫 RAID-0 卷或条带卷，由多个分别位于不同磁盘的未分配空间组成，每块磁盘所提供的磁盘空间大小必须相同。带区卷上的数据被均匀地以数据块的形式跨磁盘交替分配，带区卷是所有卷中运行效率最高的卷，但其不具备容错能力。

在磁盘管理窗口右键单击未分配的磁盘区域，在弹出的菜单中选择“新建带区卷”，依据向导提示，选择磁盘和空间，如图 6-22 所示，图中磁盘 1 和磁盘 2 提供相同的 4 GB 空间，带区卷的容量为 4 GB×2，即 8 GB。接下来指定驱动器号并格式化分区，完成带区卷（G:）的创建，如图 6-23 所示。

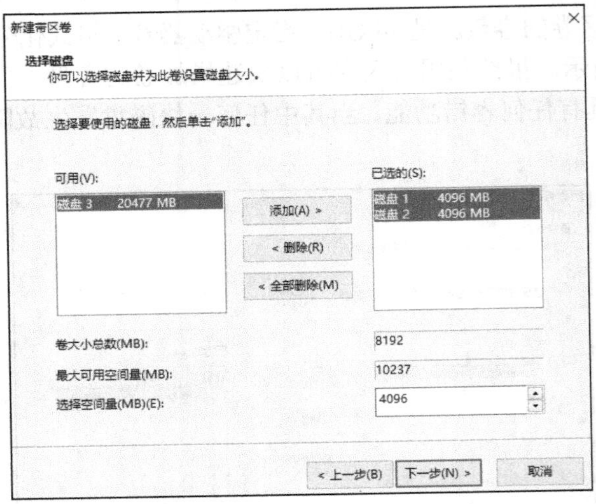

图 6-22　新建带区卷

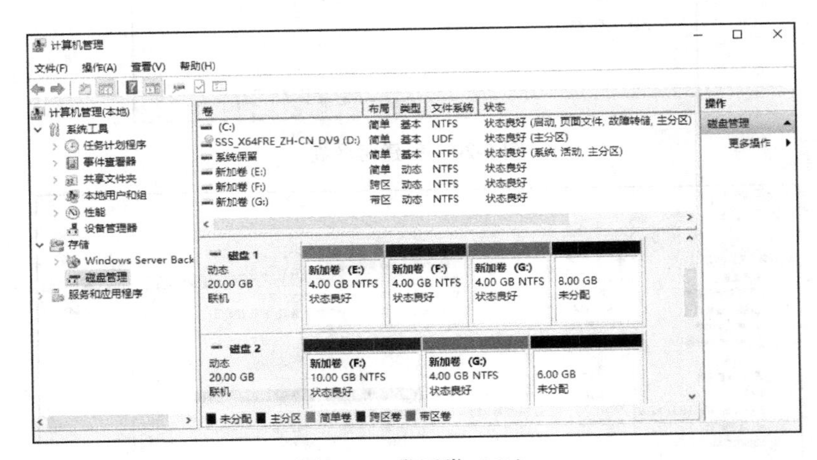

图 6-23　带区卷（G:）

6.3.5　镜像卷

镜像卷又叫 RAID-1 卷，是在两个物理磁盘上复制数据的容错卷，每个磁盘提供相同空间大小。镜像卷具备容错功能，镜像总是位于另一块磁盘上，如果其中一块物理磁盘出现故障，则该故障磁盘上的数据将不可用，但系统仍然可以使用另一块正常磁盘上的数据。镜像卷的容量是组成镜像卷的所有磁盘空间总和的一半。

在磁盘管理窗口右键单击动态磁盘的未分配空间，在弹出的菜单中选择“新建镜像卷”。按照向导提示，选择磁盘和空间大小，如图 6-24 所示。接下来指定驱动器号并格式化分区，完成镜像卷的创建。镜像卷（H:）如图 6-25 所示，其实际容量为 2×2 GB/2，即 2 GB。

当不需要镜像卷的时候，可以像删除磁盘分区一样将镜像卷删除，镜像卷上存储的数据也会一同丢失。如果中断镜像，可将镜像卷分解成两个简单卷，上面存储的数据不会受到影响。可以在镜像卷中的一个磁盘损坏的时候中断镜像，然后替换损坏的磁盘，最后为镜像卷中没有损坏的磁盘添加镜像，即可恢复损坏的镜像卷。

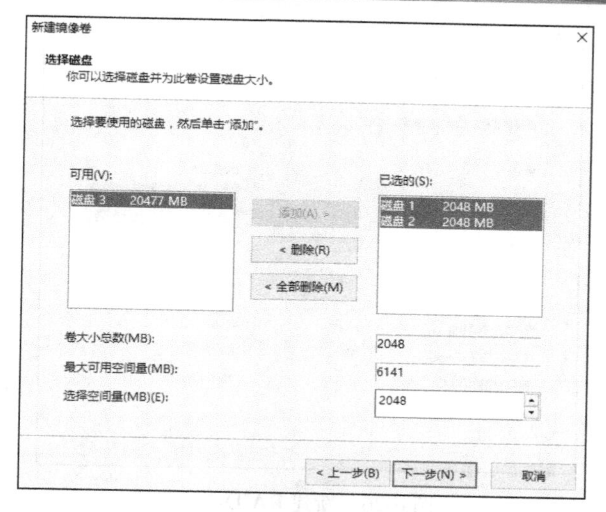

图 6-24　新建镜像卷

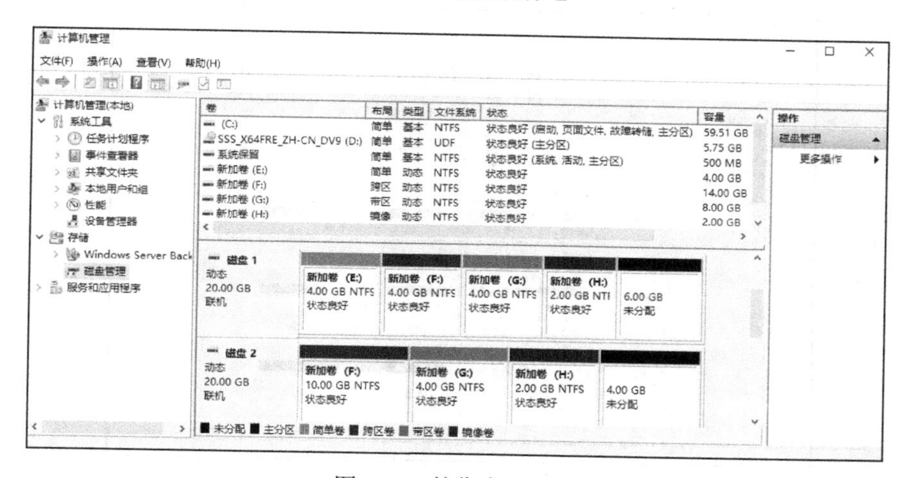

图 6-25　镜像卷（H:）

6.3.6　RAID-5 卷

RAID（Redundant Array of Independent Disks，独立磁盘冗余阵列）简称为磁盘阵列，可将多个分别位于不同磁盘的未分配空间组成一个卷。RAID-5 卷是具有容错功能的磁盘阵列，它至少需要 3 块磁盘才能建立，每块磁盘必须提供相同的磁盘空间。

在使用 RAID-5 卷时，数据除了会分散写入各磁盘中，还会同时建立一份奇偶校验数据信息，保存在不同的磁盘上。若有一块磁盘发生故障，可由剩余的磁盘数据结合校验信息计算出该磁盘上原有的数据。RAID-5 卷的磁盘空间利用率为$(n-1)/n \times 100\%$（n 为磁盘块数），与镜像卷相比，RAID-5 卷有较高的磁盘利用率。

在磁盘管理窗口右键单击动态磁盘的未分配空间，在弹出的菜单中选择“新建 RAID-5 卷”。按照向导提示，选择磁盘和空间，如图 6-26 所示，接下来指定驱动器号并格式化分区，完成 RAID-5 卷的创建。RAID-5 卷（I:）如图 6-27 所示。

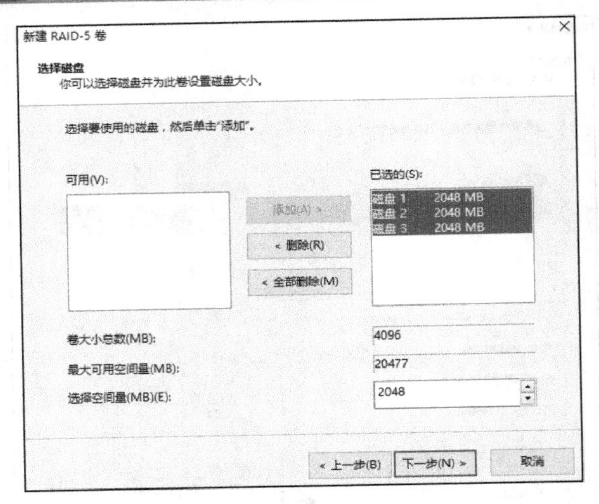

图 6-26　新建 RAID-5 卷

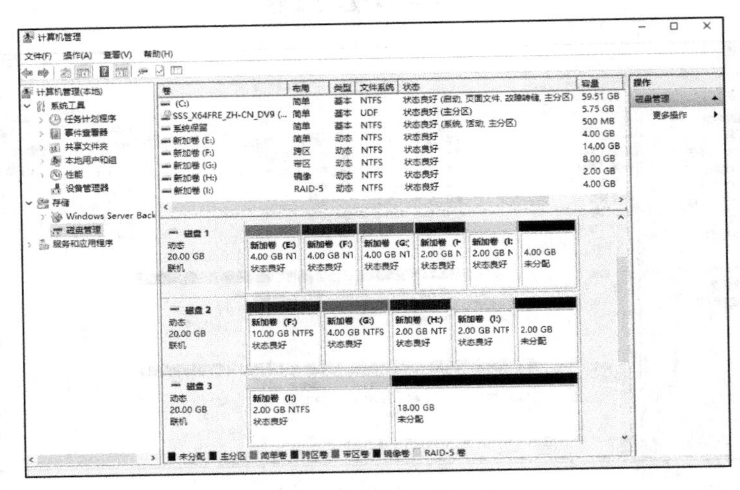

图 6-27　RAID-5 卷（I:）

RAID 的实现方式有软件和硬件两种。硬件方式使用专门的硬件设备，如 RAID 卡和 SCSI 磁盘等。由于使用软件实现磁盘阵列的性能优势并不明显，在实际环境中一般采用硬件实现磁盘阵列。

6.4　配置存储池

存储池是将多块物理磁盘组合起来一起使用，将多块未使用的物理磁盘添加到存储池（Storage Pool）中，形成虚拟磁盘（Virtual Disk），然后针对虚拟磁盘新建卷（简单卷、镜像卷等），类似于 Linux 的 LVM 逻辑卷管理。

1. 创建存储池

假设 Windows Server 2016 服务器增加了 3 块容量各为 20 GB 的物理磁盘，建立包含 3 块物理磁盘的存储池，步骤如下。

STEP1 以系统管理员身份登录，在如图 6-28 所示的“服务器管理器”窗口单击“文件和存储服务”。

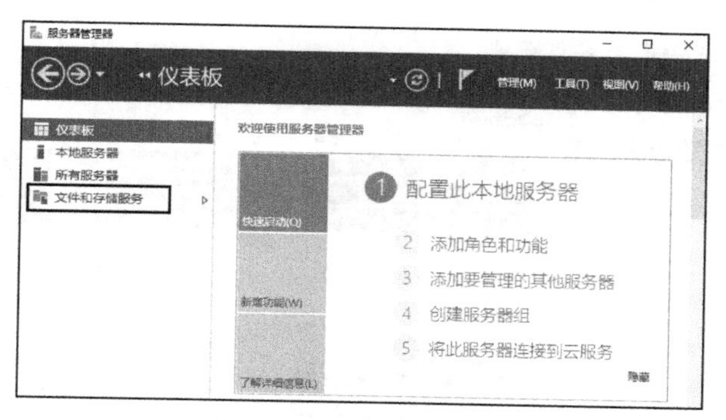

图 6-28　服务器管理器

STEP2 在图 6-29 中单击左侧的“存储池”，选择右上方的“任务→新建存储池”。默认已内置一个名称为 Primordial 的原始存储池，已安装的 3 块磁盘位于此存储池内。

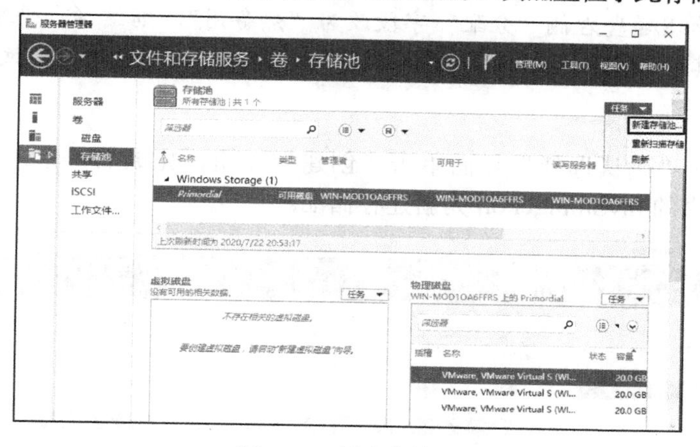

图 6-29　新建存储池

STEP3 在出现的“开始之前”界面，单击“下一步”按钮，在图 6-30 中设置存储池名称 myStoragePoll，单击“下一步”按钮。

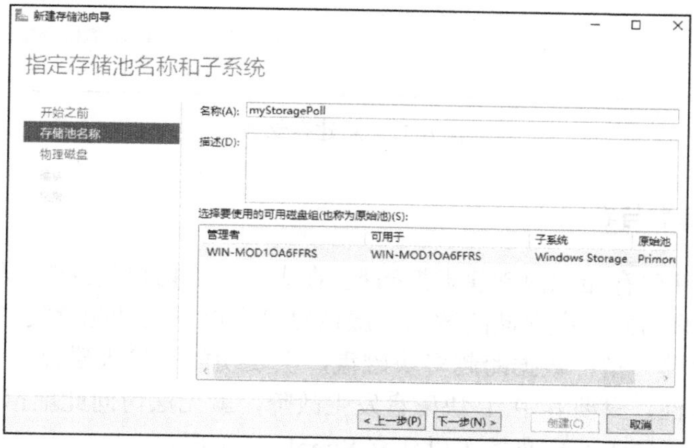

图 6-30　设置存储池名称

STEP4 在图 6-31 中选择存储池的物理磁盘，然后单击“下一步”按钮。

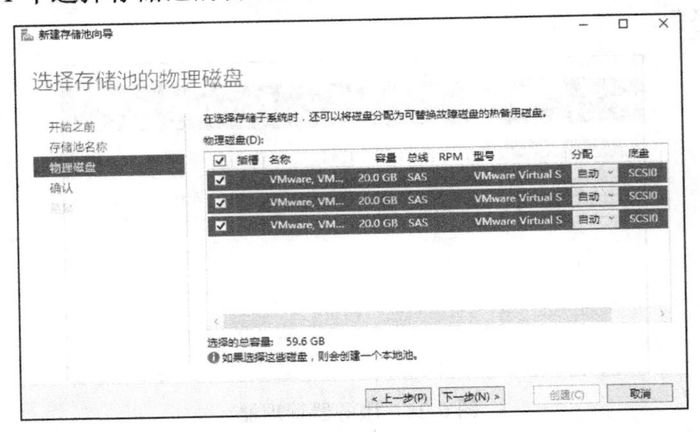

图 6-31　选择存储池的物理磁盘

提示：

如果将某块物理磁盘右侧“分配”字段改为“热备用”，则该磁盘平常处于备用状态，一旦存储池中有其他磁盘发生故障，此备用磁盘就会立即上线取代发生故障的磁盘并提供服务。

STEP5 在出现的“确认选择”界面单击“创建”按钮，完成后，单击“关闭”按钮。图 6-32 中的 myStoragePoll 为新建存储池。

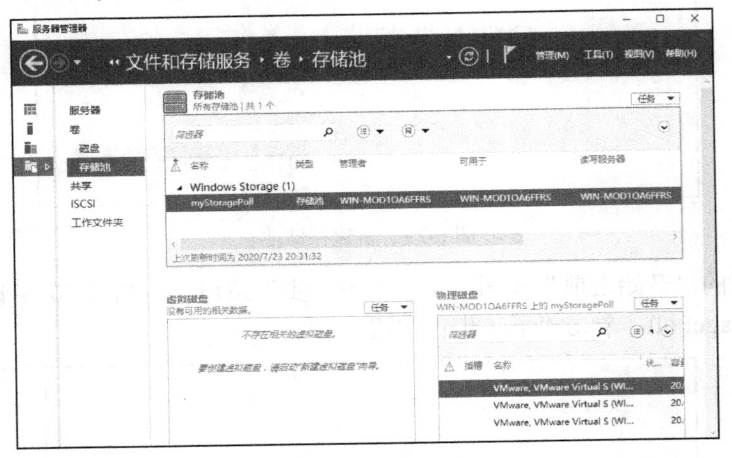

图 6-32　新建存储池

2. 创建虚拟磁盘与卷

接下来需要在新建存储池内创建虚拟磁盘，在虚拟磁盘内再建立卷，为卷赋予驱动器号，最后通过驱动器号来访问其中存储的数据。虚拟磁盘有以下几种配置类型。

- Simple（简单）型：数据跨越多块磁盘，主要功能是扩大磁盘容量，但会降低数据存储的可靠性，只要其中 1 块磁盘发生故障，就无法访问此虚拟磁盘内的数据。存储池内至少需要 1 块磁盘才可以建立 Simple 虚拟磁盘。

- Mirror（镜像）型：又分为 2-Way Mirror（双向镜像）和 3-Way Mirror（三向镜像）两种。双向镜像将同一数据存储 2 份，并且是跨越各磁盘存储的，两份相同的数据可以提高数据存储的可靠性，但也会占用 2 倍的存储空间。双向镜像要求存储池内至少有 2 块磁盘，1 块磁盘发生故障，仍然可以正常读取磁盘内的数据；三向镜像将同一数据存储 3 份，数据存储的可靠程度更高，占用磁盘空间更大。存储池内至少需要 5 块磁盘才可以建立三向镜像，允许 2 块磁盘发生故障。
- Parity（奇偶校验）型：数据和校验信息跨磁盘存储，通过奇偶校验可以提高数据存储的可靠度，但校验信息会占用磁盘空间，降低磁盘可存储数据的容量。存储池内至少需要 3 块磁盘才可以建立 Parity 虚拟磁盘，仅允许 1 块磁盘发生故障。

以上面创建的存储池为例，创建虚拟磁盘和卷的步骤如下。

STEP1 右键单击图 6-32 中的 myStoragePoll 存储池，在弹出的菜单中选择“新建虚拟磁盘”，或单击图 6-32 左下方的“*要创建虚拟磁盘，请启动“新建虚拟磁盘向导”*”，在打开的“选择存储池”窗口选择存储池，单击“确定”按钮。

STEP2 在“开始之前”界面单击“下一步”按钮。在图 6-33 中指定虚拟磁盘名称，然后单击“下一步”按钮。

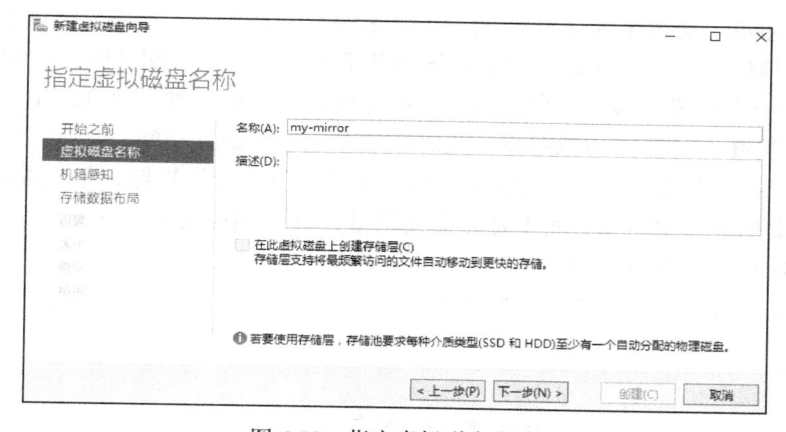

图 6-33 指定虚拟磁盘名称

STEP3 在“指定机箱复原”界面直接单击“下一步”按钮。在图 6-34 中选择“Mirror”后单击“下一步”按钮。本例只有 3 块磁盘，系统自动将其设置为双向镜像。

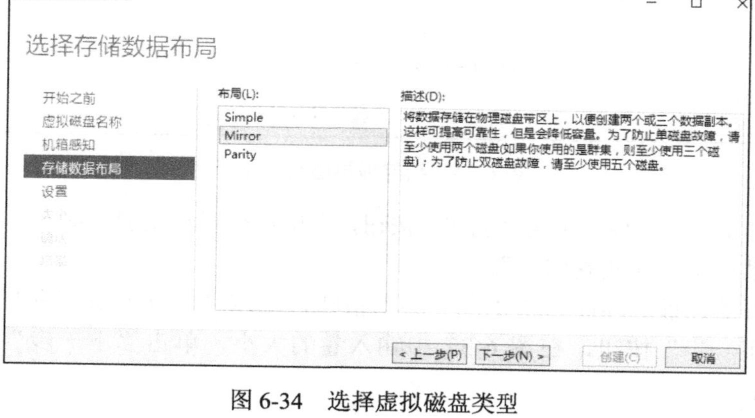

图 6-34 选择虚拟磁盘类型

STEP4 在图 6-35 中选择适当的选项，单击“下一步”按钮，设置磁盘类型。

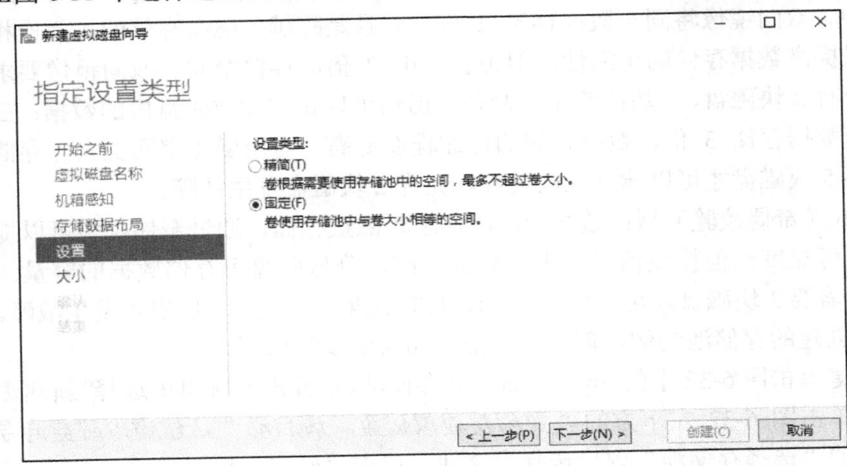

图 6-35　设置磁盘类型

- 精简：在需要使用磁盘空间时才会实际配置空间给虚拟磁盘，如建立 20 GB 的双镜像虚拟磁盘，会占用 40 GB 空间，但是系统并非现在就一次配置 40 GB 的磁盘空间给此虚拟磁盘，而是在需要存储数据到此虚拟磁盘时，再配置所需空间。
- 固定：一次配置足够的磁盘空间给虚拟磁盘。如虚拟磁盘需要 40 GB 的空间，系统会一次配置 40 GB 给虚拟磁盘，此时必须有足够的磁盘空间。

STEP5 在图 6-36 中输入虚拟磁盘的大小后，单击“下一步”按钮，指定虚拟磁盘大小。此处是数据存储容量，而不是磁盘使用量，如 20 GB 表示可存储的数据量，但磁盘空间实际使用量为 40 GB。

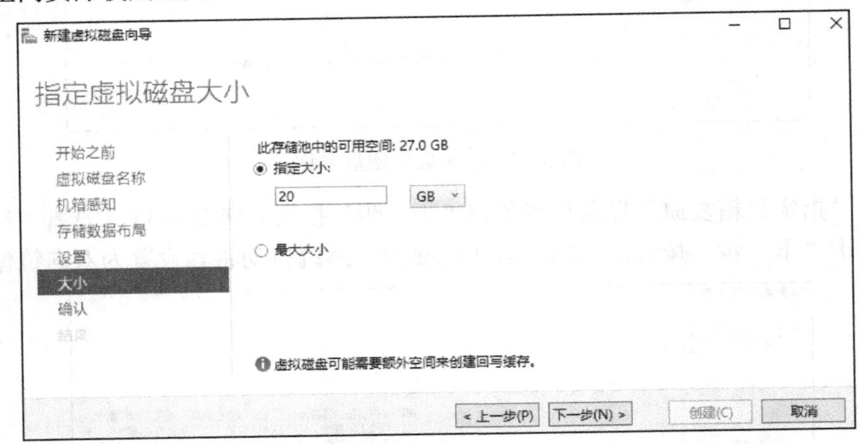

图 6-36　指定虚拟磁盘大小

STEP6 在“确认选择”界面单击“创建”按钮，当出现查看结果界面时单击“关闭”按钮，会自动启用“新建卷向导”。

STEP7 在“开始之前”界面单击“下一步”按钮，出现“选择服务器和磁盘”界面，单击“下一步”按钮，在图 6-37 中输入卷的大小，单击“下一步”按钮，指定卷大小。

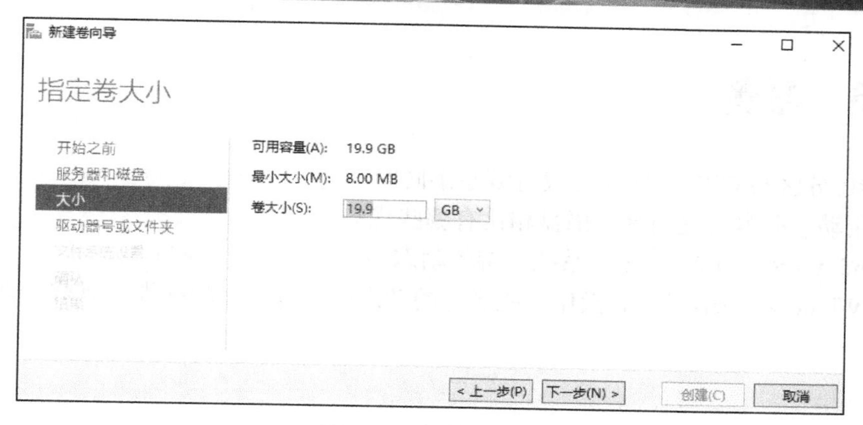

图 6-37 指定卷大小

STEP8 在接下来出现的界面中为卷分配驱动器号，单击“下一步”按钮，指定文件系统及卷标等信息，单击“创建”按钮，然后单击“关闭”按钮。虚拟磁盘上的卷创建完成，在文件资源管理器中可以看到。

6.5 实训

实训环境一

HT 公司为文件服务器增加了 3 块 500 GB 磁盘，为了方便使用，创建 50 GB 的简单卷用来存放各部门的技术资料，后来发现简单卷存储空间不够，需要扩展为 90 GB。财务部的数据非常重要，如果磁盘出现故障，数据需要能恢复。

需求描述

- 安装磁盘并初始化。
- 将新添加的基本磁盘转换为动态磁盘。
- 在磁盘 1 上创建一个大小为 50 GB 的简单卷。
- 对简单卷进行扩展，使其容量增大为 90 GB（变为跨区卷）。
- 利用 3 块磁盘剩余的空间创建 RAID-5 卷存放财务部的数据。

实训环境二

HT 公司为监控服务器增加了 3 块 1 TB 的磁盘，要建立存储池，创建双向镜像虚拟磁盘，用来存储视频数据，并能随着存储量的大小，增加磁盘空间。

需求描述

- 安装磁盘并初始化。
- 将新添加磁盘加入存储池。
- 在存储池中创建精简双向镜像。
- 创建卷，格式化并分配驱动器号。

6.6 习题

- MBR 分区与 GPT 分区相比较有哪些不同？
- 使用动态磁盘与使用基本磁盘相比有哪些优势？
- Windows Server 2016 操作系统支持的动态磁盘卷类型有哪些？
- 在 Windows Server 2016 操作系统支持的动态磁盘卷中，哪些卷具有容错功能？

第7章

配置 DHCP 服务

项目需求：

ABC 公司原来的局域网规模很小，以手动的方式为局域网内的计算机配置 IP 地址。随着公司计算机数量的增多，工作量加大，管理员手工为员工设置 IP 地址，经常出现“IP 地址冲突”现象，需要将计算机设置为自动获取 IP 地址、网关、首选 DNS 服务器等参数。为保证用户能够正常连接到打印服务器，需要使该服务器始终获得同一个 IP 地址。

学习目标：

- 理解 DHCP 服务的作用
- 理解 DHCP 的工作过程
- 会配置和管理 DHCP 服务器
- 会配置 DHCP 客户机
- 会备份和还原 DHCP 数据库

本章单词

- DHCP：Dynamic Host Configuration Protocol，动态主机配置协议
- Automatic：自动的
- Protocol：协议
- Discover：发现
- Request：请求，要求
- Acknowledge：确认
- Lease：租用
- Agent：代理
- Release：释放

7.1 DHCP 概述

动态主机配置协议（Dynamic Host Configuration Protocol，DHCP）是专门为 TCP/IP 网络中的计算机自动分配参数的协议，避免了因手动设置 IP 地址所产生的错误，同时也避免了把一个 IP 地址分配给多台计算机所造成的地址冲突。DHCP 提供了安全、可靠且简单的 TCP/IP 网络设置方式，减少了配置 IP 地址的工作量。

使用 DHCP 方式分配 IP 地址，网络内至少有一台启动 DHCP 服务的服务器，客户端需要采用自动获取 IP 地址的方式，这些客户端被称为 DHCP 客户端。DHCP 网络结构如图 7-1 所示。

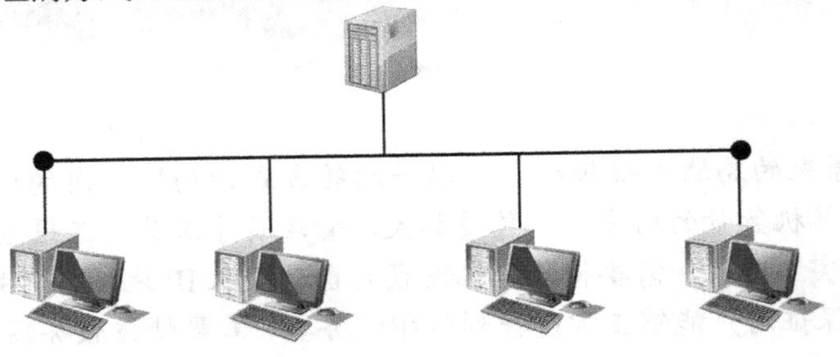

图 7-1　DHCP 网络结构

使用 DHCP 有以下优点：

- 减少管理员的工作量，提高了 IP 地址的利用率。
- 避免可能的输入错误，避免 IP 地址冲突。
- 当网络更改 IP 地址段时，不需要重新配置每台计算机的 IP 地址。
- 当计算机移动时不用再重新配置 IP 地址。

7.1.1 DHCP 的租约过程

当 DHCP 客户端（以下简称客户端）启动时会自动查找 DHCP 服务器（以下简称服务器），以向其申请 IP 地址。客户端从服务器获得 IP 地址的过程被称为 DHCP 的租约过程。租约过程分为“客户端请求 IP 地址→服务器响应请求→客户端选择 IP 地址→服务器确定租约”4 个步骤，如图 7-2 所示。

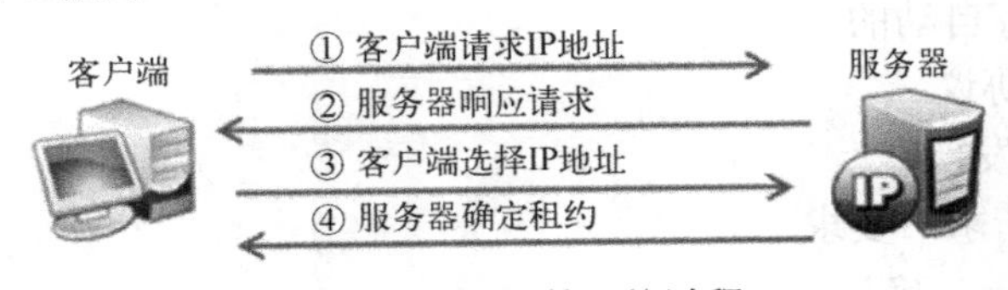

图 7-2　DHCP 的租约过程

1. 客户端请求 IP 地址

客户端在网络中广播一个 DHCP Discover 消息以请求 IP 地址，此过程也被称为 DHCP Discover，又称客户端查找服务器阶段。DHCP Discover 消息的源 IP 地址为 0.0.0.0，目的 IP 地址为 255.255.255.255，该请求消息还包含客户端的 MAC 地址（网卡地址）和计算机名，使服务器能够确定该请求是哪个客户端发送的，如图 7-3 所示。

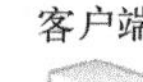

图 7-3　客户端请求 IP 地址

2. 服务器响应请求

当服务器接收到客户端请求 IP 地址的消息时，就在自己的 IP 地址池中查找是否有合法的 IP 地址可以提供给客户端，如果有，服务器就将此 IP 地址做标记，以广播方式发送一个 DHCP Offer 消息响应请求，此过程被称为 DHCP Offer 阶段。DHCP Offer 消息中包含以下信息。

- 客户端的 MAC 地址：用来正确标识客户端。
- 服务器提供的合法 IP 地址。
- 子网掩码。
- 租约期限。
- 服务器标识符（服务器的 IP 地址）。
- 其他可选参数（如网关和 DNS 服务器地址）。

由于客户端还没有 IP 地址，所以服务器发送广播消息响应请求，如图 7-4 所示。如果网络中存在多台服务器，则这些服务器都会发送 DHCP Offer 广播消息。

图 7-4　服务器响应请求

3. 客户端选择 IP 地址

客户端从接收到的第一个 DHCP Offer 消息中选择 IP 地址，并以广播方式将 DHCP Request 消息发送到所有的服务器，表明它选择哪台服务器提供的 IP 地址，此过程被称为 DHCP Request 阶段。DHCP Request 消息包含为该客户端提供 IP 配置的服务器的服务标识符（服务器 IP 地址）。服务器查看服务器标识符字段，以确定自己提供的 IP 地址是否被客户端选中。如果客户端接收了该 IP 地址，则发出该 IP 地址的服务器将保留该地址，该地址就不能再提供给另一个客户端；如果 DHCP Offer 消息被拒绝，服务器则取消提供 DHCP 服务并保留其 IP 地址，以响应下一个 IP 租约的请求，如图 7-5 所示。

图 7-5　客户端选择 IP 地址

提示：

在客户端选择 IP 地址的过程中，虽然客户端选择了 IP 地址，但是还没有配置 IP 地址，所以源地址仍为 0.0.0.0，而在一个网络中可能有几台服务器，所以客户端仍然以广播方式送出 DHCP Request 消息。

4．服务器确定租约

服务器接收到 DHCP Request 消息后，向客户端发送 DHCP ACK（DHCP ACKnowledge）消息确定租约，该消息包含 IP 地址的有效租约和其他可能配置的信息。客户端收到 DHCP ACK 消息后，配置 IP 地址，完成 TCP/IP 的初始化，从而可以在 TCP/IP 网络上通信，如图 7-6 所示。

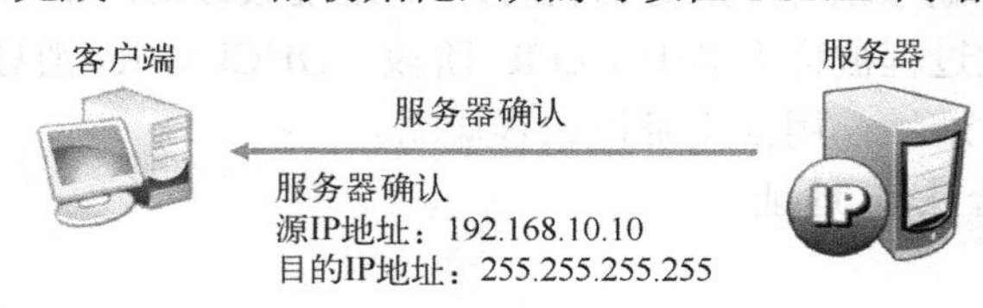

图 7-6　服务器确认 IP 租约

5．重新登录

当客户端重新登录网络时，不需要再发送 DHCP Discover 消息，而是直接发送包含前一次分配的 IP 地址的 DHCP Request 消息。当服务器接收到这一消息后，会尝试让客户端继续使用原来的 IP 地址，并回答一个 DHCP ACK 消息。如果此 IP 地址已分配给其他客户端，无法再分配给原来的客户端使用，服务器给客户端回答一个 DHCP NACK 消息。当收到此 DHCP NACK 消息后，DHCP 客户端会重新发送 DHCP Discover 消息来请求新的 IP 地址，如图 7-7 所示。

图 7-7　客户端重新登录网络

7.1.2　更新与释放租约

1．自动更新租约

DHCP 客户端在下列情况下会自动向 DHCP 服务器提出更新租约的请求。

- 当 DHCP 客户端重新启动时：每一次客户端重新启动时，都会自动以广播方式发送 DHCP Request 消息给 DHCP 服务器，以请求继续租用原来使用的 IP 地址。
- 当租期达到 50%时：在租约期限达到一半时，直接向出租此 IP 地址的 DHCP 服务器发送 DHCP Request 消息。
- 当租期到达 87.5%时：如果当租约期限达一半时无法成功更新租约，DHCP 客户端仍然会继续使用原来的 IP 地址，一直等到租期到达 87.5%时，它将以广播方式向网络上所有的 DHCP 服务器发送 DHCP Request 消息，以更新现有的地址租约。如果仍然无法更新租约并且租约到期，DHCP 客户端将放弃正在使用的 IP 地址，开始新的请求 IP 地址的租约过程。

2. 手动更新租约与释放 IP 地址

DHCP 客户端可以使用 ipconfig /renew 命令更新租约，此命令可向 DHCP 服务器发送 DHCP Request 消息。DHCP 客户端还可以使用 ipconfig /release 命令将 IP 地址释放，向 DHCP 服务器发送 DHCP Release 消息，释放其租约。释放后，DHCP 客户端每隔 5 分钟自动查找 DHCP 服务器以租用 IP 地址，或者利用 ipconfig /renew 命令来租用 IP 地址。

提示：

当 DHCP 客户端无法从 DHCP 服务器租用到 IP 地址时，会自动建立一个 169.254.0.0/16 的私有网络地址，并使用这个 IP 地址与其他计算机通信。此客户端每隔5分钟查找一次 DHCP 服务器，以向其租用 IP 地址。

7.2 配置 DHCP 服务

ABC 公司网络内的计算机一直使用静态 IP 地址，均由管理员手动配置，随着计算机的增多，管理员工作量加大，还经常出现 IP 地址冲突现象。为了改善这一状况，公司配置了一台 DHCP 服务器，用来为公司局域网内的计算机动态分配 IP 地址、子网掩码、网关等参数。

7.2.1 安装 DHCP 服务要求

安装 DHCP 服务器需要满足如下要求。

- 服务器应具有静态 IP 地址。
- 建立作用域（作用域是一段 IP 地址的范围）并激活。

在安装 DHCP 服务之前，需要做以下规划。

- 确定 DHCP 服务器应分发给客户端的 IP 地址范围和子网掩码。
- 确定 DHCP 服务器不应向客户端分发的所有 IP 地址，应该保留一些固定 IP 地址给打印服务器和文件服务器等使用。
- 决定 IP 地址的租用期限，默认值为 8 天。

7.2.2 安装 DHCP 服务

假设 Windows Server 2016 操作系统在工作组网络环境中，DHCP 服务器的 IP 地址为 192.168.8.1/24，搭建 DHCP 服务的步骤如下。

STEP1 使用管理员账户登录系统，在“服务器管理器”窗口选择“仪表板”项，单击右侧窗格中的“添加角色和功能”，持续单击“下一步”按钮，直到出现如图 7-8 所示的“选择服务器角色”界面，勾选“DHCP 服务器”，在出现的对话框中单击“添加功能”按钮。

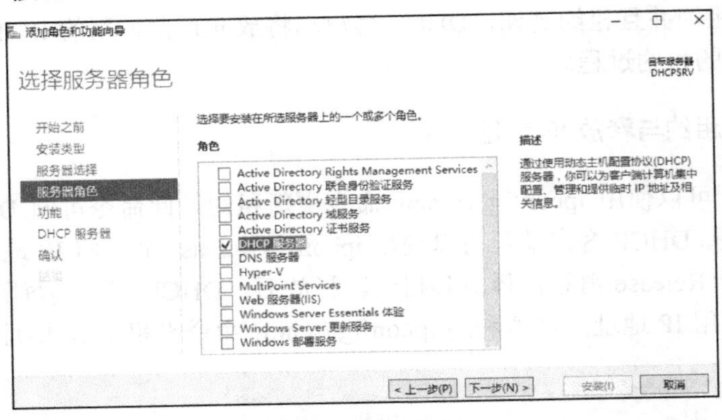

图 7-8　添加角色

STEP2 持续单击“下一步”按钮，直到出现“确认安装所选内容”界面，单击“安装”按钮。完成安装后，单击图 7-9 中的“完成 DHCP 配置”，单击“下一步”按钮安装 DHCP 服务。

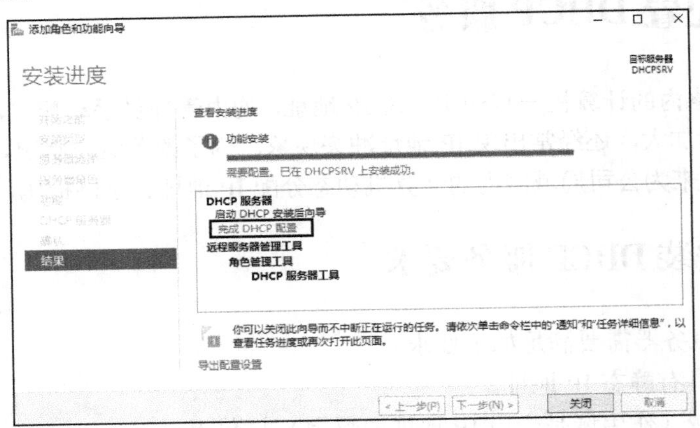

图 7-9　安装 DHCP 服务

STEP3 提示将创建 DHCP 管理员、DHCP 用户的安全组，用来管理 DHCP 服务，如图 7-10 所示，单击“提交”按钮，完成创建安全组后，单击“关闭”按钮。

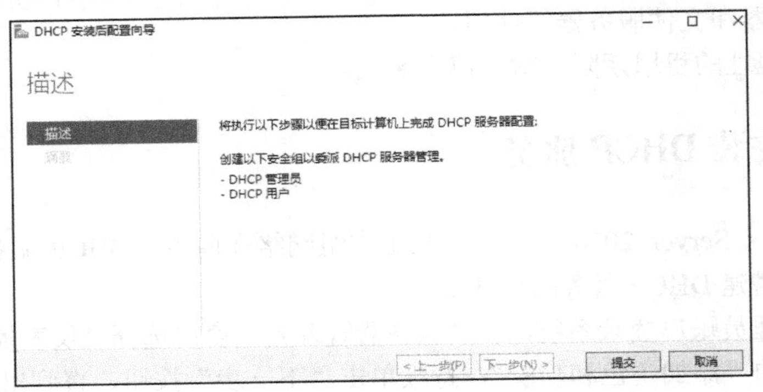

图 7-10　创建安全组

7.2.3 授权 DHCP 服务

如果任何用户都可以随意安装 DHCP 服务器，那么客户端将获得不确定的 IP 地址，无法正常使用。授权是一种安全预防措施，它可以确保只有经过授权的 DHCP 服务器才能在网络中分配 IP 地址。

在加入域的服务器上搭建 DHCP 服务时，在图 7-10 中单击“下一步”按钮，会出现如图 7-11 所示的“授权”界面，选择能对这台服务器授权的用户账户，必须是隶属于域 Enterprise Admins 组的成员才有权限执行授权，单击“提交”按钮。安装完成后单击“关闭”按钮。

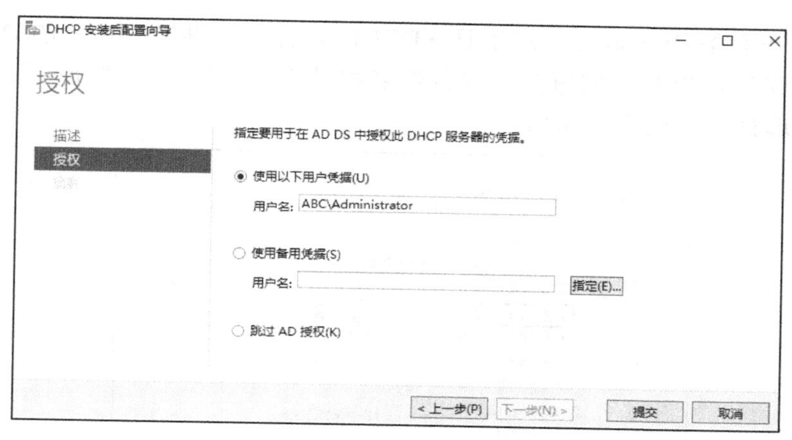

图 7-11 授权

如果在安装 DHCP 服务器时未对此服务器授权，可以在安装完成后，选择“开始→Windows 管理工具→DHCP”，打开如图 7-12 所示的 DHCP 管理控制台，右键单击服务器名称，在弹出的菜单中选择“授权”，完成授权操作。如果要解除授权，右键单击服务器名称，在弹出的菜单中选择“撤销授权”。

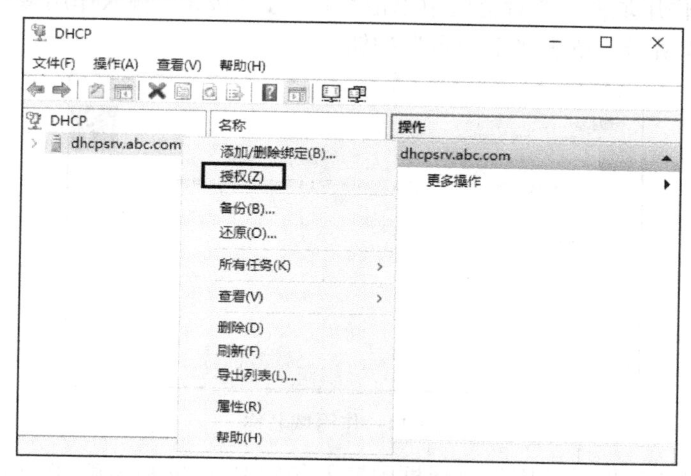

图 7-12 在 DHCP 管理控制台授权

7.2.4 配置作用域

DHCP 作用域是一段 IP 地址范围，必须在 DHCP 服务器上建立 IP 作用域，当 DHCP 客户端请求 IP 地址时，DHCP 服务器将从作用域内选取一个尚未出租的 IP 地址，将其分配给 DHCP 客户端。每一个 DHCP 服务器内至少应有一个作用域，为一个网段分配 IP 地址。如果要为多个网段分配 IP 地址，就需要在 DHCP 服务器上创建多个作用域，但一个子网只能建立一个 IP 作用域。

1. 新建作用域

STEP1 选择“开始→Windows 管理工具→DHCP”，打开如图 7-13 所示的 DHCP 管理控制台窗口，展开左侧窗格的服务器名称节点，右键单击“IPv4”，在弹出的菜单中选择“新建作用域”。

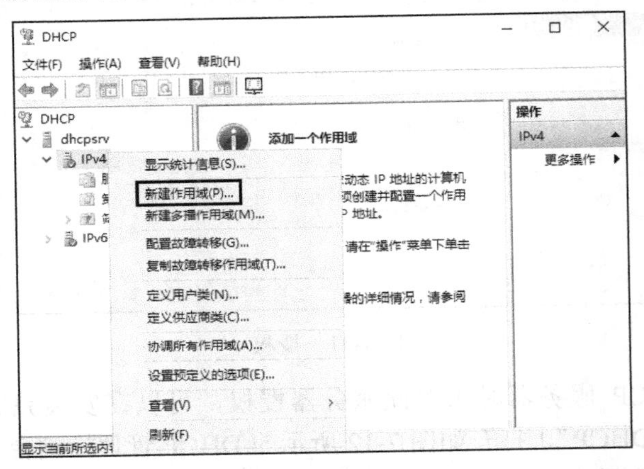

图 7-13 新建作用域

STEP2 在“新建作用域向导”对话框中单击“下一步”按钮，输入作用域的名称，如 ABC，如图 7-14 所示，单击“下一步”按钮。

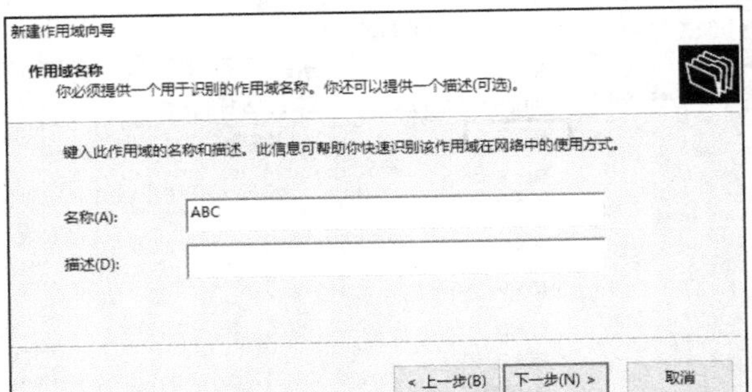

新建作用域向导
作用域名称
你必须提供一个用于识别的作用域名称。你还可以提供一个描述(可选)。
键入此作用域的名称和描述。此信息可帮助你快速识别该作用域在网络中的使用方式。
名称(A): ABC
描述(D):
< 上一步(B) 下一步(N) > 取消

图 7-14 作用域名称

STEP3 在出现的“IP 地址范围”对话框中输入起始 IP 地址和结束 IP 地址以及子网掩码，单击“下一步”按钮，如图 7-15 所示。

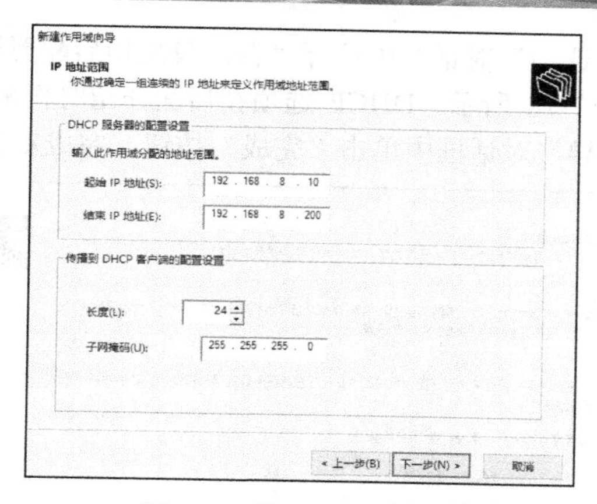

图 7-15　输入 IP 地址范围

STEP4 在“添加排除和延迟”对话框中输入需要排除的地址范围，然后依次单击“添加”和“下一步”按钮，如图 7-16 所示。如果作用域中有些 IP 地址已经通过静态方式分配给非 DHCP 客户端，则需要添加到排除的地址范围内。

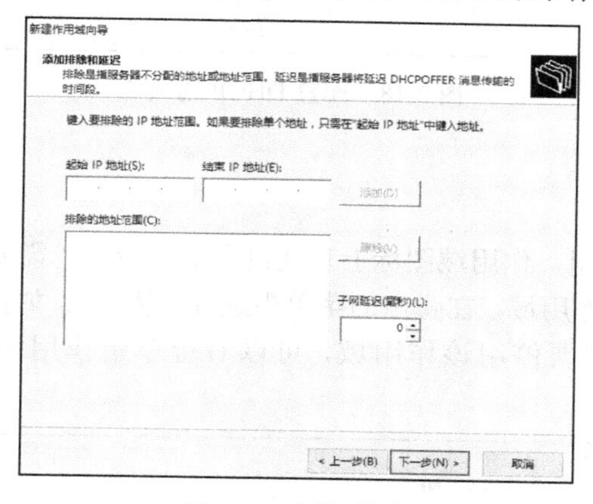

图 7-16　添加排除

STEP5 在“租用期限”对话框中指定 IP 地址租期，这里采用默认的租用期限 8 天，单击“下一步”按钮，如图 7-17 所示。

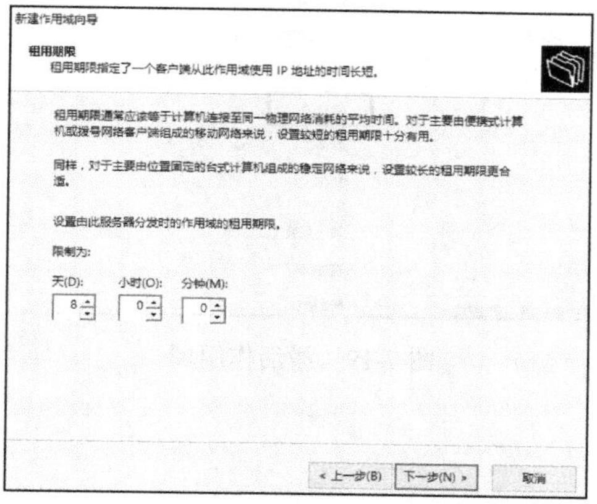

图 7-17　指定 IP 地址租期

STEP6 在“配置 DHCP 选项”对话框中选择“否，我想稍后配置这些选项”，单击“下一步”按钮，如图 7-18 所示。DHCP 选项在后面介绍时再配置即可，接下来在“完成新建作用域向导”对话框中单击“完成”按钮，完成新建作用域。

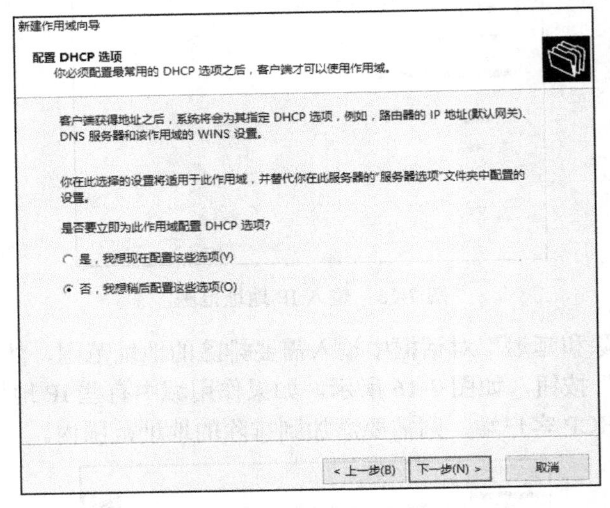

图 7-18　配置 DHCP 选项

2. 激活作用域

新建作用域默认为停用，作用域图标上有红色向下的箭头。需要激活作用域才能提供 IP 地址分配功能。右键单击作用域，在弹出的菜单中选择“激活”，如图 7-19 所示。激活后红色向下的箭头消失，如果需要停用该作用域，可以右键单击作用域，在弹出的菜单中选择“停用”。

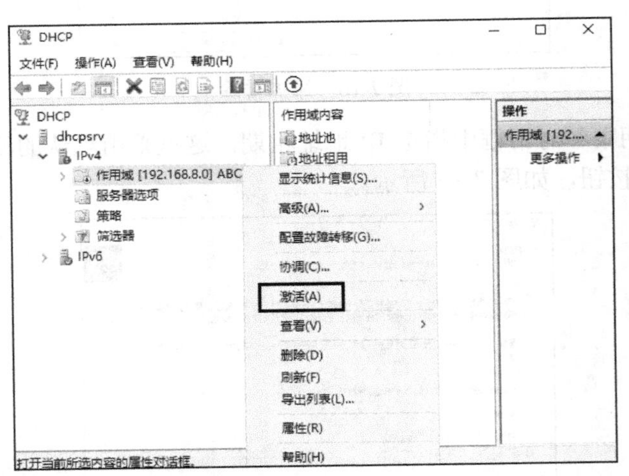

图 7-19　激活作用域

3. 配置作用域选项

作用域激活后，DHCP 服务器就可以为客户端自动分配 IP 地址和子网掩码了。除了 IP 地址和子网掩码，DHCP 服务器还可以为客户端分配默认网关（路由器）和 DNS 服务器等可选参数，作用域选项只对从该作用域租用 IP 地址的客户端生效。配置作用域选项的步骤如下所述。

STEP1 在 DHCP 管理控制台窗口展开要配置的作用域节点，右键单击目标作用域的“作用域选项”，在弹出的菜单中选择“配置选项”，如图 7-20 所示。

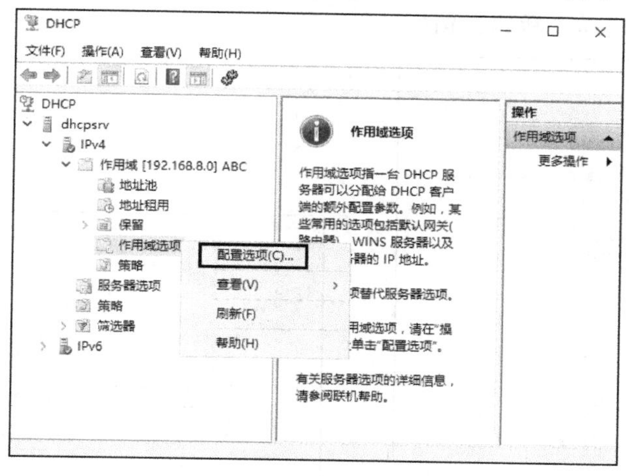

图 7-20 配置选项

STEP2 在打开的“作用域选项”对话框中勾选“003 路由器”，输入路由器 IP 地址，如 192.168.8.254，单击“添加”按钮；勾选“006 DNS 服务器”，输入 DNS 服务器的 IP 地址，如 8.8.8.8，单击“添加”按钮，然后单击“确定”按钮，如图 7-21 所示，配置作用域选项。客户端在自动获取 IP 地址的同时，将获得默认网关和首选 DNS 服务器地址。

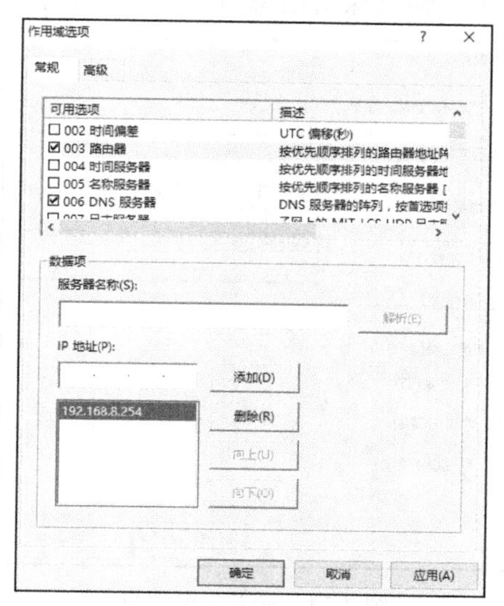

图 7-21 配置作用域选项

4. 配置客户端保留

DHCP 作用域中可以选择保留某些 IP 地址，让某台 DHCP 客户端或设备总是从 DHCP

服务器获得同一个 IP 地址，通常用于某些特殊的计算机（如文件服务器和打印服务器）。

STEP1 查看要使用保留 IP 地址的文件服务器或打印服务器的网卡 MAC 地址，如图 7-22 所示。

STEP2 在如图 7-23 所示的 DHCP 管理控制台窗口，右键单击作用域下的“保留”，在弹出的菜单中选择“新建保留”。

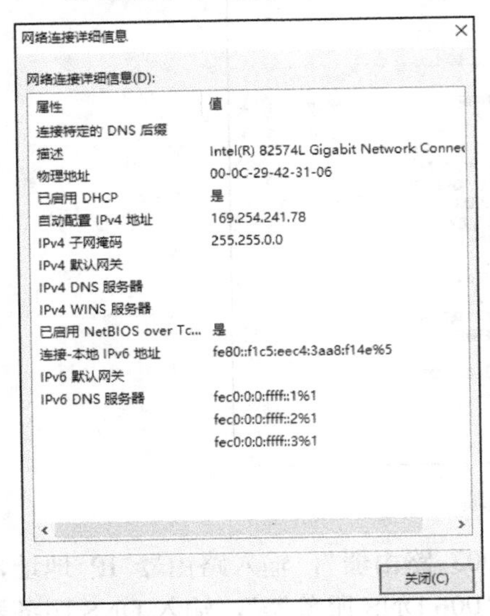

图 7-22 查看 MAC 地址

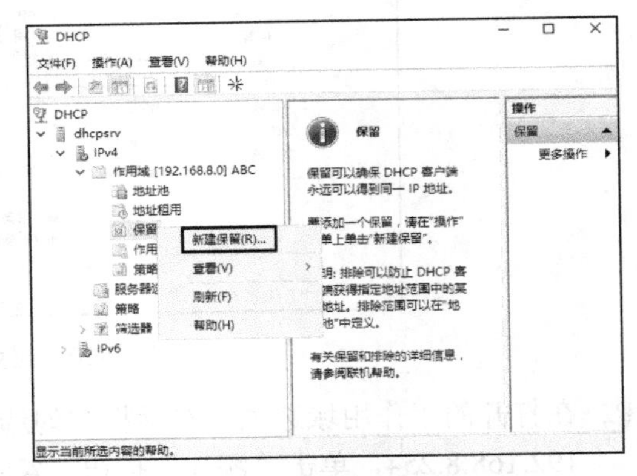

图 7-23 新建保留

STEP3 在“新建保留”对话框中输入保留名称、为客户端保留的 IP 地址、客户端的 MAC 地址，如图 7-24 所示，输入保留信息后，单击“添加”按钮。

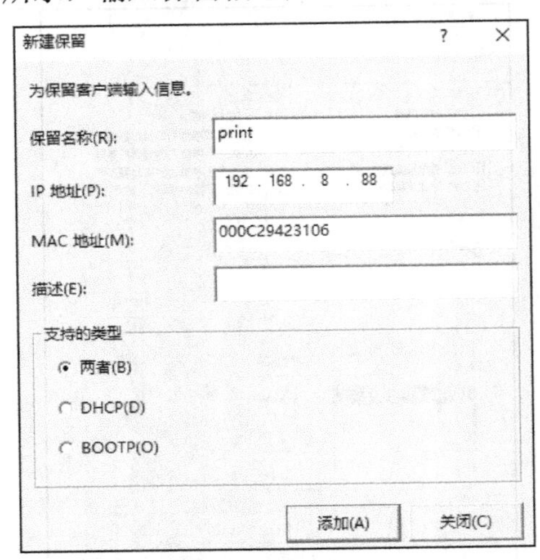

图 7-24 输入保留信息

配置完客户端保留后，还可以为保留的地址配置选项，如 DNS 服务器地址和网关地址等。右键单击新建的“保留”，在弹出的菜单中选择“配置选项”，如图 7-25 所示，在“保留选项”对话框中配置所需的选项。

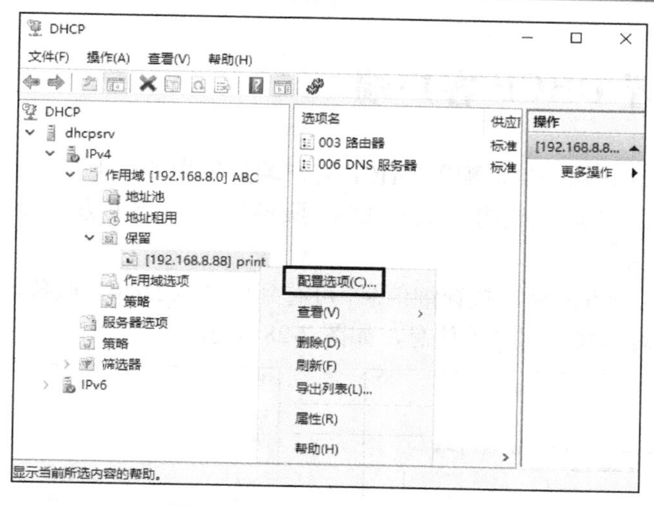

图 7-25 为保留地址配置选项

7.2.5 配置服务器选项

通过作用域选项的配置可知，当有多个作用域时，需要在各自的作用域中分别配置作用域选项。如果有些作用域选项是一样的，如公司网络中不同网段所配置的 DNS 服务器是相同的，那么就没有必要在各个作用域中分别配置，只需在服务器选项中配置即可。展开 DHCP 控制台窗口左侧窗格的节点，右键单击 IPv4 下的“服务器选项”，在弹出的菜单中选择“配置选项”，如图 7-26 所示，配置服务器选项，其他操作与配置作用域选项相同。

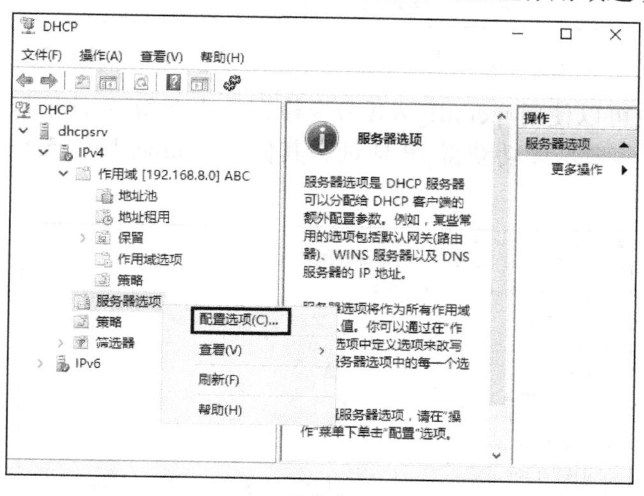

图 7-26 配置服务器选项

通过配置服务器选项、作用域选项、保留选项可知，各选项的功能都是配置客户端的 TCP/IP 参数的可选项，但各选项的应用范围和优先级不一样。服务器选项在本服务器上所有的作用域内生效，作用域选项在本作用域内生效，保留选项对保留的客户端生效。优先级别由高到低依次为保留选项、作用域选项、服务器选项。

7.3 配置 DHCP 客户端

以 Windows 10 客户端为例，配置 DHCP 客户端具体步骤如下。

STEP1 将客户端的 IP 地址获得方式和 DNS 服务器地址获得方式设置为自动获取，如图 7-27 所示。

STEP2 在客户端上查看网络连接详细信息，可看到已经从 DHCP 服务器租用到的 IP 地址、DNS 服务器、默认网关等信息，如图 7-28 所示。

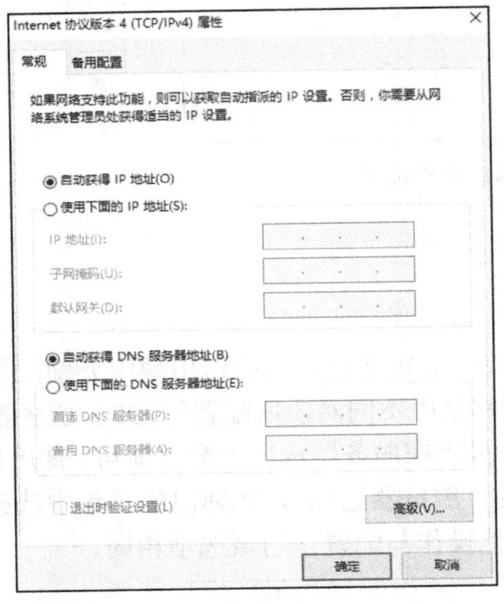

图 7-27　自动获得 IP 地址

图 7-28　网络连接详细信息

DHCP 客户端也可以使用 ipconfig /all 命令检查是否获得 IP 地址以及相关选项配置信息，如图 7-29 所示，表示成功获得 IP 地址。其他 Windows 操作系统的客户端配置方法与此相同。

```
管理员: C:\Windows\system32\cmd.exe
(c) 2016 Microsoft Corporation。保留所有权利。

:\Users\Administrator>ipconfig /all

Windows IP 配置

   主机名 . . . . . . . . . . . . . : Client01
   主 DNS 后缀 . . . . . . . . . . . : abc.com
   节点类型 . . . . . . . . . . . . : 混合
   IP 路由已启用 . . . . . . . . . . : 否
   WINS 代理已启用 . . . . . . . . . : 否
   DNS 后缀搜索列表 . . . . . . . . : abc.com

以太网适配器 Ethernet0:

   连接特定的 DNS 后缀 . . . . . . . :
   描述. . . . . . . . . . . . . . . : Intel(R) 82574L Gigabit Network Connection
   物理地址. . . . . . . . . . . . . : 00-0C-29-42-31-06
   DHCP 已启用 . . . . . . . . . . . : 是
   自动配置已启用. . . . . . . . . . : 是
   本地链接 IPv6 地址. . . . . . . . : fe80::f1c5:eec4:3aa8:f14e%5(首选)
   IPv4 地址 . . . . . . . . . . . . : 192.168.8.10(首选)
   子网掩码 . . . . . . . . . . . . : 255.255.255.0
   获得租约的时间 . . . . . . . . . : 2020年7月25日 16:05:38
   租约过期的时间 . . . . . . . . . : 2020年8月2日 16:05:38
   默认网关. . . . . . . . . . . . . : 192.168.8.254
   DHCP 服务器 . . . . . . . . . . . : 192.168.8.1
   DHCPv6 IAID . . . . . . . . . . . : 50334761
   DHCPv6 客户端 DUID . . . . . . . : 00-01-00-01-26-93-05-58-00-0C-29-42-31-06
   DNS 服务器 . . . . . . . . . . . : 8.8.8.8
```

图 7-29　使用 ipconfig /all 查看网络配置信息

提示：

如果在实验中使用 Vmware Workstation 安装的虚拟机，需要将这些计算机所连接的虚拟网络的 DHCP 服务功能禁用；如果使用物理机，则需要将网络中其他 DHCP 服务器关闭或停用，否则会干扰实验结果。

展开 DHCP 管理控制台左侧窗格的节点，选择作用域下的“地址租用”，可以查看客户端从该服务器上获得的 IP 地址、租用截止日期等信息，如图 7-30 所示。

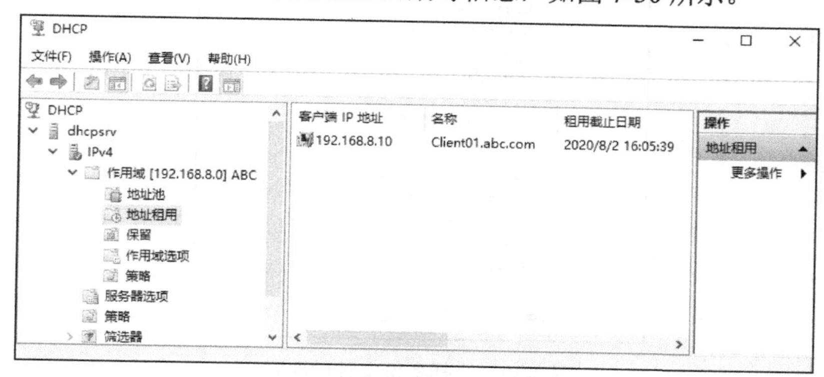

图 7-30 查看地址租用信息

7.4 维护 DHCP 服务

在工作环境中，DHCP 服务器会因为各种软硬件故障造成服务停止或服务器宕机。为了能在发生故障时快速恢复 DHCP 服务并且使用原有配置，需要定期备份 DHCP 数据库，以便使用备份恢复原有配置。

1. 备份 DHCP 数据库

STEP1 打开 DHCP 管理控制台窗口，在左侧窗格右键单击 DHCP 服务器名称，在弹出的菜单中选择“备份”，如图 7-31 所示。

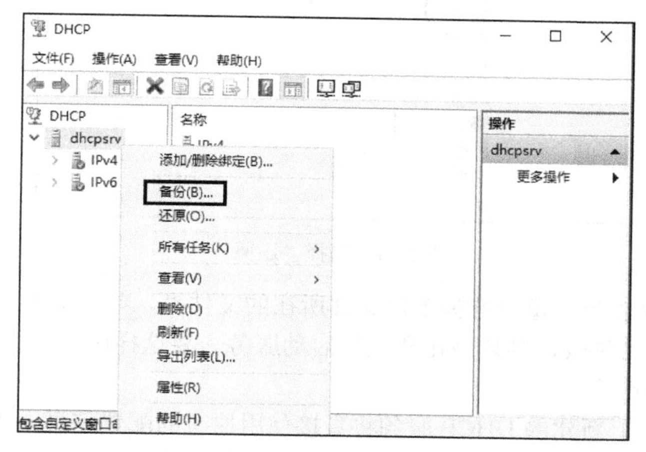

图 7-31 选择“备份”

STEP2 在“浏览文件夹”对话框中选择备份文件的路径，单击“确定”按钮，完成备份，如图 7-32 所示。

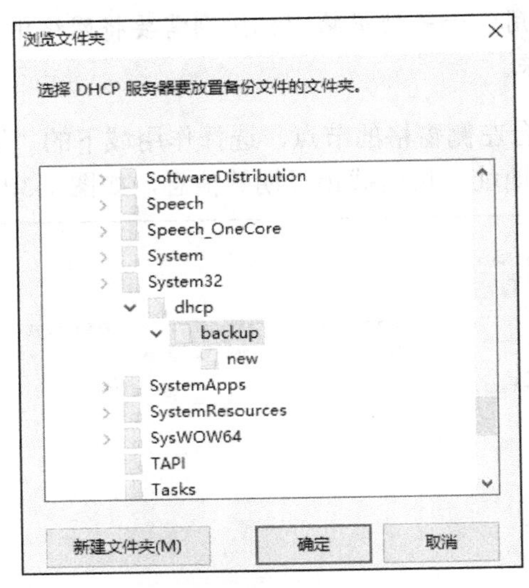

图 7-32 选择备份文件的路径

2. 还原 DHCP 数据库

STEP1 在目标服务器上添加 DHCP 服务，不做任何配置（如果是域环境则需要授权），复制备份文件至目标服务器。

STEP2 在目标服务器上打开 DHCP 控制台窗口，右键单击服务器名称，在弹出的菜单中选择“还原”，如图 7-33 所示。

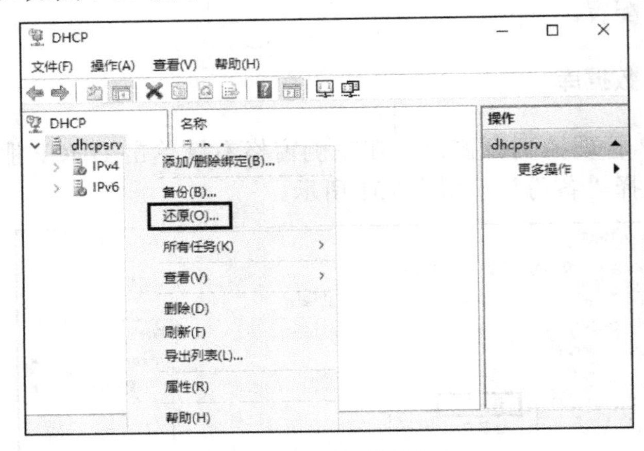

图 7-33 选择“还原”

STEP3 在“浏览文件夹”窗口选择备份文件所在的文件夹，单击“确定”按钮。系统提示“为了使改动生效，必须停止和重新启动服务。要这样做吗？”，单击“是”按钮，如图 7-34 所示。

STEP4 还原成功后，新建的 DHCP 服务将直接使用原有的配置信息，减少了配置工作，加快了恢复速度，并且避免了因配置错误导致的 IP 地址冲突，如图 7-35 所示。

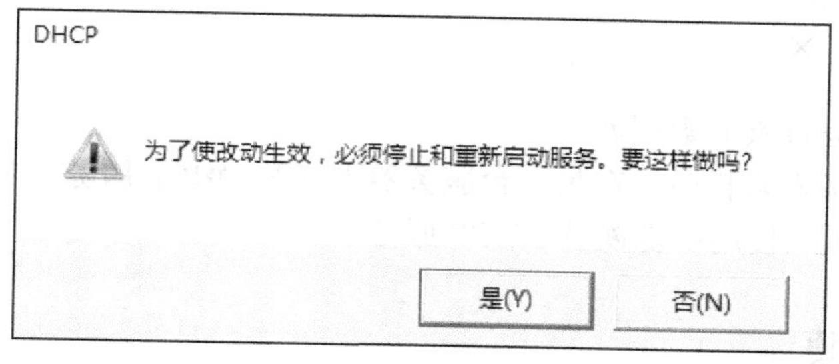

图 7-34　重启服务

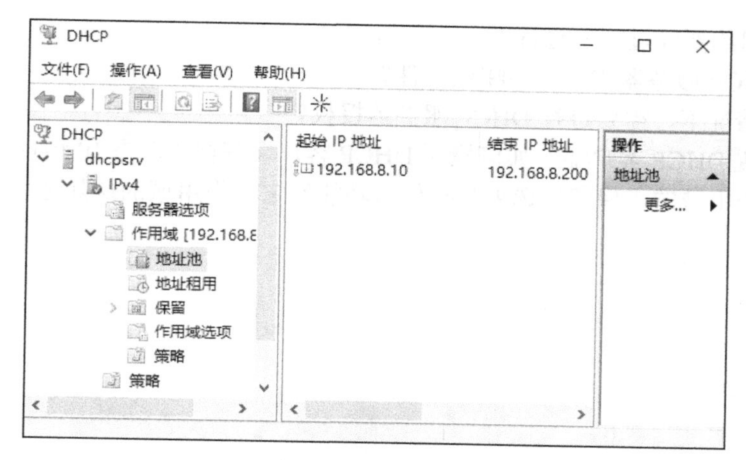

图 7-35　还原成功

7.5　实训

实训环境一

HT 公司的局域网内使用 DHCP 服务器为计算机分配 IP 地址，局域网使用 192.168.1.0/24 网段，其中 192.168.1.10 是 DHCP 服务器的 IP 地址，192.168.1.100～192.168.1.200 为作用域地址，路由器地址为 192.168.1.1，DNS 服务器地址为 192.168.1.2。网络中还有其他服务器需要使用固定 IP 地址，根据需求，排除作用域内 192.168.1.150～192.168.1.160 的 IP 地址范围。

需求描述

- 添加 DHCP 服务器角色。
- 配置 DHCP 服务器授权，以确保只有经过授权的 DHCP 服务器才能在网络中运行。
- 创建和配置 DHCP 作用域，使客户端可以向服务器请求 IP 地址等参数。
- 在作用域选项中添加 DNS 服务器和路由器 IP 地址。
- 新建排除 IP 地址范围。

实训环境二

HT 公司的 DHCP 服务器因为硬件故障突然宕机了，并且需要长时间停机维护。为了保证公司内部网络的正常运行，需要快速恢复 DHCP 服务。

需求描述

- 平时定期备份 DHCP 数据库。
- 当 DHCP 服务器宕机时，在另一台服务器上安装 DHCP 服务角色。
- 在替代计算机上使用备份恢复 DHCP 服务。

7.6 习题

- DHCP 租约要经过哪些过程？
- 成为 DHCP 服务器需要具备哪些条件？
- 在什么情况下，需要进行 DHCP 服务器授权？
- 如何设置 DHCP 客户端？如何检测 DHCP 客户端获得的动态 IP 地址及其他信息？
- DHCP 作用域的“保留”选项具有什么功能？它与作用域的排除地址有何不同？

第 8 章

配置 DNS 服务

项目需求：

ABC 公司需要一台 DNS 服务器为内部用户提供内网域名解析，用户可以在内网中使用 FQDN 访问公司的网站，同时 DNS 服务器还可以为用户解析公网域名。为了减轻 DNS 服务器的压力，公司还需要搭建第二台 DNS 服务器，将第一台 DNS 服务器上的记录传输到第二台 DNS 服务器。内部的局域网使用 abc.com 作为域名后缀，现在该公司在上海成立分公司，上海分公司使用专线和总公司连接，上海分公司需要使用 sh.abc.com 作为域名后缀。

学习目标：

- 理解 DNS 域名解析原理和模式
- 了解域名空间结构
- 会配置 DNS 服务器
- 会配置子域和委派
- 会配置主从 DNS 服务器和转发器

本章单词

- DNS：Domain Name System，域名系统
- Domain Namespace：域名空间
- Root：根
- FQDN：Full Qualified Domain Name，完全合格的域名
- Zone：区域
- Resource：资源
- Record：记录
- Authoritative Name Server：授权名称服务器，授权域名服务器，权威域名服务器
- SOA：Start Of Authority，起始授权机构
- Primary：主要的
- Secondary：次要的
- Forwarder：转发器

8.1 DNS 概述

在网络通信中，由于 IP 地址信息不容易记忆，所以网络中出现了域名这个概念，通过为每台主机建立 IP 地址与域名之间的映射关系，可避开难记的 IP 地址。域名和 IP 地址之间的关系，就像是某人的姓名和身份证号码之间的关系，记名字要比记身份证号码容易得多，在访问时我们只需要输入好记忆的域名即可。

DNS 是域名系统（Domain Name System）的缩写，当 DNS 客户端要访问某网站时，会向 DNS 服务器查询该网站的 IP 地址，DNS 服务器收到请求后，会先从自己的 DNS 数据库内查找域名和 IP 地址的对应关系，如果数据库内没有所需数据，此 DNS 服务器需求助于其他 DNS 服务器。

8.1.1 域名空间

DNS 架构是一个类似图 8-1 所示的阶层式树状结构，被称作 DNS 域名空间（Domain Namespace）。每一层被称作一个域，每个域用一个点号“.”分隔。域名可以包括根域、顶级域、二级域、三级域和主机名，三级域名下面还可以有四级域名和五级域名等，但是域名层级越多，域名就越复杂，越不易使用，所以在实际使用中，一般不会超过五级。图 8-1 展示了 DNS 树状结构。

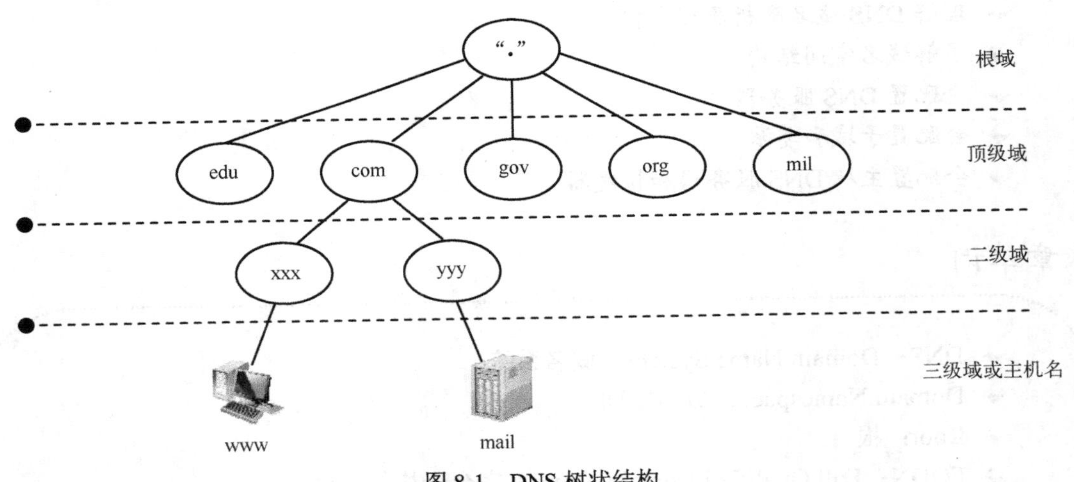

图 8-1 DNS 树状结构

1. 根域

参照图 8-1，位于树状结构顶层的是 DNS 域名空间的根（Root）域，根域用点号“.”表示，它由 InterNIC 管理，该机构把域名空间各部分的管理责任分配给连接到 Internet 的各个组织。

2. 顶级域

DNS 根域的下一级是顶级域，由 InterNIC 管理，用来将组织分类，有两种常见类型。

➘ 组织域：采用 3 个字符的代号，标识 DNS 域中所包含的组织主要功能或活动，如表 8-1 所示。

表 8-1 组织域

顶 级 域 名	说 明
gov	政府部门
com	商业部门
edu	教育部门
org	民间团体组织
net	网络服务机构
mil	军事部门

➘ 国家或地区域：采用两个字符的国家或地区代号，如表 8-2 所示。

表 8-2 国家或地区域

顶 级 域 名	说 明
cn	中国
jp	日本
uk	英国
au	澳大利亚
hk	中国香港
…	…

3. 二级域

二级域是域名注册个人、组织或公司选择使用的网上名称。这些名称基于相应的顶级域，如“google.com”，就是基于顶级域“.com”。二级域下可以包括主机和子域，如“google.com”可包含如“mail. google.com”这样的主机，也可以包含如“news. google.com”这样的子域，而该子域还可以包含如“sport.news.google.com”这样的主机。

4. 主机名

主机名处于域名空间结构中的底层，主机名和前面讲的域名(DNS 后缀)结合构成 FQDN（Full Qualified Domain Name，完全合格的域名），主机名是 FQDN 最左端的部分。例如，“xxx.yyy.com.”中的“xxx”是主机名，“yyy.com.”被称为 DNS 后缀。DNS 后缀最右边的“.”代表根域，因为根域是域名结构的顶层，所以在实际应用中，可以将最右边的“.”省略，简写成“xxx.yyy.com”。FQDN 是指一个系统的完整名称而非主机名称。

用户在互联网上访问 Web、FTP 和 Mail 等服务器时，通常使用 FQDN 进行访问，例如，www.abc.com，但是 FQDN 并不能真正地定位目标服务器的位置，而是需要 DNS 服务器将 FQDN 解析成 IP 地址。

8.1.2 DNS 区域

DNS 区域（Zone）是域名空间树状结构的一部分，它能够将域名空间根据用户需要划分为更容易管理的小区域。一个 DNS 区域内的主机数据存储在 DNS 服务器上，用来存放这些数据的文件被称为区域文件。一台 DNS 服务器可以存放多个区域文件，同一个区域的文件也可以存放在多台 DNS 服务器上。区域文件内的数据被称为资源记录（Resource Record），简称记录。

将一个 DNS 域划分为多个区域，可分散网络管理工作负担。例如，如图 8-2 所示，将域 abc.com 划分为区域 1 和区域 2，区域 1 包含 abc.com 域，区域文件包含主机 www、mail、ftp 的资源记录；而区域 2 包含子域 sh.abc.com，区域文件中包含该子域的主机 www、mail 的资源记录。这两个区域文件可以存放在同一台 DNS 服务器上，也可以分别放在不同的 DNS 服务器上。

一个区域所包含的范围在一个域名空间中是连续的，否则无法构成一个区域，例如，不能创建一个包含 sh.abc.com 和 bj.abc.com 两个子域的区域，因为这两个子域位于不连续的域名空间。

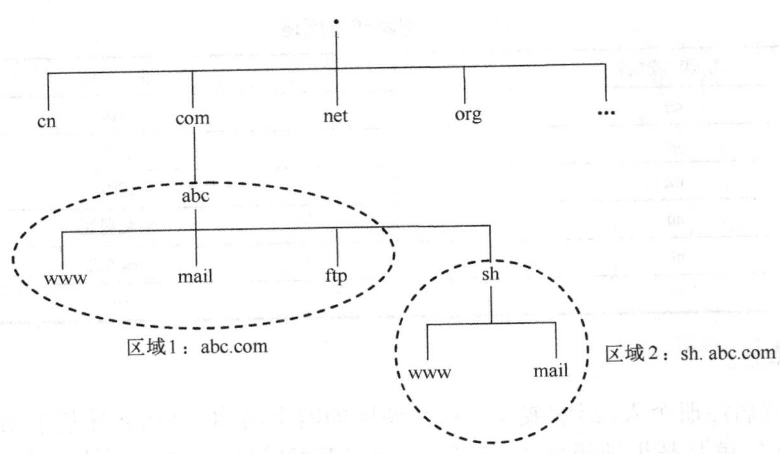

图 8-2　将个 DNS 区域划分为多个区域

8.1.3　DNS 服务器分类

DNS 服务器上存储着域名空间的部分区域记录，一台 DNS 服务器可以存储一个或多个区域的记录，此时这台服务器被称为授权名称服务器（Authoritative Name Server）。授权名称服务器负责维护和管理所辖区域的数据，为客户端提供数据查询。根据工作方式不同，授权名称服务器可分为主要名称服务器、辅助名称服务器、主控名称服务器、唯缓存服务器。

1．主要名称服务器

当在一台 DNS 服务器上建立一个区域后，如果可以直接在此区域内新建、删除、修改记录，那么这台服务器就是该区域的主要名称服务器。主要名称服务器上存储着该区域的正本数据。

2．辅助名称服务器

当在一台 DNS 服务器上建立一个区域后，如果该区域内的所有记录都是从另外一台

DNS 服务器上复制过来的，它存储的是该区域内的副本记录，这些记录是无法修改的，那么这台服务称为该区域的辅助名称服务器，简称辅助服务器。

3. 主控名称服务器

辅助服务器的区域记录是从另一台 DNS 服务器上复制过来的，提供区域数据复制的 DNS 服务器被称为主控名称服务器，它既可以是该区域内的主要名称服务器，也可以是该区域内的辅助名称服务器。将区域内的资源记录从主要名称服务器复制到辅助服务器的操作被称为区域传送。

4. 唯缓存服务器

唯缓存服务器，又称高速缓存服务器，只负责查询数据，该服务器内只有缓存记录，这些记录是它向其他 DNS 服务器查询到的。当客户端来查询记录时，如果缓存区内有所需记录，可直接将记录提供给客户端。

8.1.4 DNS 查询模式

DNS 服务的主要作用就是将域名解析为 IP 地址。例如，客户端使用 FQDN 访问 Web 服务器，需要解析出 Web 服务器的 IP 地址。首先客户端向 DNS 服务器发送域名查询请求，然后 DNS 服务器告知客户端 Web 服务器的 IP 地址，最后客户端与 Web 服务器通信。

1. DNS 查询过程

下面通过查询域名 www.abc.com 的例子来说明 DNS 查询的基本工作原理，具体步骤如图 8-3 所示，该图展示了 DNS 查询过程。

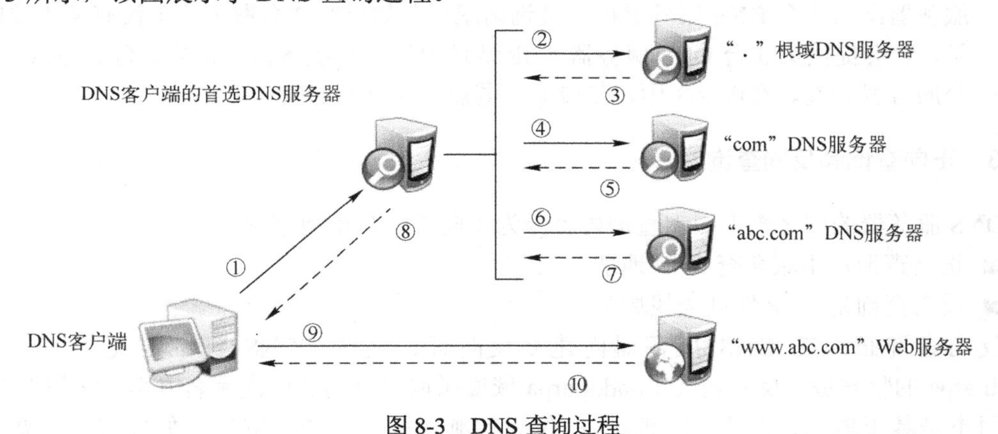

图 8-3　DNS 查询过程

① DNS 客户端将查询 www.abc.com 的请求发送给自己的首选 DNS 服务器。

② DNS 客户端的首选 DNS 服务器检查区域数据库，由于该服务器没有 abc.com 域的授权记录，因此，它将查询请求发送到根域 DNS 服务器，请求解析主机名称。

③ 根域 DNS 服务器把负责解析“com”顶级域的 DNS 服务器的 IP 地址返回给 DNS 客户端的首选 DNS 服务器。

④ 首选 DNS 服务器将请求发送给负责“com”域的 DNS 服务器。

⑤ 负责“com”域的服务器根据请求将负责“abc.com”域的 DNS 服务器的 IP 地址返回给首选 DNS 服务器。

⑥ 首选 DNS 服务器向负责“abc.com”区域的 DNS 服务器发送请求。

⑦ 由于该服务器具有 www.abc.com 的记录，因此它将 www.abc.com 的 IP 地址返回给首选 DNS 服务器。

⑧ 客户端的首选 DNS 服务器将 www.abc.com 的 IP 地址发送给客户端。

⑨ 域名解析成功后，客户端将 HTTP 请求发送给 Web 服务器。

⑩ Web 服务器响应客户端的访问请求，客户端便可以访问目标主机。

如果 DNS 客户端的首选 DNS 服务器没有返回给客户端 www.abc.com 的 IP 地址，那么客户端将尝试访问自己的备用 DNS 服务器。

为了提高解析效率，减少查询开销，每台 DNS 服务器都有一个高速缓存，存放最近解析过的域名和对应的 IP 地址。这样，当有用户查找相同的域名记录时，便可以跳过某些查找过程，由 DNS 服务器直接从缓存中查找到该记录的地址，大大缩短了查找时间，加快了查询速度。

2．DNS 的查询方式

当 DNS 客户端向 DNS 服务器查询 IP 地址，或 DNS 服务器向另一台 DNS 服务器查询 IP 地址时，DNS 的查询过程有两种查询类型：递归查询和迭代查询。

- 递归查询：DNS 客户端发出查询请求后，如果 DNS 服务器内没有所需记录，则该服务器会代替客户端向其他 DNS 服务器查询，由 DNS 客户端所提出的查询请求一般属于递归查询。图 8-3 中 DNS 客户端提出的查询请求属于递归查询。
- 迭代查询：DNS 服务器与 DNS 服务器之间的查询一般属于迭代查询。当第 1 台 DNS 服务器向第 2 台 DNS 服务器提出查询请求后，如果第 2 台服务器上没有所需要的记录，它会提供第 3 台 DNS 服务器的 IP 地址给第 1 台服务器，让第 1 台服务器向第 3 台服务器查询。在图 8-3 中，步骤②～⑤就属于迭代查询。

3．正向查询和反向查询

DNS 服务器的域名查询根据查询内容分为正向查询和反向查询。

- 正向查询是由域名查找 IP 地址。
- 反向查询是由 IP 地址查找域名。

反向查询必须在 DNS 服务器内建立反向查找区域，DNS 标准定义了一个名为 in-addr.arpa 的特殊域（反向域）。in-addr.arpa 域遵循域名空间的层次命名方案，它基于 IP 地址，而不是基于域名，其中 IP 地址 8 位组的顺序是反向的。例如，如果客户机要查找 192.168.8.1 的 FQDN，就查询反向域 8.168.192. in-addr.arpa 中的 PTR 指针记录。

8.2 配置 DNS 服务器

在配置 DNS 服务器之前，首先要添加 DNS 服务器角色。配置 DNS 服务器包括创建正向和反向查找区域，以及配置 DNS 服务属性，如转发器等。

8.2.1 必要条件

DNS 服务器要为客户机提供域名解析服务，必须具备以下条件。
- 有固定的 IP 地址。
- 安装并启动 DNS 服务。
- 有区域文件，或者配置转发器，或者配置根提示。

8.2.2 安装 DNS 服务器

ABC 公司的内部局域网需要一台 DNS 服务器为内部用户提供域名解析，IP 地址为 192.168.8.1，在 Windows Server 2016 操作系统中搭建 DNS 服务的步骤如下。

在“服务器管理器”窗口选择“仪表板”项，单击右侧窗格中的“添加角色和功能”，持续单击“下一步”按钮，直到出现图 8-4 所示的“选择服务器角色”对话框，在该对话框中勾选“DNS 服务器”。持续单击“下一步”按钮，在“确认安装所选内容”对话框中单击“安装”按钮，开始安装 DNS 服务器。安装完成后单击“关闭”按钮，完成安装过程。

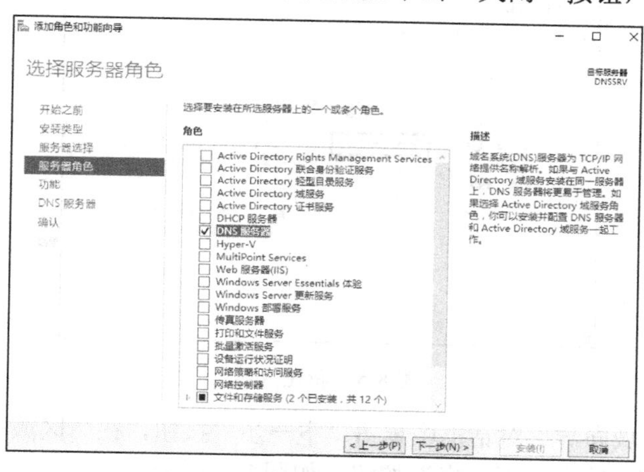

图 8-4 选择服务器角色

8.2.3 新建区域

添加完 DNS 服务器角色后，通过“开始→Windows 管理工具→DNS”，打开 DNS 管理控制台来新建区域。区域包括正向查找区域和反向查找区域两种类型。

在创建区域时，有 3 种类型可供选择（正向查找区域和反向查找区域都有这 3 种类型）。
- 主要区域：用于存储该区域的正本记录，负责在新区域的计算机上管理和维护本区域的资源记录。如果这是一个新区域，则选择“主要区域”单选按钮。
- 辅助区域：存储现有区域正本记录的副本，主要区域中的 DNS 服务器将把区域信息传送给辅助区域中的辅助 DNS 服务器。辅助 DNS 服务器上的区域数据无法修改，所有数据都是从主 DNS 服务器上复制而来的。

- 存根区域：也存储着区域正本记录的副本，是从承载该区域的另一台 DNS 服务器上获取的。与辅助区域存储的副本相比，只包含少数记录，如 SOA、NS 与 A 记录，用于标识该区域的授权名称服务器所需的记录。

除了上面这 3 种可选类型，还有一个复选项“在 Active Directory 中存储区域”，此选项仅在 DNS 服务器是可写域控制器时才可用，区域的数据存放在 Active Directory 中，可提高区域数据的安全性。

当创建的区域只用于局域网内而不用于 Internet 时，可以不用遵守域名空间的命名规则。例如，可以在局域网内创建一个名为 it.abc 的区域，但是当域名用于 Internet 时，必须遵守域名空间结构，而且使用的域名必须是经域名注册机构（例如，CNNIC，中国互联网信息中心）注册过的。

1. 创建正向查找区域

STEP1 选择“开始→Windows 管理工具→DNS”，打开“DNS 管理器”窗口，展开服务器名称节点，右键单击“正向查找区域”，在弹出的菜单中选择“新建区域”，如图 8-5 所示。

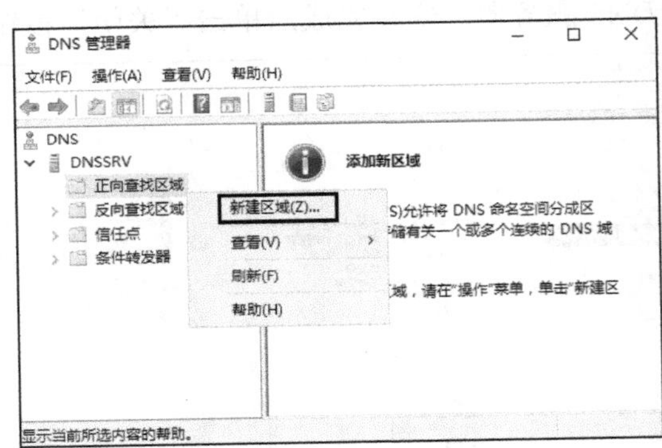

图 8-5 新建区域

STEP2 在“新建区域向导”对话框中单击“下一步”按钮，在“区域类型”对话框中选择“主要区域”，单击“下一步”按钮，如图 8-6 所示。

提示：

如果 DNS 服务器本身是域控制器，默认会勾选图 8-6 中最下方的“在 Active Directory 中存储区域(只有 DNS 服务器是可写域控制器时才可用)(A)”，此时区域记录会存储到 Active Directory 数据库中。

STEP3 在“区域名称”对话框中输入区域名称“abc.com”，单击“下一步”按钮，如图 8-7 所示。

STEP4 在“区域文件”对话框中使用默认的区域文件名，单击“下一步”按钮，如图 8-8 所示。

STEP5 在“动态更新”对话框中选择“不允许动态更新”，单击“下一步”按钮，如图 8-9 所示。

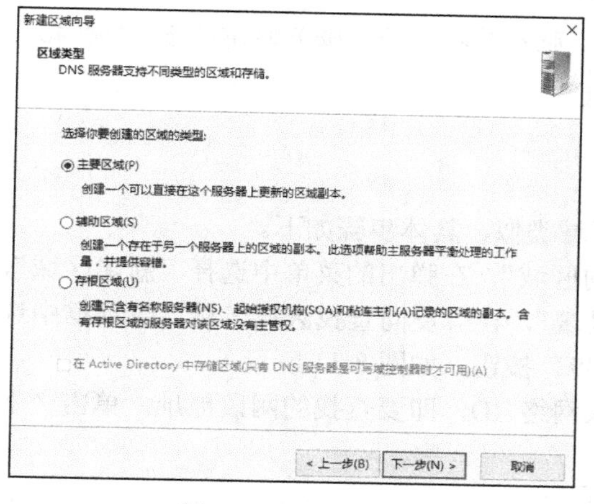

图 8-6　区域类型

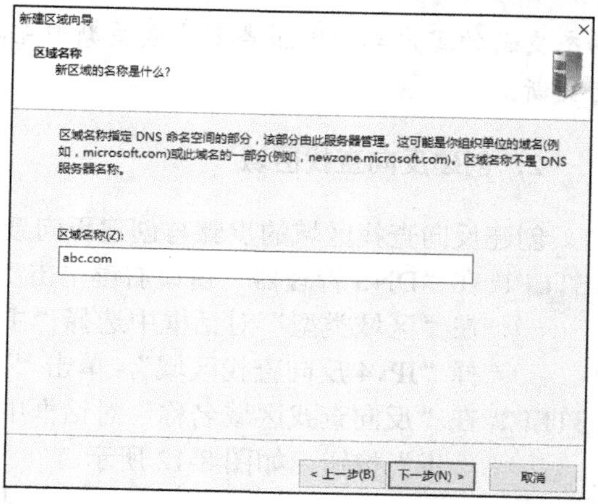

图 8-7　区域名称

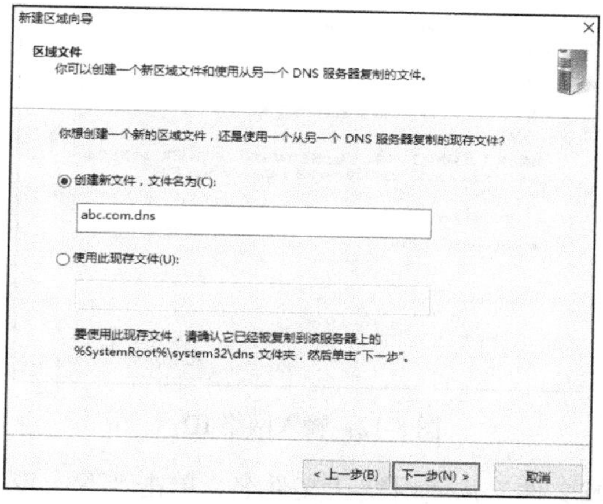

图 8-8　区域文件

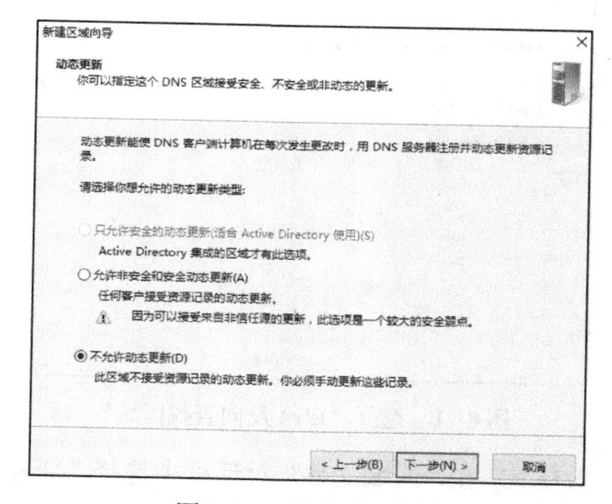

图 8-9　不允许动态更新

STEP6　在“正在完成新建区域向导”对话框单击“完成”按钮，完成新建正向查找区域操作。新建正向查找区域 abc.com 如图 8-10 所示。

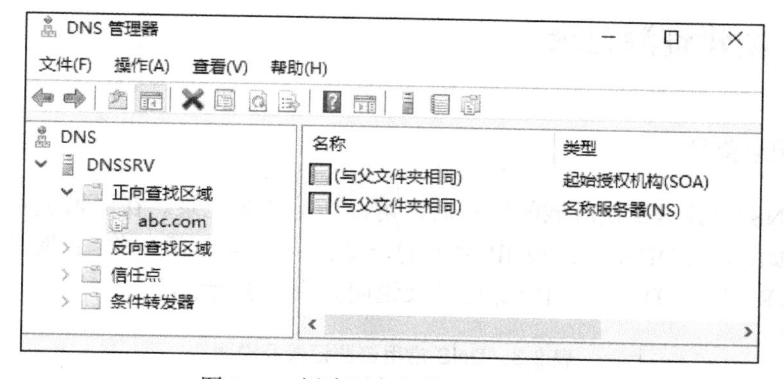

图 8-10　新建正向查找区域 abc.com

提示：

动态更新就是要在不影响服务器工作的情况下更新数据。通过 DNS Update 协议，完成动态更新的客户端通知服务器需要更新哪些数据，服务器在不停止服务的情况下，对数据进行更新。

2. 创建反向查找区域

创建反向查找区域的步骤与创建正向查找区域类似，具体步骤如下。

STEP1 在“DNS 管理器”窗口右键单击“反向区域”，在弹出的菜单中选择“新建区域”，在“区域类型”对话框中选择“主要区域”，在“反向查找区域名称”对话框中选择“IPv4 反向查找区域”，单击“下一步”按钮，如图 8-11 所示。

STEP2 在“反向查找区域名称”对话框中输入网络 ID，即要查找的网段地址，单击“下一步”按钮，如图 8-12 所示。

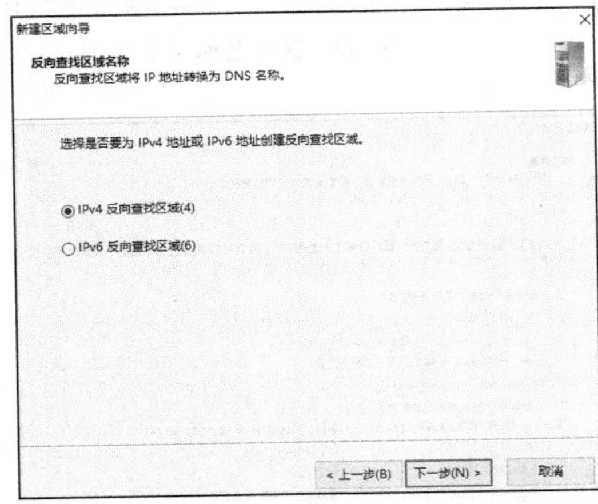

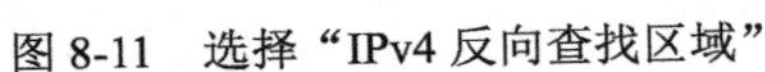

图 8-11　选择“IPv4 反向查找区域”

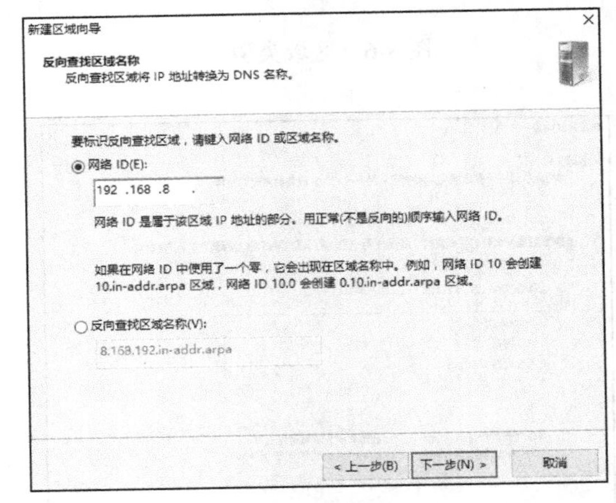

图 8-12　输入网络 ID

STEP3 在“区域文件”对话框中选择“新建区域文件”并使用默认文件名，单击“下一步”按钮。在“动态更新”对话框中选择“不允许动态更新”，单击“下一步”按钮。按照提示完成反向查找区域的创建。创建完反向查找区域后，就可以添加 PTR 指针记录，将 IP 地址解析成 FQDN。

8.2.4 新建资源记录

1. 资源记录类型

在完成 DNS 服务器查找区域的创建后，可以新建资源记录。在区域文件中包含许多种资源记录。例如，将 FQDN 映射成 IP 地址的资源记录为 A 记录，将 IP 地址映射成域名的资源记录为 PTR 记录。DNS 常用资源记录及说明如表 8-3 所示。

表 8-3　DNS 常用资源记录及说明

资 源 记 录	说　明
SOA（起始授权机构）	定义了该域中的授权名称服务器
NS（名称服务器）	表示某区域的授权名称服务器和 SOA 中指定的该区域的主要名称服务器和辅助名称服务器

续表

资源记录	说　明
A 或 AAAA（主机）	列出了区域中 FQDN（完全合格的域名）到 IP 地址的映射，IPv4 为 A，IPv6 为 AAAA
PTR（指针）	相对于 A 记录，PTR 记录是把 IP 地址映射为 FQDN
MX	邮件交换器记录，向指定的邮件交换主机提供消息路由
SRV（服务）	列出了正在提供特定服务的服务器
CNAME（别名）	将多个名字映射到同一台计算机上，便于用户访问

2. 新建主机资源记录

ABC 公司的网站域名为 www.abc.com，IP 地址为 192.168.8.8，在区域 abc.com 中创建该主机记录的步骤如下。

STEP1 在“DNS 管理器”窗口右键单击正向查找区域“abc.com”，在弹出的菜单中选择“新建主机(A 或 AAAA)”，如图 8-13 所示。

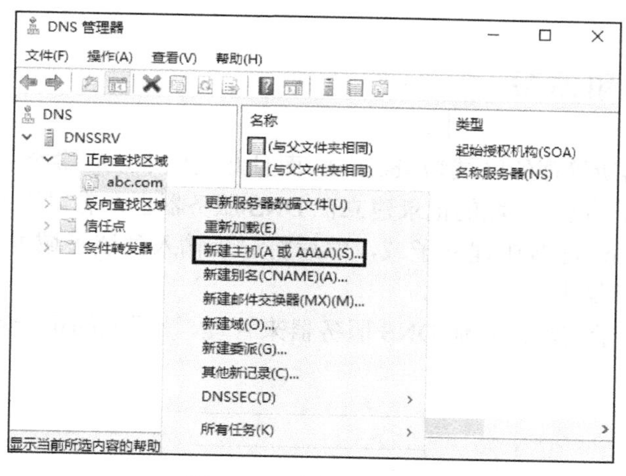

图 8-13　选择新建主机

STEP2 在“新建主机”对话框中输入主机的名称 www 和 IP 地址 192.168.8.8，单击“添加主机”，如图 8-14 所示，完成新建主机记录操作。

3. 新建主机别名记录

如果需要为一台主机创建多个主机名，可以利用添加别名资源记录来达到这个目的。在图 8-13 所示的快捷菜单中选择“新建别名（CNAME）”，在“新建资源记录”对话框中输入别名，在“目标主机的完全合格的域名”处输入要创建别名的 FQDN（见图 8-14），或者单击“浏览”按钮找到要创建别名的 FQDN，单击“确定”按钮，完成新建别名记录操作，如图 8-15 所示，表示 web.abc.com 是 www.abc.com 的别名。

不仅可以将别名记录和源主机记录放在同一区域，还可以将别名记录建立在不同的区域，但是需要确保 DNS 服务器能正确解析源主机记录。

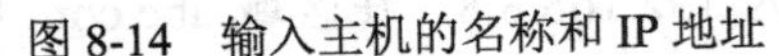

图 8-14　输入主机的名称和 IP 地址

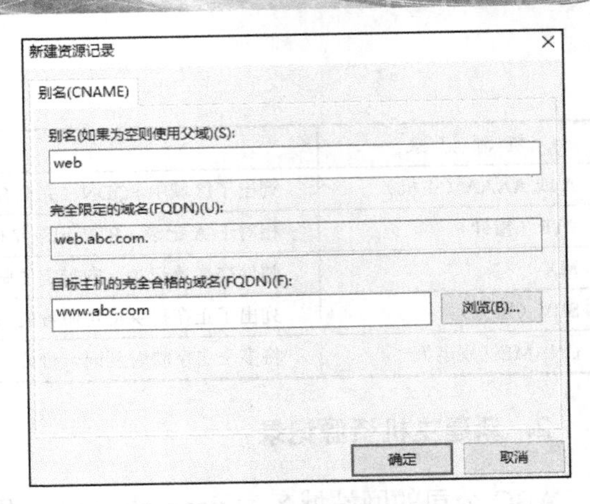

图 8-15　新建别名记录

8.3　管理 DNS 服务

8.3.1　子域和委派

如果 DNS 服务器所管理的区域为 abc.com，而且此区域中还有多个子域，例如 bj.abc.com、sh.abc.com，要将隶属于这些子域的记录建立在 DNS 服务器上，有以下两种方法。

- 直接在 abc.com 区域中建立子域，然后将记录输入到该子域内，这些记录还存储在这台 DNS 服务器上。
- 将子域内的记录委派给其他 DNS 服务器来管理，该子域的记录存储在被委派的 DNS 服务器上。

1. 创建子域

在 DNS 区域中可以通过创建子域来扩展域名空间，例如，在区域“abc.com”中创建子域“bj.abc.com”，用来表示北京分公司的域名信息。子域的所有记录保存在上级（即创建子域的域）区域文件中，例如，子域“bj.abc.com”的信息保存在“abc.com.dns”文件中。

要创建子域，可以右键单击需要新建子域的区域，在弹出的菜单中选择“新建域”，如图 8-16 所示创建子域。如图 8-17 所示，在“新建 DNS 域”对话框中输入子域名称，单击“确定”按钮。

接下来可以在该子域中创建主机记录、指针记录、别名记录等资源记录。

2. 建立委派

子域的信息都存储在父区域文件中，当区域中的子域过多时，维护起来很不方便，并且还会遇到域名查询量的瓶颈。通过在区域中新建委派，可以将子域委派到其他服务器。例如，根域 DNS 服务器和顶级域 DNS 服务器之间的关系就是委派，根域 DNS 服务器将所有顶级域都委派出去，并且不接受递归查询，以降低自己的访问负荷和维护成本。

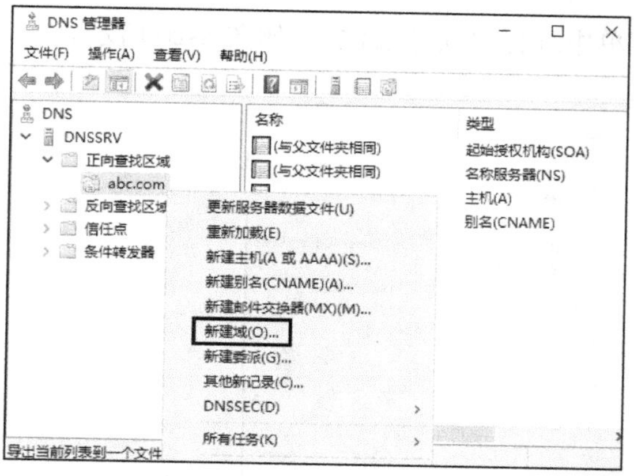

图 8-16　创建子域

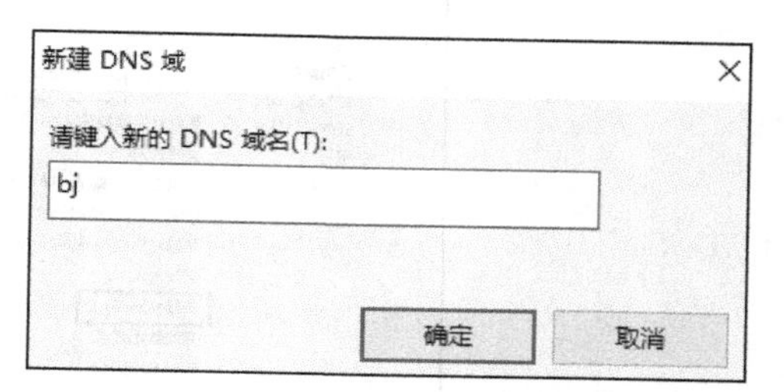

图 8-17　新建 DNS 域

创建子域和创建委派操作都会创建一个新的域，二者的区别是：在创建子域时，子域的授权名称服务器就是父区域中的授权名称服务器；而在创建委派时，要给新域指定授权名称服务器。

ABC 公司有一台 DNS 服务器 DNSSRV，其内部局域网使用 abc.com 作为域名。现在该公司在上海成立分公司，上海分公司使用专线和总公司连接。上海分公司 DNS 服务器名称为 SHDNS，分公司计划使用 sh.abc.com 作为域名并且在本地进行解析。当 DNSSRV 收到查询 sh.abc.com 的请求时，DNSSRV 会向 SHDNS 查询。通过委派方式建立子域的步骤如下。

STEP1 在上海分公司的 DNS 服务器 SHDNS（IP 地址为 192.168.8.10）上创建正向主要查找区域 sh.abc.com 及主机记录（假设 www.sh.abc.com 域名主机 IP 地址为 192.168.8.20），如图 8-18 所示创建上海分公司子域及主机记录。

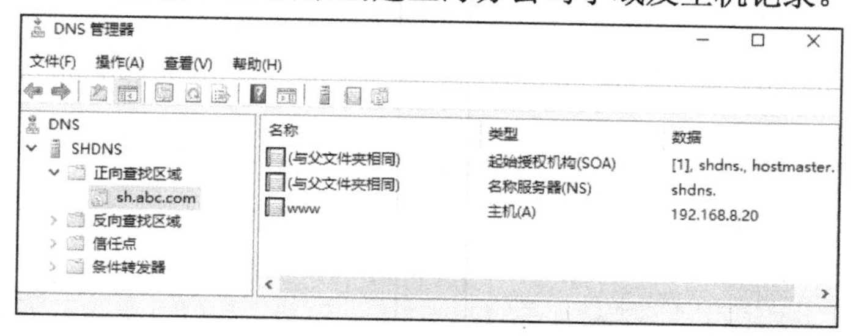

图 8-18　创建上海分公司子域及主机记录

STEP2 在父域的 DNS 服务器 DNSSRV（IP 地址为 192.168.8.1）上添加主机记录 shdns，作为上海 DNS 服务器的完全 FQDN 解析，该主机记录的 IP 地址为子域所在的 DNS 服务器的 IP 地址 192.168.8.10，如图 8-19 所示添加上海分公司主机记录。

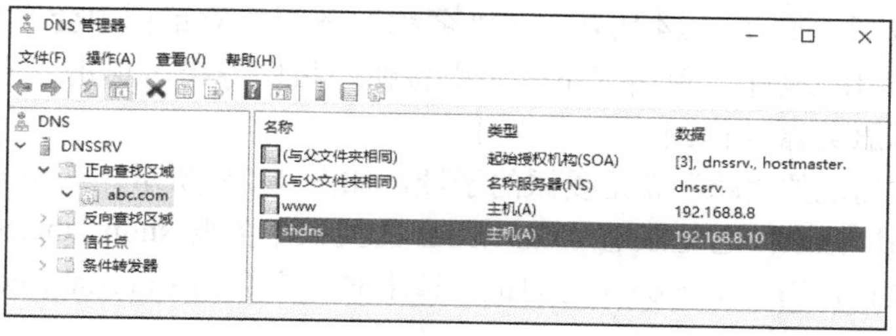

图 8-19　添加上海分公司主机记录

STEP3 右键单击父域 abc.com，在弹出的菜单中选择“新建委派”，如图 8-20 所示。

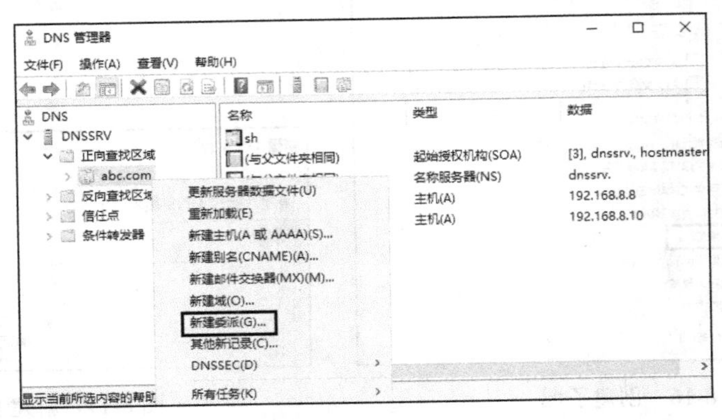

图 8-20 新建委派

STEP4 在“新建委派向导”的“受委派域名”对话框中单击“下一步”按钮，输入委派域的域名称 sh，如图 8-21 所示，单击“下一步”按钮。

STEP5 在“名称服务器”对话框中单击“添加”按钮，如图 8-22 所示，添加名称服务器，以便指定可以主持委派域的 DNS 服务器。

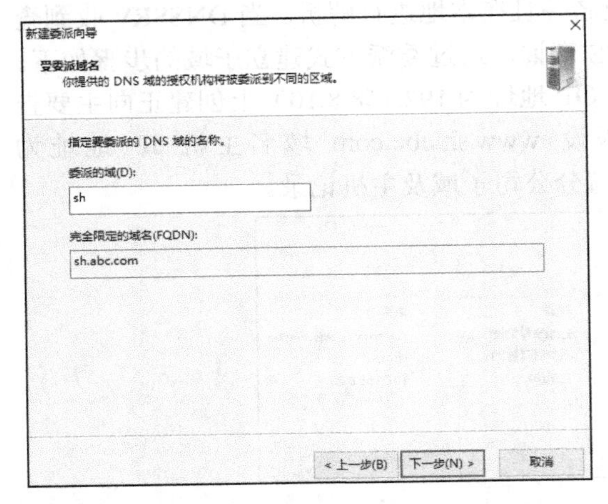

图 8-21 输入委派域的域名 sh

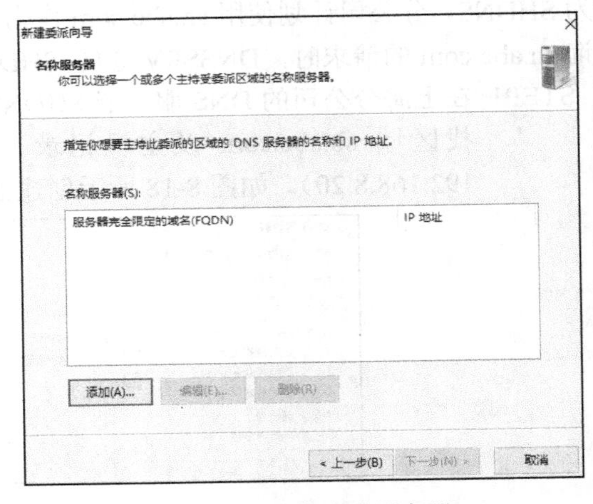

图 8-22 添加名称服务器

STEP6 在如图 8-23 所示的“新建名称服务器记录”对话框中输入上海的 DNS 服务器域名，单击“解析”按钮，解析成功后会自动添加该服务器的 IP 地址，单击“确定”按钮，建立子域 DNS 的 NS 记录。

STEP7 添加完成后，如图 8-24 所示，在“名称服务器”对话框中会出现受委派域 DNS 的域名和 IP 地址，单击“下一步”按钮，按向导提示单击“完成”按钮，完成指定名称服务器操作。

STEP8 在父域下出现的“sh”就是委派的子域，如图 8-25 所示。其中只有一条“名称服务器(NS)”记录，它记录着 sh.abc.com 的授权服务器 shdns.abc.com。当父域 DNS 服务器收到查询 sh.abc.com 内的记录请求时，它会向 shdns.abc.com 查询。

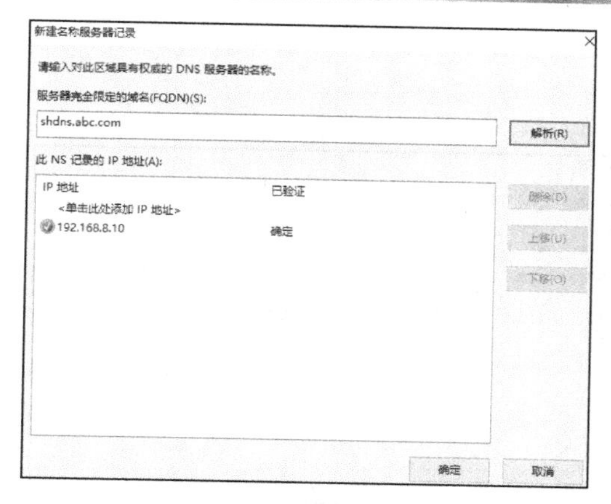

图 8-23　建立子域 DNS 的 NS 记录

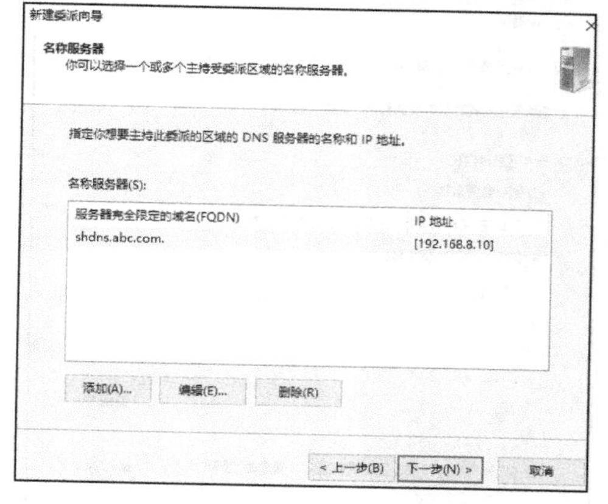

图 8-24　指定名称服务器

图 8-25　委派的子域

8.3.2　DNS 区域传送

为了减轻单台 DNS 服务器的负载，有时要将同一台 DNS 服务器上的内容保存在多台 DNS 服务器上。这时，就要用到 DNS 的“区域传送”功能。“区域传送”就是从主要名称服务器（简称主服务器）上将区域文件的信息复制到辅助名称服务器（简称辅助服务器）上。

主服务器是区域传送的来源服务器，区域既可以是主要区域，又可以是辅助区域。如果主服务器上是主要区域，区域传送则直接从主要区域取得区域文件；如果主服务器上是辅助区域，区域传送则仅传送区域文件的一个只读副本。

在 Windows Server 2016 操作系统配置 DNS 区域传送的步骤如下。

STEP1 在第一台 DNS 服务器（DNSSRV）的“DNS 管理器”窗口中，右键单击需要复制的区域 abc.com，在弹出的菜单中选择“属性”，在打开的 abc.com 属性对话框中选择“区域传送”选项卡，如图 8-26 所示。选择“允许区域传送”下的“只允许到下列服务器”，单击“编辑”按钮。

STEP2 如图 8-27 所示在“允许区域传送”对话框中输入辅助服务器（第二台 DNS）的 IP 地址，假设第二台 DNS 服务器名为 DNS2，其 IP 地址为 192.168.8.10，单击“确定”按钮。

STEP3 在辅助服务器上建立正向查找区域 abc.com（即辅助区域），如图 8-28 所示，在“区域类型”对话框中选择“辅助区域”，单击“下一步”按钮。

STEP4 在如图 8-29 所示的在“区域名称”对话框中输入辅助区域的名称，需要和源区域完全相同，单击“下一步”按钮。

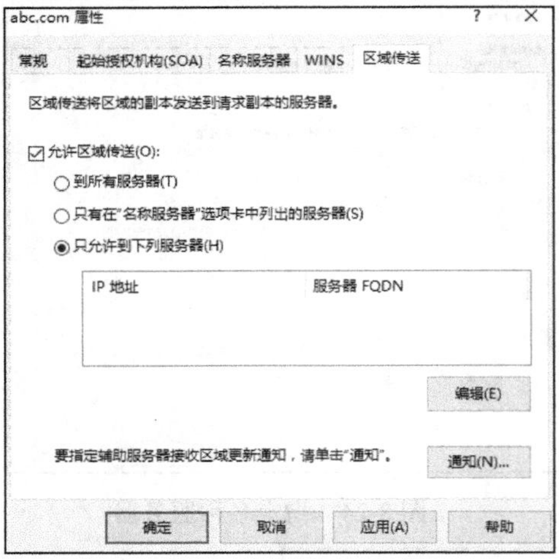

图 8-26　区域属性

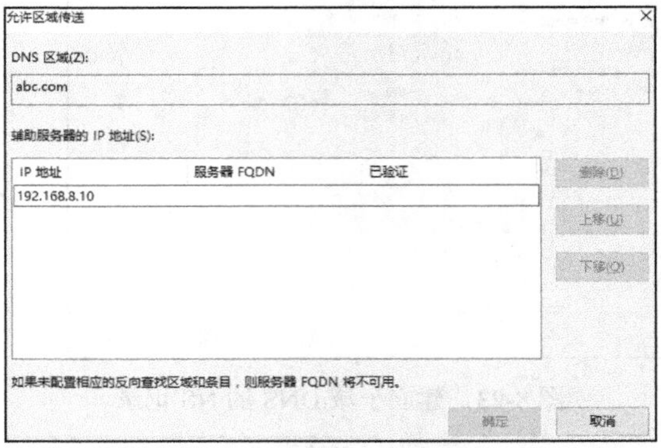

图 8-27　输入辅助服务器的地址

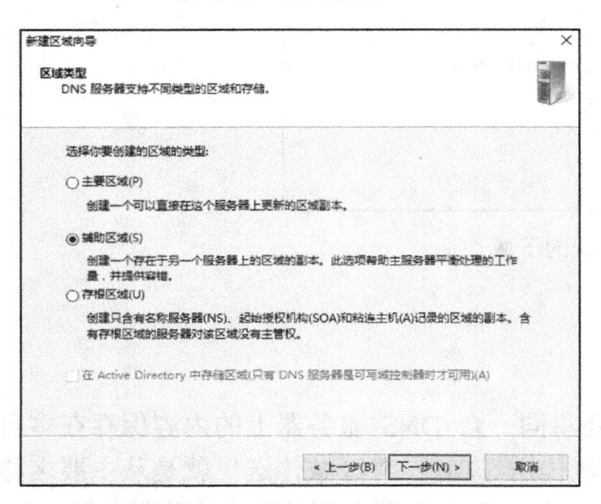

图 8-28　建立辅助区域

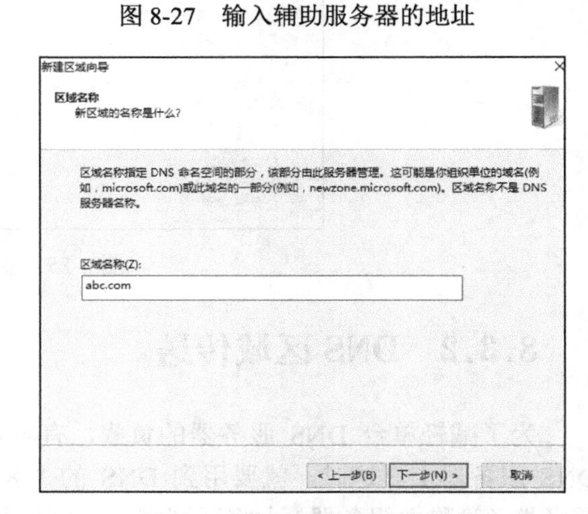

图 8-29　输入辅助区域的名称

STEP5 在如图 8-30 所示的在“主 DNS 服务器”对话框中输入主服务器的 IP 地址，验证后单击“下一步”按钮。在弹出的“正在完成新建区域向导”对话框中单击“完成”按钮，完成辅助区域创建。

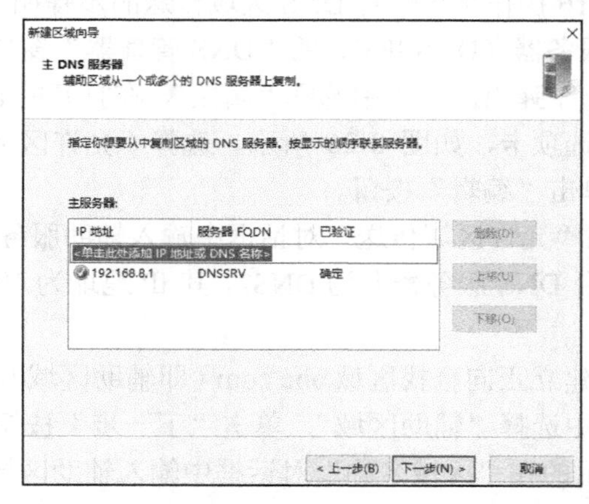

图 8-30　输入主服务器的 IP 地址

STEP6 展开辅助服务器的“DNS 管理器”窗口的正向查找区域节点，查看 abc.com 区域，数据已经复制完成，如图 8-31 所示，区域传送成功。

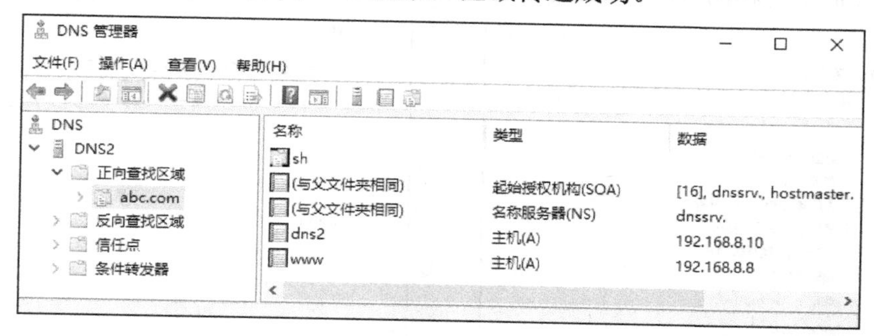

图 8-31　区域传送成功

8.3.3 转发器

当 DNS 服务器接收到 DNS 客户端的查询请求后，它将在所管辖区域的数据库中查找是否有该客户端所查询的主机名，如果查询不到，该 DNS 服务器需要转向其他 DNS 服务器进行查询。

DNS 服务器可以解析自己区域文件中的域名，对于本服务器查询不了的域名默认情况下将直接转发查询请求到根域 DNS 服务器。除此之外，还有另一种方法，在 DNS 服务器上设置转发器（Forwarder），将请求转发给其他 DNS 服务器。如图 8-32 所示，在本地 DNS 服务器上设置转发器，将请求转发到其他 DNS 服务器查询，该图为 DNS 转发示意图。

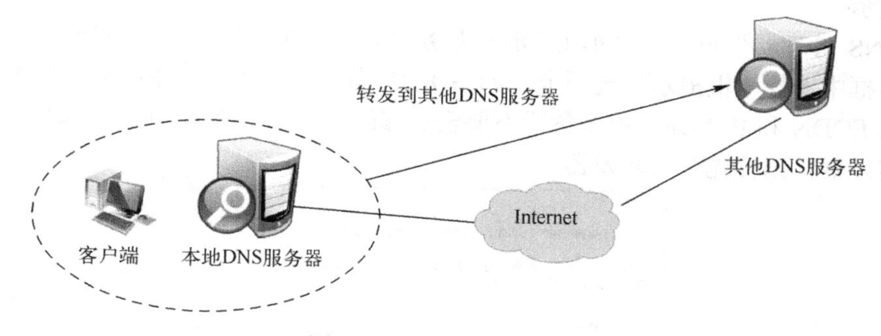

图 8-32　DNS 转发示意图

转发器是网络上的一个 DNS 服务器，它将对外部 FQDN 的查询请求转发给网络外部的 DNS 服务器，还可以使用条件转发器按照特定域名转发查询请求。

ABC 公司现有一台内部 DNS 服务器和一台外部 DNS 服务器，为了保证安全，内部 DNS 服务器不能直接和外网通信，但是配置了内网 DNS 服务器 IP 地址的员工经常需要访问外网网站，使用转发器可以实现。配置 DNS 服务转发器的步骤如下。

STEP1 使用管理员账户登录 DNS 服务器，在“DNS 管理器”窗口右键单击服务器名称 DNSSRV，在弹出的菜单中选择“属性”，如图 8-33 所示。

STEP2 在如图 8-34 所示的“DNSSRV 属性”对话框中选择“转发器”选项卡，单击“编辑”按钮，在弹出的“编辑转发器”对话框中输入外部 DNS 服务器地址（假设为

192.168.8.10），单击“确定”按钮，配置转发器。所要查询的记录如果不在此 DNS 服务器所管辖的区域内，就会被转发到 IP 地址为 192.168.8.10 的 DNS 服务器。

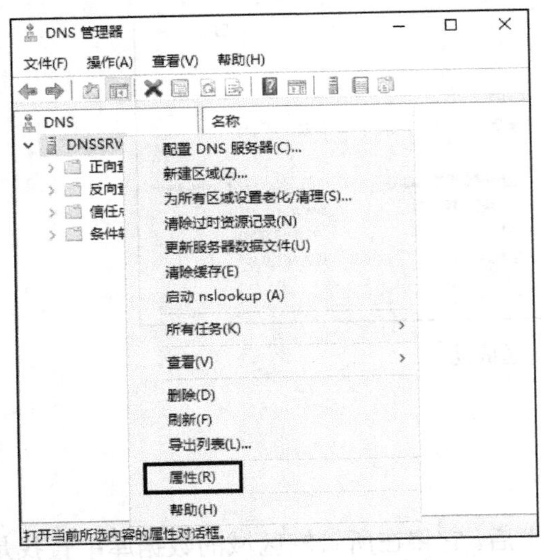

图 8-33 “DNS 管理器”窗口

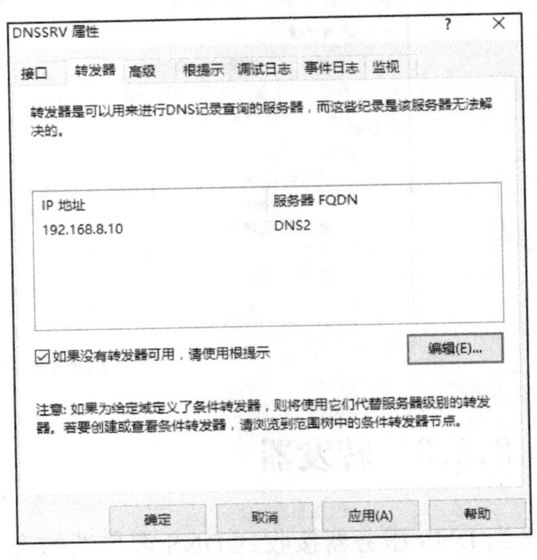

图 8-34 配置转发器

8.3.4 根提示

根提示使非根域的 DNS 服务器可以查找到根域的 DNS 服务器，在互联网上有多台根域 DNS 服务器分布在世界各地，为了定位这些根域 DNS 服务器，需要在非根域 DNS 服务器上配置根提示。

在“DNS 管理器”窗口右键单击 DNS 服务器名称，在弹出的菜单中选择“属性”，在其属性对话框中选择“根提示”选项卡，如图 8-35 所示，在“名称服务器”列表中给出了根服务器的 FQDN 和 IP 地址。根服务器不要轻易修改，一般保持默认配置。如果 DNS 服务器配置了转发器，则优先查询转发器。

图 8-35 根提示

8.4 配置 DNS 客户端

安装完 DNS 服务后，需要为客户端指定 DNS 服务器的 IP 地址，让客户端可以使用 DNS 服务器的功能。DNS 客户端配置可以有两种形式：配置静态的 DNS 服务器 IP 地址（输入 DNS 服务器 IP 地址）和动态获得 DNS 服务器 IP 地址，分别如图 8-36 和图 8-37 所示。

在打开的“Internet 协议版本 4(TCP/IPv4)属性”对话框中，选择“使用下面的 DNS 服务器地址”，输入 DNS 服务器的 IP 地址，单击“确定”按钮。动态获得 DNS 服务器地址需要与 DHCP 服务结合起来，在 DHCP 服务器上为 DHCP 客户端完成配置 DNS。

图 8-36 输入 DNS 服务器 IP 地址

图 8-37 动态获得 DNS 服务器 IP 地址

提示：

Windows 操作系统的“%systemroot%\system32\drivers\etc”文件夹中有一个 hosts 文件，文件中存储了主机名与 IP 地址的映射关系。DNS 客户端在查询主机的 IP 地址时，会先检查自己计算机内的 hosts 文件内是否有该主机的 IP 地址，如果找不到，才会向 DNS 服务器查询。hosts 文件一般用于实验测试，免去构建 DNS 服务器的烦琐。

在 DNS 客户端使用 nslookup 命令能连接到首选 DNS 服务器，在 Windows 命令提示符下执行 nslookup 命令，显示首选 DNS 服务器地址。使用 nslookup 命令连接 DNS 服务器如图 8-38 所示。由于所连接的 DNS 服务器的反向查找区域内没有自己的 PTR 记录，就会显示找不到主机名的 UnKnown 信息（可忽略）。还可以在 nslookup 命令的提示符下输入网站域名，来验证 DNS 服务器是否能解析该域名。使用 nslookup 命令验证 DNS 解析如图 8-39 所示。

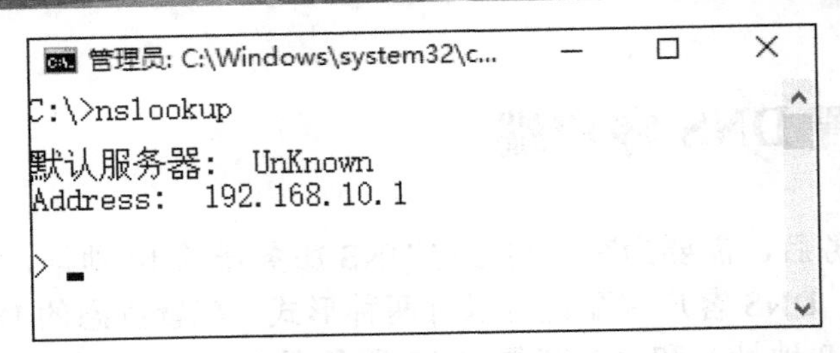

图 8-38 使用 nslookup 命令连接 DNS 服务器

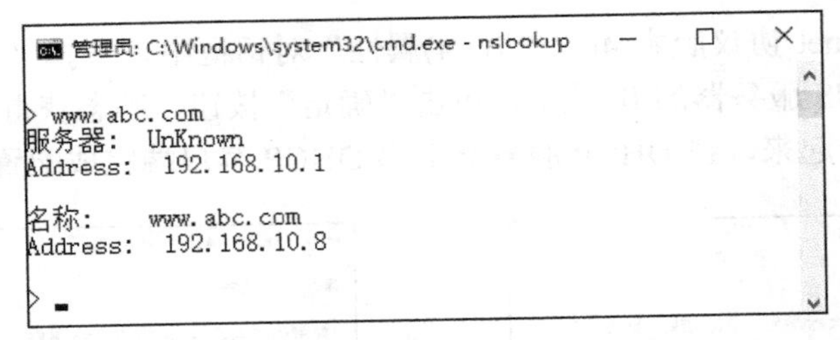

图 8-39 使用 nslookup 命令验证 DNS 解析

8.5 实训

实训环境一

HT 公司的局域网内没有 DNS 服务器，所有计算机都使用 ISP 的 DNS 服务器（202.97.224.68）解析域名。HT 公司计划搭建一台 DNS 服务器，为公司内部创建一个 huatian.com 区域，并为公司的服务器建立主机记录，使用户能用 FQDN（www.huatina.com）访问这些服务器，同时该 DNS 服务器能为内网用户解析公网域名。

需求描述

- 添加 DNS 角色服务，搭建 DNS 服务器。
- 创建区域，添加主机记录，实现局域网内部的域名解析。
- 设置转发器，使其指向公网 DNS 服务器，实现公网域名的解析。

实训环境二

HT 公司注册了一个域名 huatian.com，公司使用一台 DNS 服务器独立维护该域名，服务器的 IP 地址为 192.168.10.10。计划为北京分公司建立一个域名为 bj.huatian.com 的子域，并且使用北京分公司的本地 DNS 服务器（假设 IP 地址为 192.168.10.20）来维护该子域，实训环境二网络拓扑如图 8-40 所示。

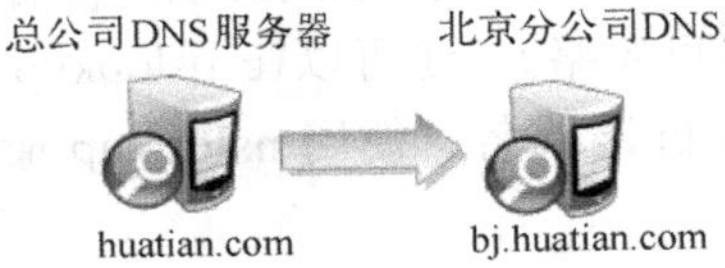

图 8-40 实训环境二网络拓扑

需求描述

- 搭建第二台 DNS 服务器，放置在北京分公司。
- 在第二台 DNS 服务器上创建区域名为 bj.huatian.com 的主要区域。
- 在总公司的 DNS 服务器上创建委派，委派的域名为 bj.huatian.com。

8.6　习题

- 域名空间结构有哪几层？
- DNS 查询有哪几种类型？分别适合什么情况？
- DNS 服务器需要具备哪些条件？
- 常用的资源记录有哪些？具有什么作用？
- 查找资料，进一步学习 nslookup 和 ipconfig /flushdns 命令的作用及用法。

第9章 搭建网站和FTP站点

项目需求：

ABC 公司为了方便开展线上业务，扩大公司的影响力，建立了公司网站作为网上订单、新闻发布、产品展示的平台，网站域名为 www.abc.com，为企业内部和互联网用户提供浏览服务。个别部门的网站内容很重要，出于安全性考虑，要求用户提供用户账户和密码后才能访问。为了方便局域网内文件的上传和下载，还需要配置 FTP 服务器，并且设置上传和下载文件的权限。

学习目标：

- 理解 IIS 和 FTP 的主要功能
- 会安装和配置网站和 FTP 站点
- 会在一台服务器上配置多个网站
- 会为网站设置安全认证
- 会为 FTP 站点设置访问权限

本章单词

- WWW：World Wide Web，万维网
- IIS：Internet Information Service，互联网信息服务
- Apache：阿帕奇
- Intranet：内部网，内联网
- Default Web Site：默认网站
- HTTP：Hypertext Transfer Protocol，超文本传输协议，超文本传送协议
- Secure：安全
- Index：索引
- FTP：File Transfer Protocol，文件传输协议，文件传送协议
- Home Directory：主目录

9.1 WWW 与 IIS 概述

Internet 为用户提供多种形式的海量信息，用户通过浏览网站，可以搜索自己所需的资料、图片和视频，所有这些都是基于 WWW（World Wide Web）服务实现的。WWW 服务也称为 Web 服务、万维网服务，是指在网上发布并可以通过浏览器观看的图形化界面服务。WWW 服务是通过建立网站来实现的，目前应用较多的软件主要有 Apache 和 IIS（Internet Information Service）。

Apache 是一款开源软件，可以免费下载使用，支持 Windows、Linux、UNIX 等操作系统，具有配置简单、高效、性能稳定等特点。

IIS 是微软公司的 Web 服务器产品，它提供了图形化界面的管理工具，称为 Internet 服务管理器，用于配置和管理 Internet 服务。在 IIS 中包含了 Web 服务和 FTP 服务，分别用于浏览网页和传输文件，通过 IIS 使得在 Internet 或 Intranet 中实现信息互动成为一件很容易的事。

微软的 Internet 信息服务（IIS）提供了可用于 Intranet 和 Internet 上的集成 Web 服务器能力，这种服务器具有可靠性、可扩展性、安全性等特点。任何规模的组织都可以使用 IIS 管理 Intranet 或 Internet 上的网页（Web）及文件传输协议（FTP）网站。

9.2 安装和配置网站

9.2.1 安装 IIS

Windows Server 2016 操作系统在默认情况下并不安装 IIS，需要添加该服务器角色才能安装。

STEP1 在“服务器管理器”窗口选择“仪表板”项，单击右侧窗格中的“添加角色和功能”，持续单击“下一步”按钮，在“选择服务器角色”界面勾选“Web 服务器(IIS)”，在弹出的界面单击“添加功能”按钮，添加角色，如图 9-1 所示，单击“下一步”按钮。

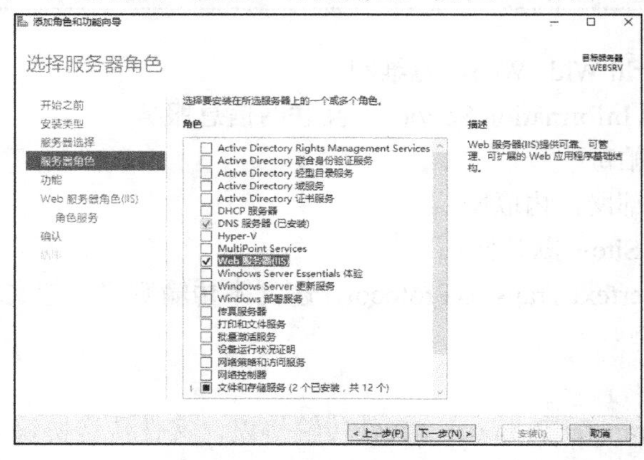

图 9-1 添加角色

STEP2 持续单击“下一步”按钮，在“选择角色服务”界面保持默认设置，在“确认安装所选内容”界面单击“安装”按钮，安装完成后单击“关闭”按钮。

STEP3 在安装 IIS 角色时会自动创建一个 IIS 默认网站，可以在浏览器地址栏中输入服务器的 IP 地址访问该默认网站，以验证 IIS 的安装是否正确，如图 9-2 所示，表示正确安了 IIS。

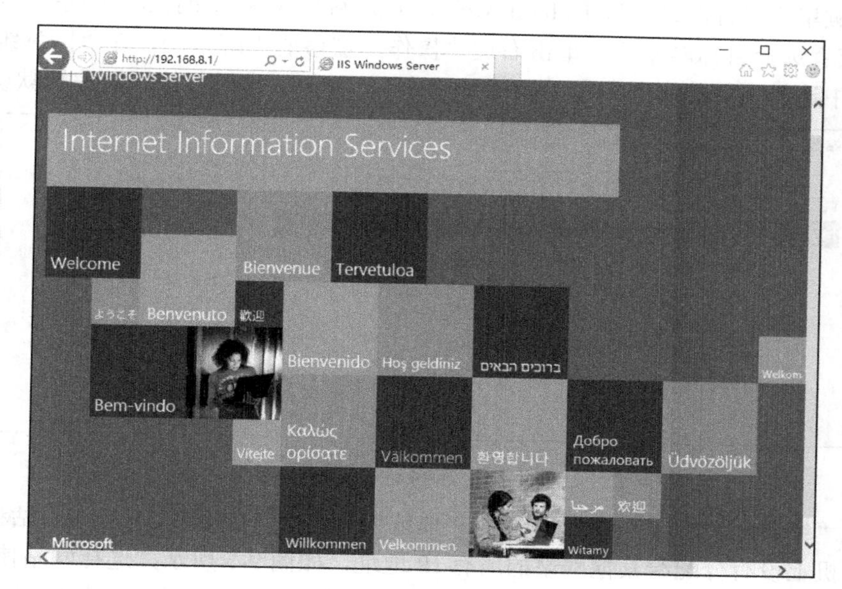

图 9-2　IIS 默认网站

9.2.2　配置网站

添加 IIS 服务器角色后，在“Windows 管理工具”中打开“Internet Information Service(IIS)管理器”窗口，可以配置网站。如图 9-3 所示，展开左侧“网站”节点，出现默认网站（Default Web Site）。如果该服务器建有多个网站，这些网站与默认网站都是“网站”下的子节点。如果要配置某个网站，在“Internet Information Service(IIS)管理器”窗口左侧窗格选中即可。

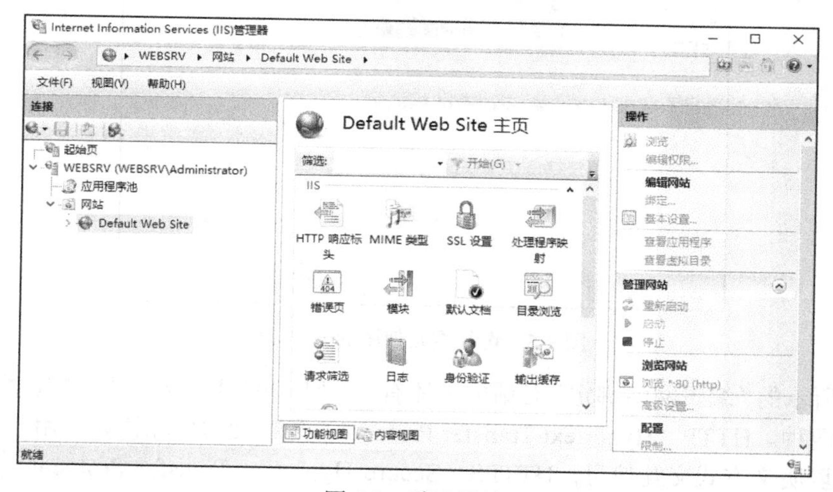

图 9-3　默认网站

1. 配置网站的 IP 地址和 TCP 端口

要建立一个网站，首先要配置网站的 IP 地址和 TCP 端口。

STEP1 右键单击目标网站（以 Default Web Site 为例），在弹出的菜单中选择“编辑绑定”（或者选择目标网站后，单击右边“操作”窗格的“绑定”），在“网站绑定”对话框中选择当前的绑定方案，如图 9-4 所示，单击“编辑”按钮，编辑默认绑定。

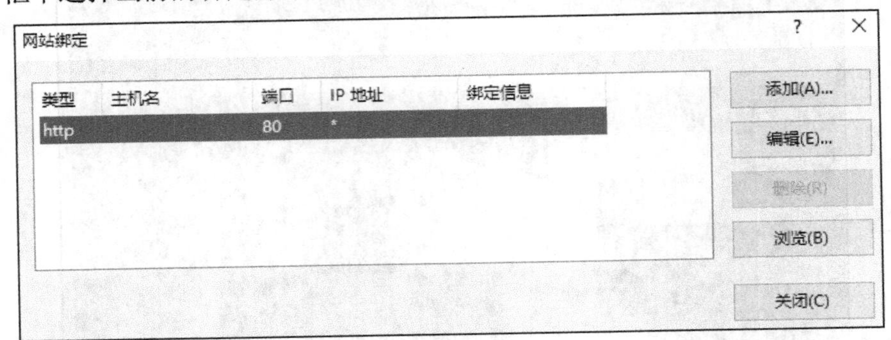

图 9-4　编辑默认绑定

STEP2 在“编辑网站绑定”对话框中，IP 地址为“全部未分配”，表示该网站将响应此计算机上没有分配给其他网站的所有 IP 地址，如图 9-5 所示，选择网站使用的 IP 地址。IP 地址中显示本机的 IP 地址为 192.168.8.1，本例中只有一个 IP 地址，所以选择“全部未分配”或 192.168.8.1 均可。

STEP3 图 9-5 中的端口号为 80，表示 Web 服务的 TCP 端口号为 80，80 端口是 Web 服务的默认端口。对于使用默认 80 端口的网站，用户在浏览器中输入“http://IP 地址（域名）”就可以访问该网站。如果为了安全修改了网站的 TCP 端口号，访问网站的地址为“http://IP 地址（域名）：端口号”。本例中保持默认设置。

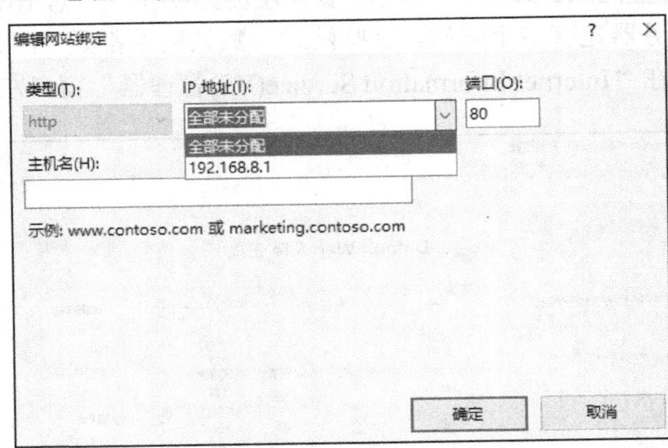

图 9-5　选择网站使用的 IP 地址

图 9-5 所示的“编辑网站绑定”对话框中还有“类型”和“主机名”项，绑定类型有“http”和“https”两种。HTTP（Hypertext Transfer Protocol）是超文本传输协议，用于在客户机和服务器之间以明文方式交互信息；HTTPS（Secure Hypertext Transfer Protocol）是安全超文本传输协议，使用 SSL 加密客户机和服务器之间的交互信息（后面章节中介绍）。

2. 配置网站的物理路径和连接限制

右键单击目标网站（以 Default Web Site 为例），在弹出的菜单中选择“管理网站→高级设置”（或者选择目标网站后，单击右边“操作”窗格的“高级设置”）（如图 9-6 所示），出现如图 9-7 所示的“高级设置”对话框，在此对话框中可配置网站的物理路径和连接限制等内容。

图 9-6 网站高级设置

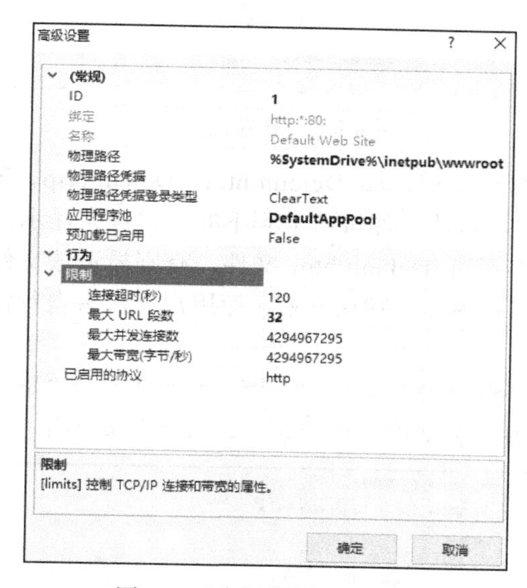

图 9-7 “高级设置”对话框

网站的物理路径就是存放该网站页面文件的本地或远程路径，网站的默认路径为“%SystemDrive%\inetpub\wwwroot”，其中“%SystemDrive%”是 Windows Server 2016 操作系统所在的盘符。出于安全方面的考虑，网站的物理路径应该与操作系统处于不同的磁盘分区。

连接限制通过连接超时、最大并发数和最大带宽等限制网站的网络连接。

- 连接超时：设置服务器在断开与非活动用户的连接之前的等待时间，默认为 120 秒。
- 最大并发连接数：限制网站可以接受的最大并发连接数，防止系统负荷过重。
- 最大带宽：限制网站使用的网络带宽，防止 Web 服务占用过多网络带宽，从而影响其他网络服务。

3. 设置默认文档

当用户访问一个网站时，通常只使用域名或 IP 地址就可以访问，并不需要提供网站页面文件的名称。这是因为网站设置了默认文档，当用户没有指定要访问的页面文件时，网站使用默认文档来响应用户的请求。

用户可以设置网站的默认文档，在“Internet Information Service(IIS)管理器”窗口选择目标网站，双击中间窗格的“默认文档”，如图 9-8 所示。

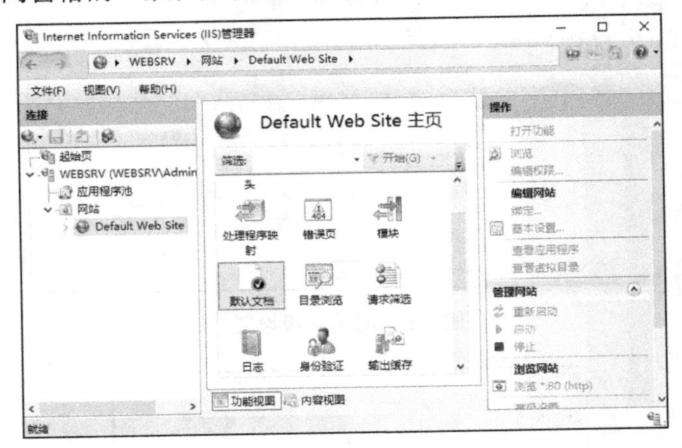

图 9-8 设置默认文档

系统已经设置了几个默认文档，如 Default.htm、Default.asp、index.htm、index.html 和 iisstart.htm，如图 9-9 所示。这些文件按从上到下的顺序优先显示，即当用户访问网站时，先检查站点的物理路径内有没有 Default.htm 文件，有则显示该文件，没有则检查第二个文件，以此类推。如果物理路径内没有默认文档，而用户又没有自行添加指定请求的文件，则用户会得到一个错误提示。

通过单击图 9-9 右侧窗格内的“添加”“删除”“上移”和“下移”按钮，用户可以添加新的默认文档，也可以调整现有文档的使用顺序，或者删除不用的默认文档。

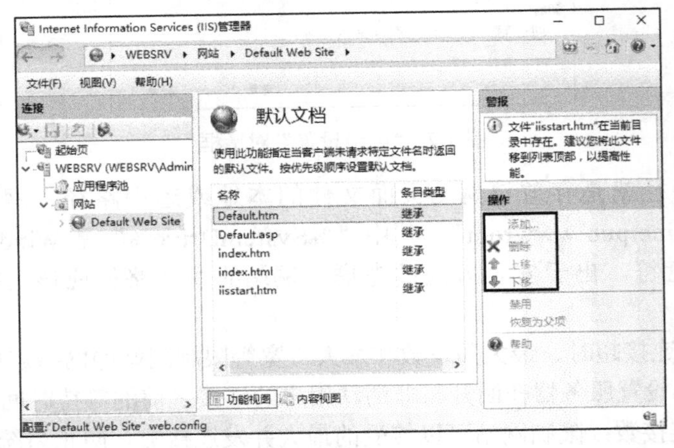

图 9-9 默认文档

9.3　设置虚拟目录

在网站的物理路径下可以有多个子文件夹，分别存放不同内容的文件。例如，在一个网站中，新闻类的网页文件存放在主目录的“news”文件夹中，产品介绍类的网页文件存放在“products”文件夹中等。如果文件很多，主目录的空间可能会不足。因此，需要将上述文件存放在其他分区或其他计算机上，而当用户访问时，上述文件夹在逻辑上还归属于网站之下，这种归属于网站之下的目录被称为虚拟目录。

可以利用虚拟目录将一个网站的文件分散存储在同一台计算机的不同路径或不同计算机上。使用虚拟目录有以下优点：

- 将数据分散保存到不同磁盘或计算机上，便于分别开发与维护。
- 当数据移动到其他物理位置时，不影响网站的逻辑结构。

仍以 Default Web Site 为例，为其创建虚拟目录，首先创建产品介绍类网页文件存放的文件夹 J:\products，然后在此文件夹内建立名为默认文档中已有的文件，如 index.html。创建虚拟目录的步骤如下。

STEP1 打开“Internet Information Service(IIS)管理器”窗口，在左侧窗格右键单击目标网站，在弹出的菜单中选择“添加虚拟目录”，如图 9-10 所示。

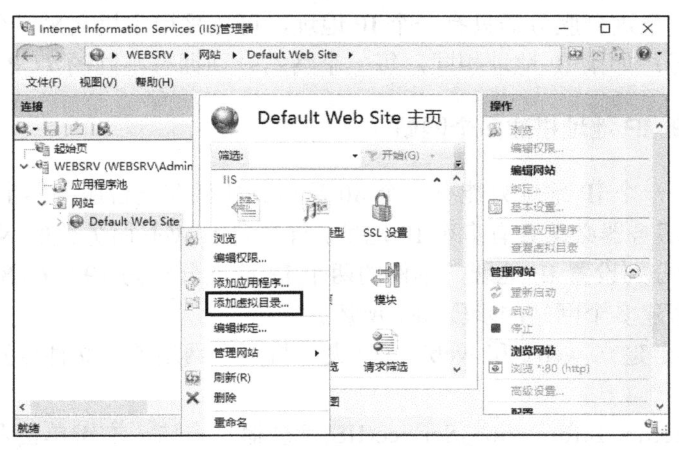

图 9-10　添加虚拟目录

STEP2 在“添加虚拟目录”对话框中输入虚拟目录的别名和对应的物理路径，单击“确定”按钮，如图 9-11 所示设置虚拟目录的别名和物理路径。虚拟目录的物理路径可以在本地，也可以是远程共享文件夹。

STEP3 创建完成的虚拟目录会以节点的形式显示在网站下面，用户使用“http://域名（IP 地址）/虚拟目录别名/”访问虚拟目录中的网页文件，如图 9-12 所示。

创建完虚拟目录后，还可以修改其物理路径。在“Internet Information Service(IIS)管理器”窗口选中虚拟目录，选择右侧“操作”窗格中的“基本设置”，在打开的“编辑虚拟目录”对话框中可以重设物理路径，但不能更改虚拟目录的别名。在虚拟目录下也可以设置默认文档，方法与设置网站默认文档相同。

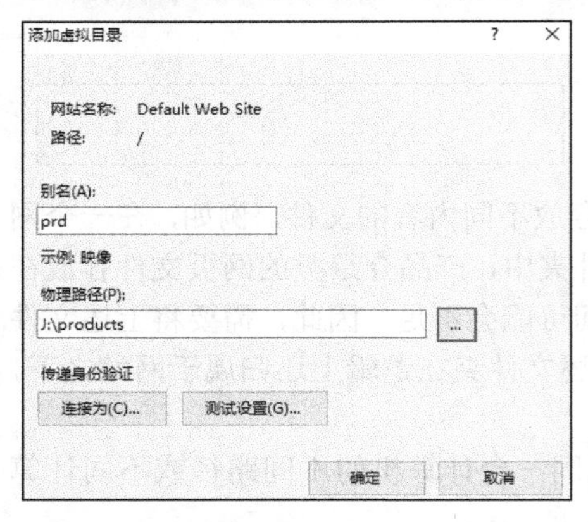

图 9-11　设置虚拟目录的别名和物理路径

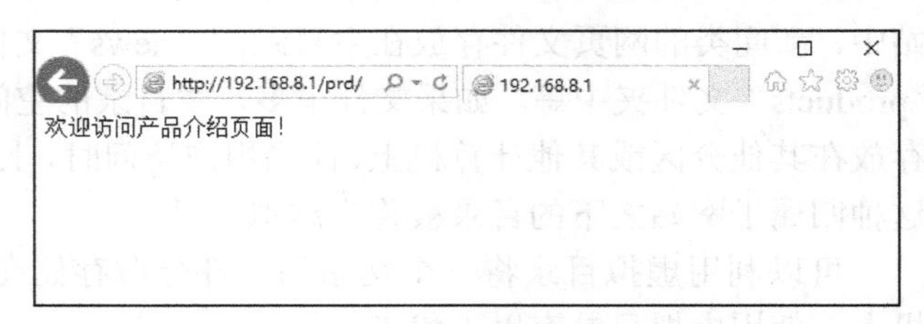

图 9-12　访问虚拟目录中的网页文件

9.4 建立新网站

IIS 支持在一台服务器上运行多个网站，为了区分出这些网站，需要给每个网站设置主机名、IP 地址、TCP 端口号等识别信息，一台服务器上所有网站的识别信息不能完全相同。

- IP 地址：每一个网站各有一个唯一 IP 地址。
- 主机名：如果这台服务器只有一个 IP 地址，可以采用主机名来区分这些网站。
- TCP 端口号：如果 IP 地址相同，每一个网站分别拥有不同的 TCP 端口号。

1. 使用不同的 IP 地址搭建多个网站

TCP/IP 规定，一个 IP 地址只能有一个 80 端口。如果在一台服务器上运行多个使用 80 端口的网站，则该服务器必须具有多个 IP 地址。首先要为 Web 服务器的网卡添加两个 IP 地址或添加两块网卡分别设置 IP 地址，本例的两个 IP 地址分别为 192.168.8.1、192.168.1.6。使用不同 IP 地址搭建多个网站的步骤如下所述。

STEP1 在服务器上建立 web1 和 web2 文件夹，将两个网站首页文件分别存储到这两个文件夹中。

STEP2 打开“Internet Information Service(IIS)管理器”窗口，右键单击左侧窗格中的“网站”，在弹出的菜单中选择“添加网站”，如图 9-13 所示。

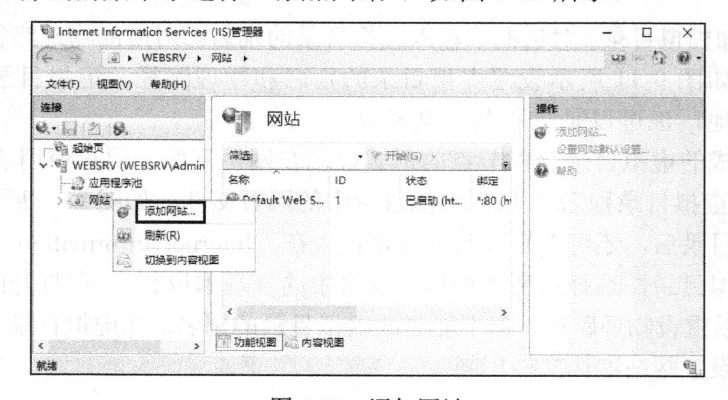

图 9-13　添加网站

STEP3 在“添加网站”对话框中输入网站名称，指定网站物理路径，并选择该网站要使用的 IP 地址，单击“确定”按钮，重复添加网站操作，分别配置网站 web1 和网站 web2，如图 9-14 和图 9-15 所示。

STEP4 分别使用 192.168.8.1 和 192.168.8.6 访问网站 web1 和网站 web2，如图 9-16 和图 9-17 所示，两图中展示了测试结果。

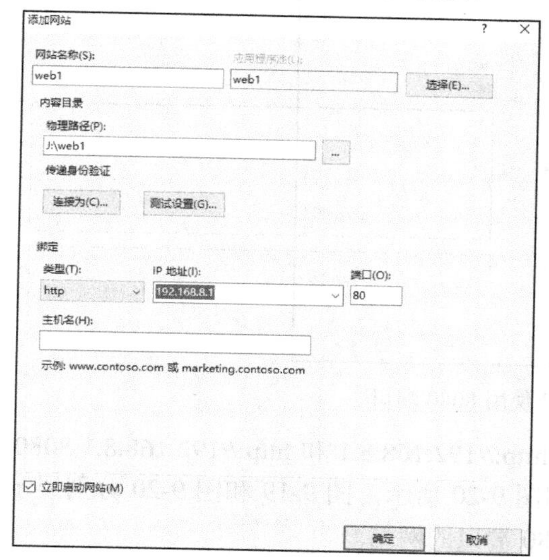

图 9-14 配置网站 web1

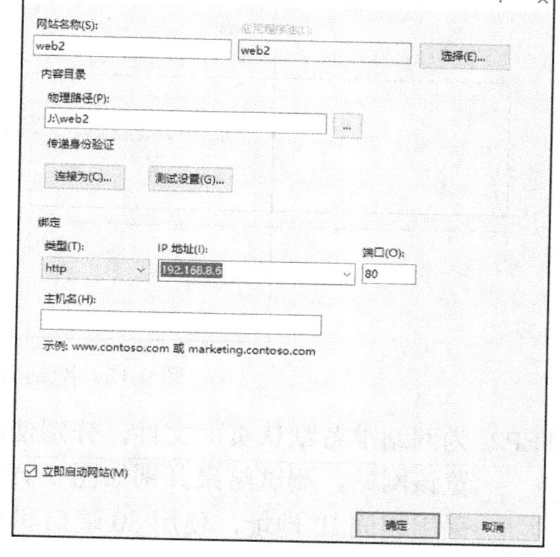

图 9-15 配置网站 web2

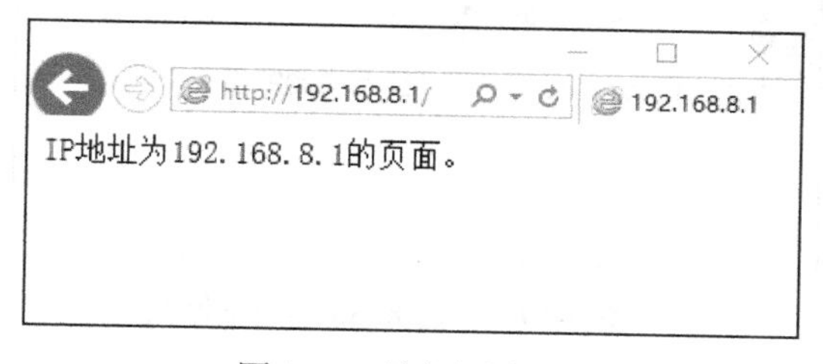

图 9-16 访问网站 web1

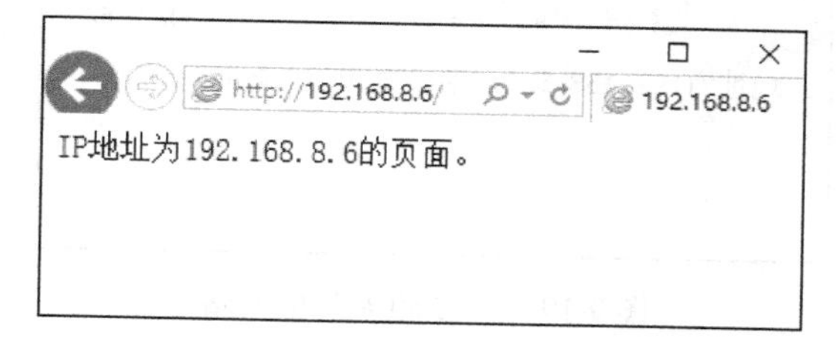

图 9-17 访问网站 web2

提示：

如果要使用域名浏览网站，需要在 DNS 服务器上建立两个网站域名与 Web 服务器 IP 地址的映射关系，在客户端上正确填写 DNS 服务器地址，并正确解析 Web 服务器 IP 地址。

2. 使用相同 IP 地址、不同 TCP 端口搭建多个网站

如果 Web 服务器上只有一个 IP 地址（如 192.168.8.1），但是需要搭建两个网站，这时可以让一个网站使用非 80 端口。当访问非 80 端口的网站时需要注明该网站的端口号，格式为“http://域名（IP 地址）:端口号”；如果不注明端口号，则将尝试访问端口号为 80 的网站。

STEP1 打开“Internet Information Service(IIS)管理器”窗口，右键单击左侧窗格中的“网站”，在弹出的菜单中选择“添加网站”。在“添加网站”对话框输入网站名称和物理路径，并选择该网站要使用的 IP 地址，这里选择与上一个网站 web1 相同的 IP 地址（192.168.8.1），使用端口号 8080，单击“确定”按钮，如图 9-18 所示，网站 web3 使用 8080 端口。

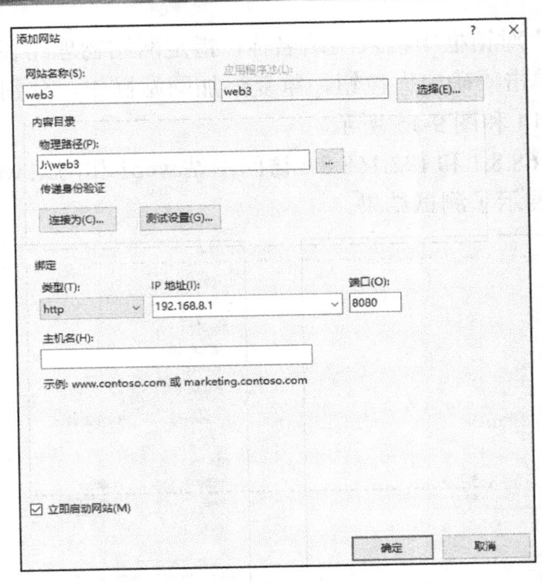

图 9-18　网站 web3 使用 8080 端口

STEP2 为网站准备默认页面文件，分别使用 http://192.168.8.1 和 http://192.168.8.1:8080 浏览该网站，测试结果分别如图 9-19 和图 9-20 所示，图 9-19 和图 9-20 分别展示了采用相同 IP 地址，使用 80 端口和 8080 端口的网站。

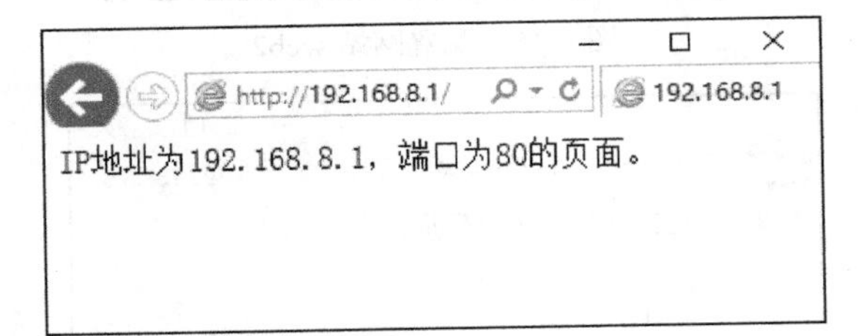

图 9-19　使用 80 端口的网站

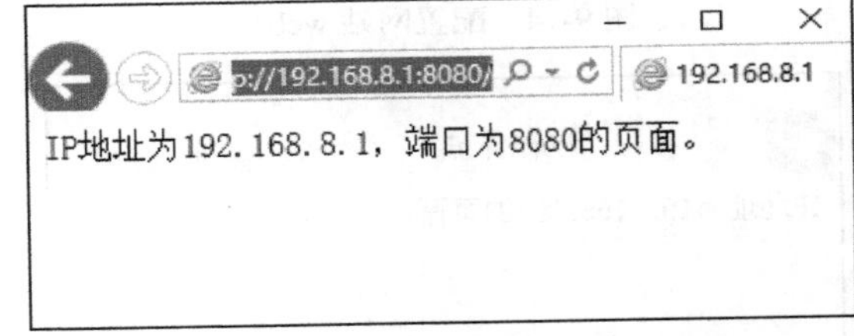

图 9-20　使用 8080 端口的网站

3．使用相同 IP 地址和 TCP 端口，不同的主机名搭建多个网站

虽然使用相同 IP 和不同的端口号可以搭建多个网站，但是非 80 端口不便于用户访问，用户在访问网站时必须知道网站的端口号。另外，在输入 IP 地址或域名访问时，还必须输入端口号，非常不方便。如果使用不同的 IP 地址搭建多个网站，为每个网站申请一个 IP 地址显然有些浪费。为了解决这个问题，可以使用相同的 IP 地址和 TCP 端口、不同的主机名来搭建多个网站。

主机名就是与网站对应的 FQDN，使用主机名搭建网站，可以将多个网站分配给一个 IP 地址，无须为每个网站分配唯一的 IP 地址或指定非标准的 TCP 端口号。使用主机名是在一个 Web 服务器上搭建多个网站的最常用方法。

STEP1 首先需要在 DNS 服务器上为网站注册两个域名和两个主机记录，例如，第一个 FQDN 为 www.abc.com，第二个 FQDN 为 www.xyz.com，IP 地址都是 192.168.8.1。两个网站的域名和主机记录分别如图 9-21 和图 9-22 所示。

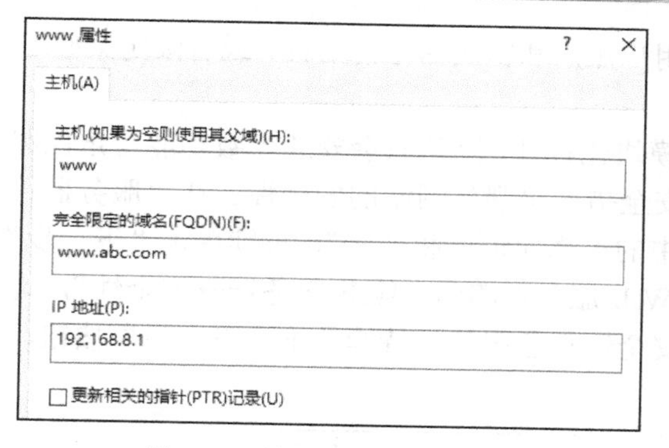

图 9-21　域名和主机记录（1）

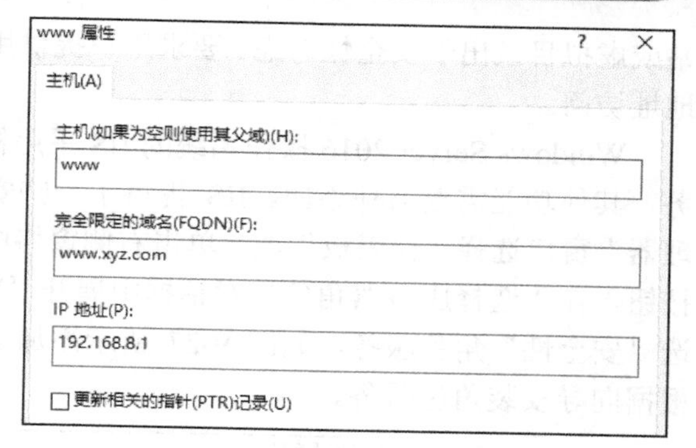

图 9-22　域名和主机记录（2）

STEP2 打开“Internet Information Service(IIS)管理器”窗口，添加两个网站，分别输入网站名称和物理路径，并选择该网站要使用的 IP 地址、端口号和主机名，单击“确定”按钮。使用主机名搭建的网站分别如图 9-23 和图 9-24 所示。

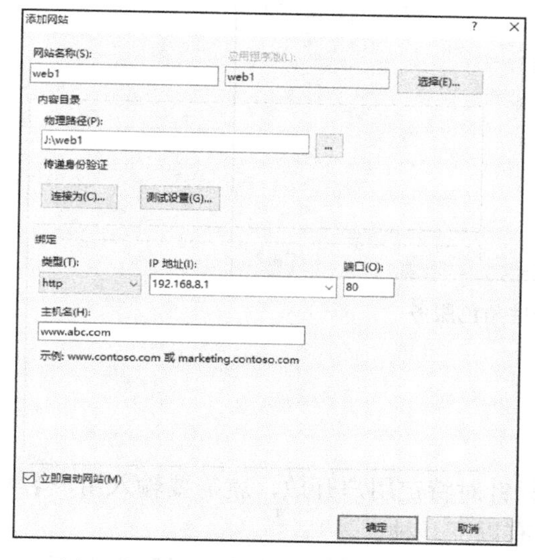

图 9-23　使用主机名搭建的网站（1）

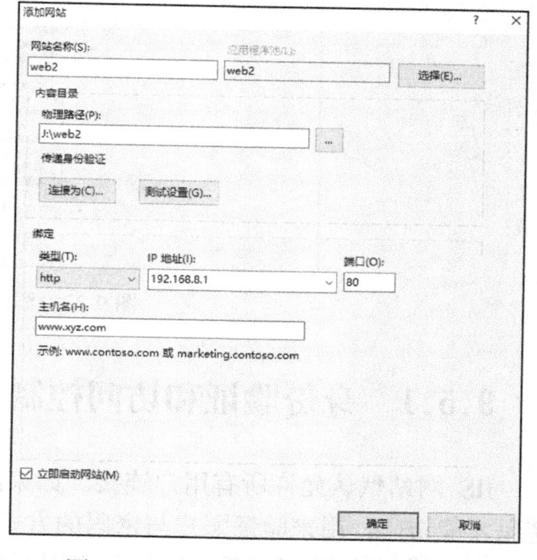

图 9-24　使用主机名搭建的网站（2）

STEP3 为两个网站准备默认页面文件，分别使用 http://www.acb.com 和 http://www.xyz.com 访问，使用 FQDN 访问网站分别如图 9-25 和图 9-26 所示。

图 9-25　使用 FQDN 访问网站（1）

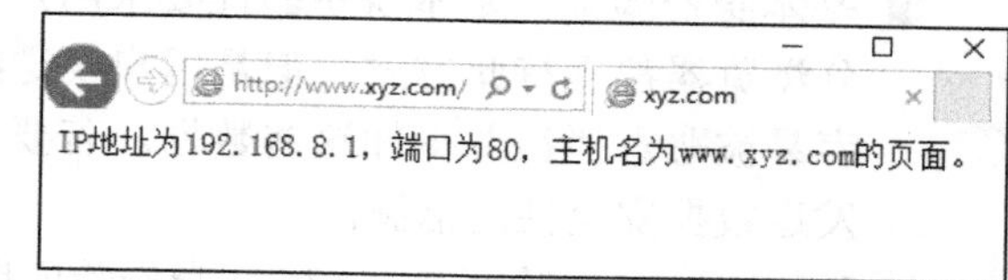

图 9-26　使用 FQDN 访问网站（2）

9.5　保证网站的安全

网站建成后，就可以为用户提供信息浏览服务，通常是允许匿名访问的；但有些特殊网站或虚拟目录出于安全性考虑，要求用户提供用户账户和密码后才能访问，或者限定某些 IP 地址访问。

Windows Server 2016 操作系统的 IIS 采用模块化设计，默认只会安装少数功能与角色服务，其他功能需要另外添加。IIS 提供了一些安全措施来强化网站的安全性。在“服务器管理器”窗口选择“仪表板”项，单击右侧窗格中的“添加角色和功能”，持续单击“下一步”按钮，在“选择服务器角色”对话框中展开“Web 服务器(IIS)→Web 服务器→安全性”，勾选“安全性”角色服务，如图 9-27 所示添加安全性角色服务，持续单击“下一步”按钮，根据向导安装角色服务。

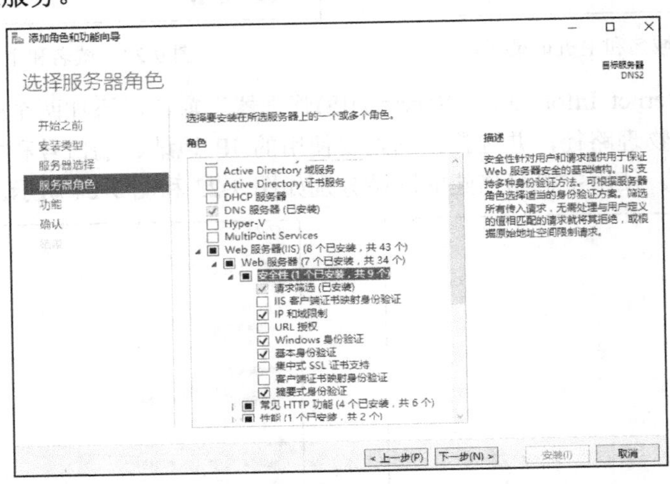

图 9-27　添加安全性角色服务

9.5.1　身份验证和访问控制

IIS 网站默认允许所有用户连接。如果网站只针对特定用户开放，就需要输入用户名与密码才能访问，用来验证账户与密码的方式主要有以下几种。

- 匿名身份验证：系统默认只启用匿名身份验证，启用匿名身份验证后用户无须输入用户名和密码，当用户试图连接到网站时，Web 服务器将连接分配给系统内置账户 IUSR，用户实际上是使用 IUSR 这个账户访问网站的。
- 基本身份验证：基本身份验证要求用户提供有效的用户名和密码才能访问，绝大部分浏览器都支持此方式。但是用户发送给网站的用户名和密码并没有被加密，所以容易被恶意拦截并得知这些数据。若要使用基本身份验证，应该搭配其他可以确保发送数据安全性的措施。
- Windows 身份验证：Windows 身份验证也要求用户输入用户名与密码，而且用户名与密码在通过网络发送之前会经过哈希处理，因此可以确保其安全性。Windows 使用 NTLM 或 Kerberos 协议对客户端进行身份验证，由于 Kerberos 会被防火墙阻挡且代理服务器不支持 NTLM，所以 Windows 身份验证适用于连接内部网络（Intranet）的网站。
- 摘要式身份验证：摘要式身份验证也要求输入用户名和密码，它比基本身份验证更安全，账户与密码会经过 MD5 算法处理，然后将处理后所产生的哈希值传送到网站。

采用摘要式身份验证方式的 IIS 计算机需要是 Active Directory 域的成员服务器或域控制器，用户需要利用 Active Directory 域用户账户来连接，而且此账户需要与 IIS 计算机位于同一个域或是信任的域内。

如果要禁用匿名访问，可在“Internet Information Service(IIS)管理器”窗口选择目标网站或虚拟目录，双击中间窗格的“身份验证”，如图 9-28 所示，设置身份验证。

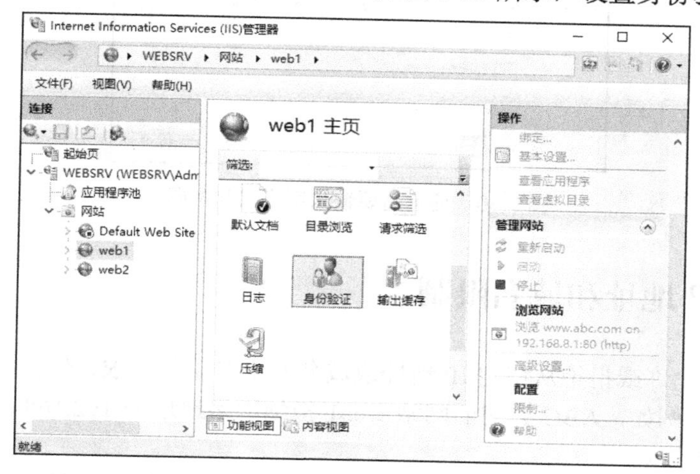

图 9-28 设置身份验证

在打开的“身份验证”窗格中选择“匿名身份验证”，在右侧的“操作”窗格中单击“禁用”，运用类似的方式，开启“Windows 身份验证”，如图 9-29 所示，禁用匿名身份验证。

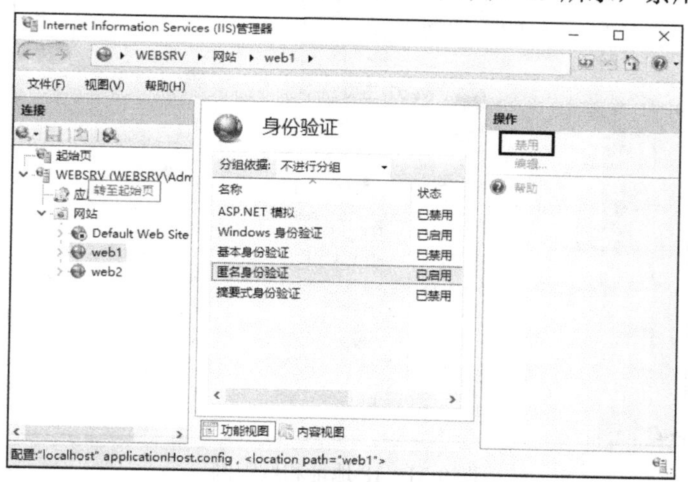

图 9-29 禁用匿名身份验证

提示：

必须确保网站至少启用了一种身份验证方式，否则所有用户都将无法访问该网站。只有域内的成员计算机才可以启用摘要式身份验证。

开启“Windows 身份验证”后，在访问网站时，提示需要输入用户名和密码，如图 9-30 所示。输入 Windows 系统中的用户名和密码即可成功登录。

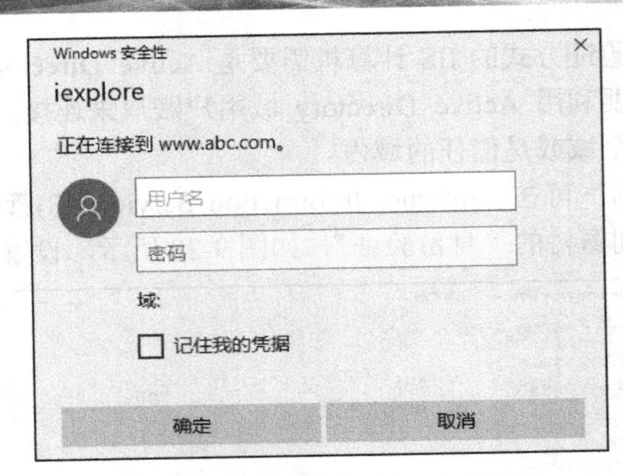

图 9-30　提示需要输入用户名和密码

9.5.2　IP 地址和域名限制

IIS 可以设置允许或拒绝从特定 IP 地址或域名发来的服务请求，有选择地允许特定位置的用户访问网站。例如，ABC 公司的网站 web1 拒绝网络地址为 192.168.8.0/24 的所有用户访问，配置步骤如下。

STEP1 在“Internet Information Service(IIS)管理器”窗口选择目标网站或虚拟目录，双击中间窗格的“IP 地址和域限制”，如图 9-31 所示。

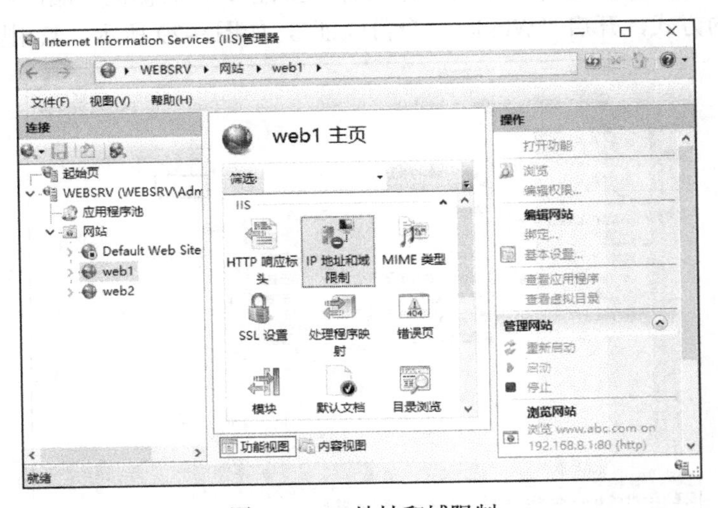

图 9-31　IP 地址和域限制

STEP2 通过选择图 9-32 中右侧“操作”窗格中的“添加允许条目”或“添加拒绝条目”来设置 IP 地址和域限制。本例选择“添加拒绝条目”。

STEP3 在如图 9-33 所示的“添加拒绝限制规则”对话框中输入想要拒绝的 IP 地址或 IP 地址范围，单击“确定”按钮。

STEP4 添加完成后，当 192.168.8.0/24 网段的用户访问网站 web1 时，结果为无法访问，禁止访问提示如图 9-34 所示。

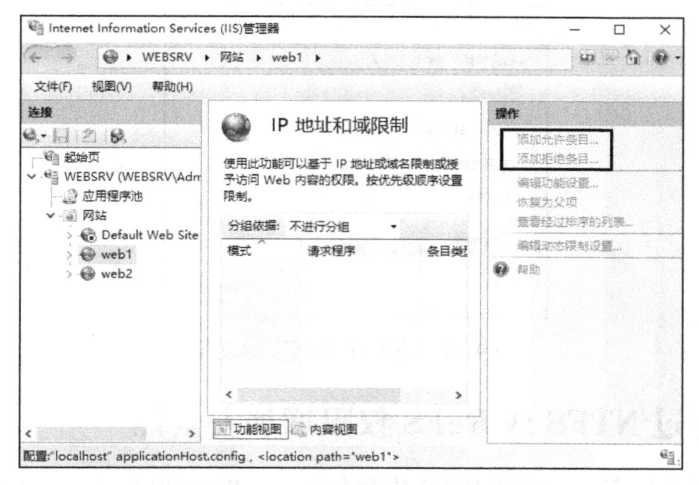

图 9-32 添加拒绝条目

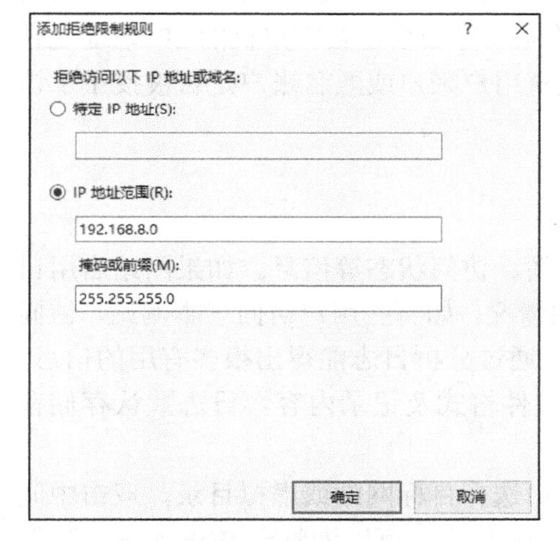

图 9-33 添加拒绝限制规则

图 9-34 禁止访问提示

浏览器根据 IIS 网站所发送来的不同拒绝响应信息会有不同的显示界面，图 9-34 所示为默认显示界面。如果要更改 IIS 网站对浏览器的响应，点击图 9-32 右侧“操作”窗格的“编辑功能设置”，在如图 9-35 所示的“编辑 IP 和域限制设置”对话框中，单击下方“拒绝操作类型”的下拉按钮，选择不同操作类型，浏览器所显示的信息不同。

- 未经授权：IIS 给浏览器发送 HTTP 401 响应。
- 已禁止：IIS 给浏览器发送 HTTP 403 响应。
- 未找到：IIS 给浏览器发送 HTTP 404 响应。
- 中止：IIS 会中断此 HTTP 连接。

没有被明确指定是否可以连接的客户端，默认是允许连接的。如果要更改此默认设置，可以将图 9-35 中上端的“未指定的客户端的访问权”改为“拒绝”。

如果要通过域名允许或拒绝访问，勾选图 9-35 中的“启用域名限制”选项。启用域名限制会严重影响服务器性能，建议不启用。

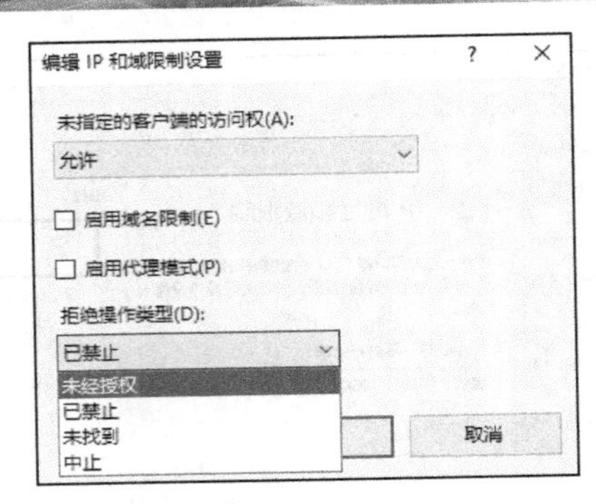

图 9-35　编辑 IP 和域限制设置

9.5.3　通过 NTFS 或 ReFS 权限增加安全性

网页文件一般存储在 NTFS 或 ReFS 磁盘分区中，以便利用 NTFS 或 ReFS 权限来增加网页的安全性。NTFS 或 ReFS 权限设置方法参考第 3 章。当客户机访问网站时，服务器会经过一系列检查以确定该客户是否能访问此网站。首先服务器会检查客户机的 IP 地址是否被授权，然后检查用户账户和密码是否正确，接着检查用户账户或匿名账户是否被授予了访问权限，最后检查网站文件的 NTFS 权限。

9.5.4　启用连接日志

日志可以记录访问网站用户的 IP 地址、访问时间、访问状态等信息。如果网站启用日志记录，管理员可以通过查看日志跟踪网站被访问的情况，如哪些用户访问了本网站，访问者查看了什么内容，以及最后一次查看信息的时间等。通过分析日志能得出很多有用的信息，管理员可以分别设置各网站的日志记录存储位置、文件格式及记录内容。日志默认存储在“%SystemDrive%\inetpub\logs\LogFiles”中。

在“Internet Information Service(IIS)管理器”窗口选择目标网站或虚拟目录，双击中间窗格的“日志”，打开日志窗格，如图 9-36 所示配置 IIS 日志。可以为整台 Web 服务器配置一个日志文件，也可以让每个网站具有一个日志文件。通常情况下，单独记录每个网站的 IIS 日志，便于对日志进行分析。如果网站访问量很大，所生成的 IIS 日志也会较大，所以最好将日志存储到系统分区以外的分区。

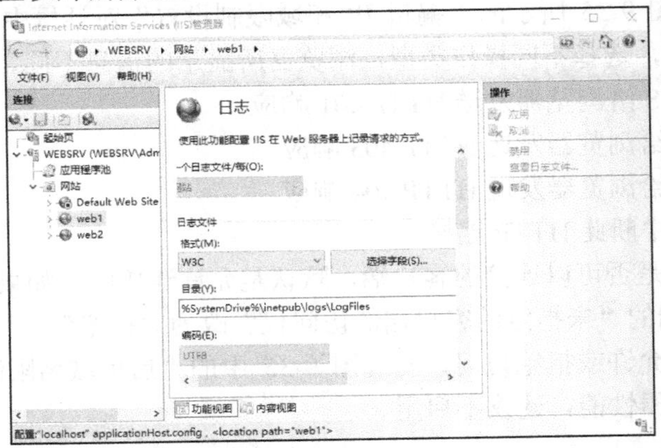

图 9-36　配置 IIS 日志

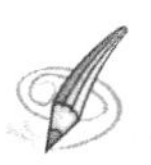

9.6　安装和配置 FTP 服务

FTP（File Transfer Protocol）是用来在两台计算机之间传送文件的通信协议，这两台计算机一台是 FTP 服务器，一台是 FTP 客户端。FTP 服务器可以在互联网或局域网中提供 FTP 服务，它可以是专用服务器，也可以是个人计算机。启动 FTP 服务后，FTP 客户端可以连接到服务器下载文件，如果权限允许，用户也可以把文件上传到 FTP 服务器。

ABC 公司文件服务器存储了大量业务文档，通过文件共享在局域网内提供下载服务，异地的公司员工也需要从文件服务器下载资料或上传数据到文件服务器，文件共享已无法满足需求，需要搭建 FTP 服务器来实现，FTP 服务器还可以通过访问权限的设置保证数据来源的正确性和数据存取的安全性。

9.6.1　安装 FTP 服务

Windows Server 2016 操作系统中的 FTP 服务与 IIS 集成在一起，可以通过 IIS 管理接口来管理 FTP 服务器，且可将 FTP 服务器集成到现有网站内，一个网站内同时包含 Web 与 FTP 服务器。

安装 Web 服务器角色时默认不安装 FTP 服务。在“服务器管理器”窗口选择“仪表板”项，单击右侧窗格中的“添加角色和功能”，持续单击“下一步”按钮，在“选择服务器角色”界面展开“Web 服务器(IIS)”，勾选“FTP 服务器”，如图 9-37 所示添加 FTP 角色服务。持续单击“下一步”按钮，安装 FTP 服务，安装成功后单击“关闭”按钮。

如果此服务器尚未安装 Web 服务器(IIS)，则在“选择服务器角色”界面勾选“Web 服务器(IIS)”，持续单击“下一步”按钮，在“选择服务器角色”界面勾选“FTP 服务器”。

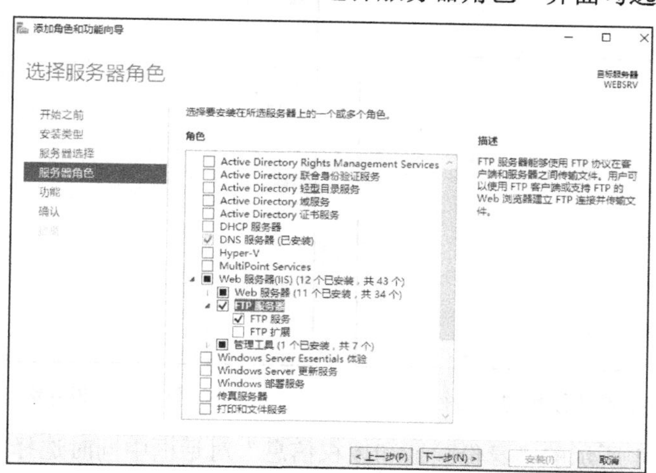

图 9-37　添加 FTP 角色服务

9.6.2　新建 FTP 站点

ABC 公司的技术资料存储在 FTP 服务器的本地硬盘 J:\tech 文件夹中，此文件夹即为 FTP

站点的主目录（Home Directory），构建 FTP 站点步骤如下。

STEP1 打开“Internet Information Service(IIS)管理器”窗口，右键单击左侧窗格中的“网站”，在弹出的菜单中选择“添加 FTP 站点”或者选择右侧“操作”窗格的“添加 FTP 站点”，如图 9-38 所示。

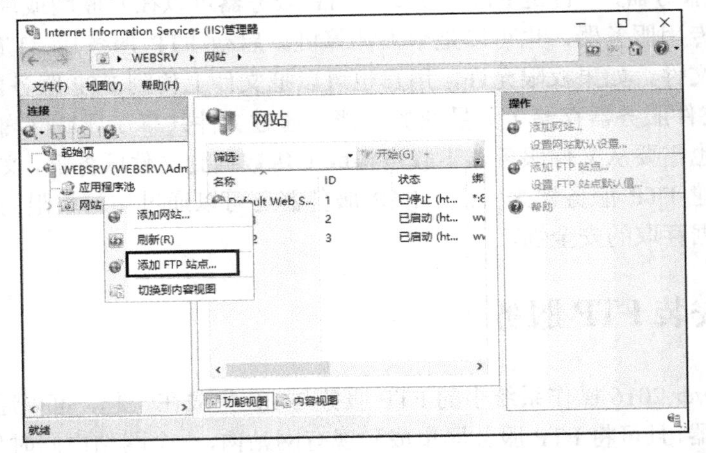

图 9-38 添加 FTP 站点

STEP2 在如图 9-39 所示的“站点信息”对话框中输入 FTP 站点名称，输入或浏览站点物理路径（主目录），单击“下一步”按钮，设置站点名称和物理路径。

STEP3 在如图 9-40 所示的“绑定和 SSL 设置”对话框中设置绑定 IP 地址，在下方的 SSL 项中选择“无 SSL”，其他设置保持默认，单击“下一步”按钮。

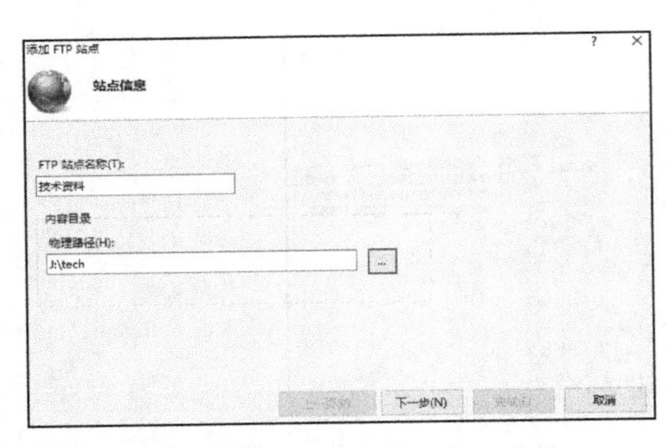

图 9-39 设置站点名称和物理路径

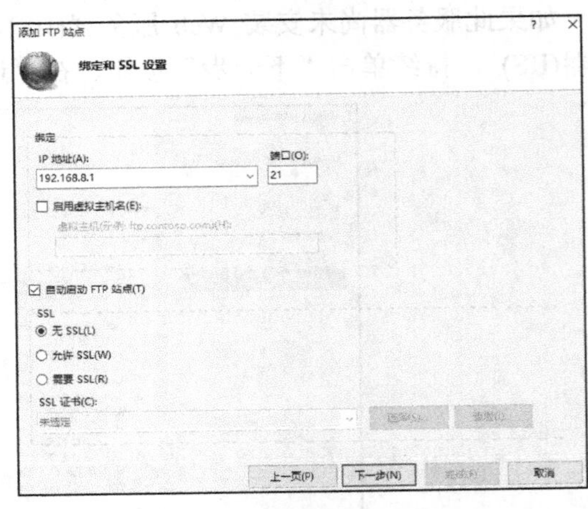

图 9-40 设置绑定 IP 地址

STEP4 在如图 9-41 所示的“身份验证和授权信息”对话框中同时选择“匿名”和“基本”身份验证方式，设置允许所有用户读取，单击“完成”按钮，设置身份验证方式及用户权限。如果允许用户写入，则用户可以上传文件到 FTP 服务器（结合 NTFS 权限设置写入权限）。

STEP5 利用浏览器连接此 FTP 站点，输入 ftp://IP 地址（域名），用 Web 方式访问 FTP 站点，测试结果如图 9-42 所示。

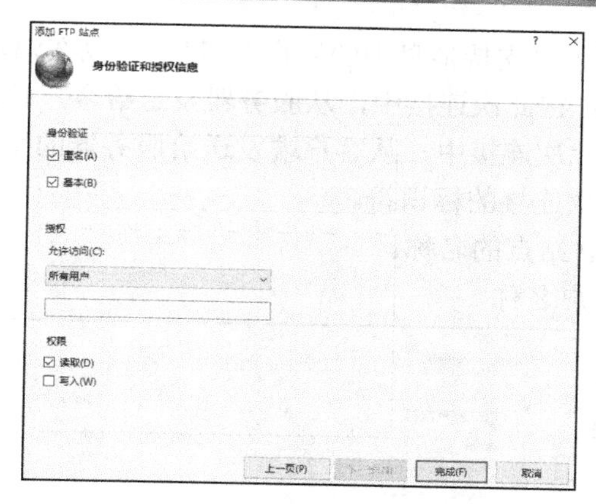

图 9-41　设置身份验证方式及用户权限

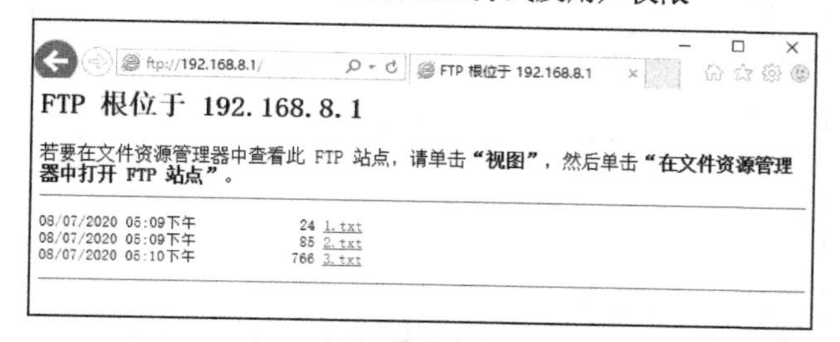

图 9-42　用 Web 方式访问 FTP 站点

提示：

可在已有网站创建集中到网站的 FTP 站点，FTP 站点的主目录就是网站的主目录，此时只需要通过同一个网站来管理网站与 FTP 站点。右键单击已有站点，选择“添加 FTP 发布”，接下来的步骤与创建单独的 FTP 站点步骤相同，不需要指定 FTP 站点的主目录，如果端口 21 被其他 FTP 站点占用，需要另选端口号。

9.6.3　FTP 站点的基本设置

对已经创建的 FTP 站点，可以进行主目录设置、网站绑定、站点信息设置、验证设置、授权设置、查看当前连接的用户、通过 IP 地址与域名来限制连接等操作，这里的有些设置与本章前面介绍的网站设置相同，可以参照操作。

1. FTP 站点的信息设置

可以为 FTP 站点设置显示信息，用户在连接 FTP 站点时就会看到这些信息。选择要设置的 FTP 站点，双击中间窗格的“FTP 消息”，打开“FTP 消息”窗格，如图 9-43 所示，设置横幅、欢迎使用、退出等消息文本，完成后单击右上方的“应用”。

- 横幅：用户在连接 FTP 站点时，会先看到横幅处的消息文字。
- 欢迎使用：当用户登录到 FTP 站点时会看到此处的消息文字。
- 退出：当用户退出时会看到的消息文字。
- 最大连接数：如果 FTP 站点有连接数量限制，而且当前的连接数目已经达到限制值，此时若用户连接 FTP 站点，将看到此处设置的消息。

如果在图 9-43 中勾选了“支持消息中的用户变量”，可以在消息中使用如下变量。

- %BytesReceived%：在此次连接中，从服务器发送给客户端的字节数。
- %BytesSent%：在此次连接中，从客户端发送给服务器的字节数。
- %SessionID%：此次连接的标识符。
- %SiteName%：FTP 站点的名称。
- %UserName%：用户名称

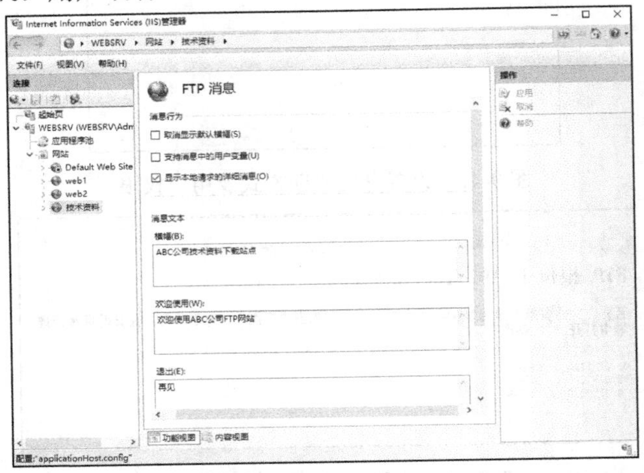

图 9-43　FTP 消息

例如，在退出的消息框中输入“再见%UserName%，欢迎下次访问”，当用户退出登录时，显示的消息文本中会将%UserName%替换为用户名。

2．身份验证与权限设置

FTP 站点的身份验证设置与网站的身份验证设置相似，有匿名身份验证与基本身份验证两种。选择 FTP 站点，双击中间窗格中的“FTP 授权规则”，如图 9-44 所示打开“FTP 授权规则”窗格，通过单击右侧“操作”窗格中的“添加允许规则”或“添加拒绝规则”来添加新规则。在创建 FTP 站点时已经设置为所有用户可以读取的权限，如果要更改这个权限，单击右侧“操作”窗格中的“编辑”，在弹出的“编辑允许授权规则”对话框中修改用户访问权限。

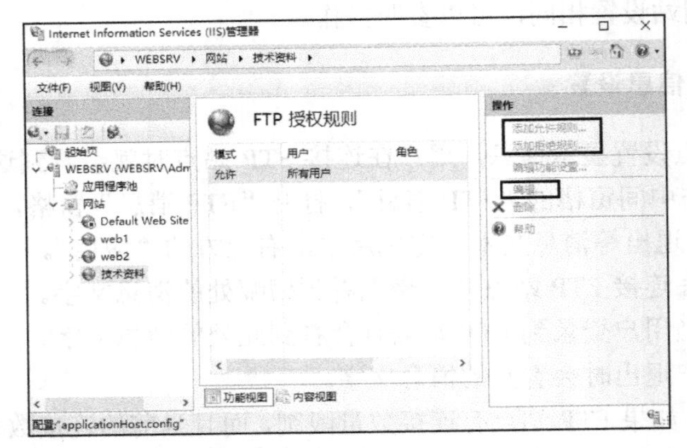

图 9-44　FTP 授权规则

9.6.4 配置虚拟目录

为 FTP 站点创建虚拟目录与为网站创建虚拟目录一样，虚拟目录的创建并不局限于把本地计算机中的目录添加到虚拟目录中，也可以把网络共享目录映射到虚拟目录中。右键单击 FTP 站点，在弹出的菜单中选择“添加虚拟目录”，在弹出的对话框中输入虚拟目录别名和物理路径，如图 9-45 所示，单击“确定”按钮，完成添加虚拟目录操作。访问虚拟目录的方法是在浏览器中输入“ftp：//FTP 站点 IP 地址（域名）/虚拟目录别名”。

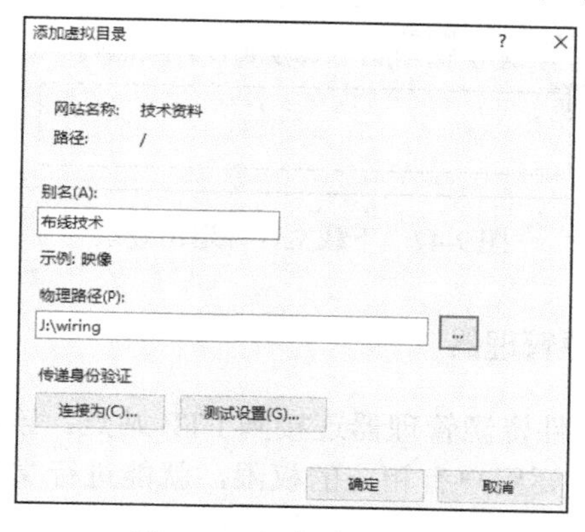

图 9-45 添加虚拟目录

9.7 使用 FTP 客户端

FTP 客户端可以通过 FTP 命令行、Internet Explorer 浏览器、Windows 资源管理器和客户端软件等方式来连接 FTP 服务器。

1. FTP 命令行

进入 Windows 命令提示符状态后，输入“ftp 站点 IP 地址或域名”，根据命令提示输入用户名和密码。如果使用匿名方式登录，在用户名（User）处输入“anonymous”，在密码（Password）处直接按回车键，进入 ftp 提示符环境，可使用 dir 命令查看 FTP 主目录的文件。如图 9-46 所示，在命令提示符环境登录 FTP 服务器。

```
管理员: 命令提示符 - ftp  192.168.8.1
C:\>ftp  192.168.8.1
连接到 192.168.8.1。
220-Microsoft FTP Service
220 ABC公司技术资料下载站点
200 OPTS UTF8 command successful - UTF8 encoding now ON.
用户(192.168.8.1:(none)): anonymous
331 Anonymous access allowed, send identity (e-mail name) as password.
密码:
230-欢迎使用ABC公司FTP网站
230 User logged in.
ftp> dir
200 PORT command successful.
125 Data connection already open; Transfer starting.
08-07-20  05:09PM                   24 1.txt
08-07-20  05:09PM                   85 2.txt
08-07-20  05:10PM                  766 3.txt
226 Transfer complete.
ftp: 收到 141 字节，用时 0.00秒 141000.00千字节/秒。
ftp>
```

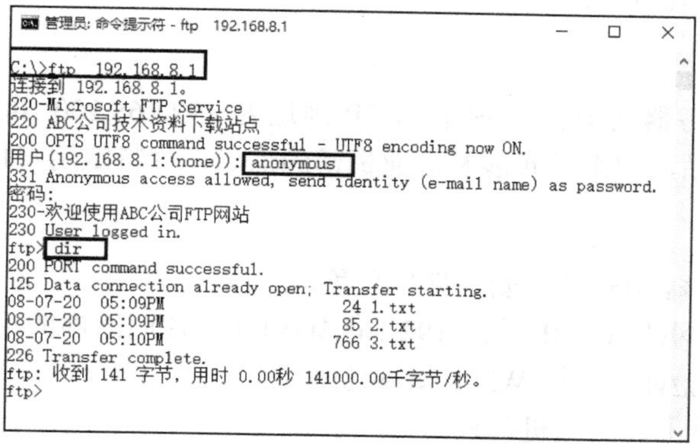

图 9-46 在命令提示符环境登录 FTP 服务器

若要下载 FTP 站点的文件，则输入“get 文件名”命令。如果要将本地当前目录的文件上传到 FTP 服务器的工作目录中，则输入“put 文件名”命令。一次下载多个文件使用 mget 命令，一次上传多个文件使用 mput 命令。结束与 FTP 站点的连接，输入“bye”或“quit”命令。如图 9-47 所示下载文件并退出登录。

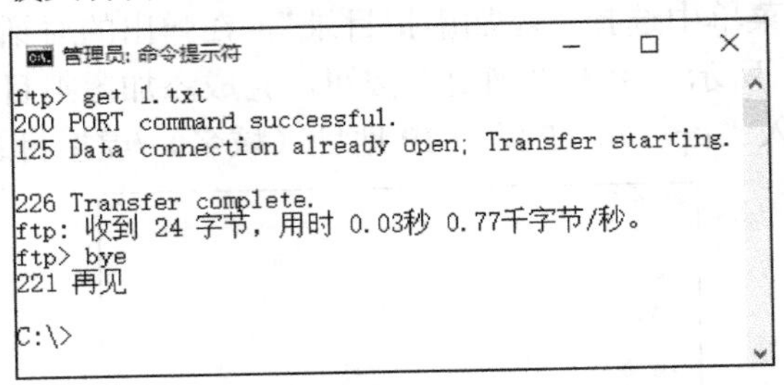

图 9-47　下载文件并退出登录

2. IE 浏览器或文件资源管理器

可以通过 IE 浏览器或文件资源管理器连接到 FTP 站点。连接时可使用“ftp://FTP 站点 IP 地址（域名）”的方式，只要用户有相应的权限，就能进行文件的上传和下载。

9.8　实训

实训环境一

HT 公司配置了一台 Web 服务器，IP 地址为 192.168.10.10，现要在此服务器上部署三个网站。

需求描述

- 添加 Web 服务器（IIS）服务。
- 创建三个网站，为网站指定相同 IP 地址，不同端口号。
- 使用相同 IP 地址相同端口，为三个网站设置不同的主机名，在 DNS 服务器上注册三个主机记录。
- 使用 IE 浏览器测试网站。

实训环境二

HT 公司 Web 服务器又增加一块网卡，IP 地址为 192.168.100.100，要部署一个域名为 nbzl.huatian.com 的网站，用来发布涉及商业机密的信息，供特定用户使用。

需求描述

- 安装 Web 服务器(IIS)的“安全性”角色。
- 创建网站，为网站指定 IP 地址 192.168.100.100，注明网站的主机名。
- 禁用匿名身份验证，启用 Windows 身份验证。
- 在 DNS 服务器上注册主机记录。
- 在客户端使用 IE 浏览器测试。

实训环境三

HT 公司需要在局域网内配置一台 FTP 服务器，供内部员工下载和上传工作文件，但若用户不提供用户名和密码就不能登录。

需求描述

- 安装 FTP 服务。
- 建立 FTP 站点。
- 设置 FTP 站点访问权限。
- 使用命令行或 IE 浏览器方式访问 FTP 站点。

9.9　习题

- IIS 的网站有几种身份验证方式？
- 在一台 IIS 服务器上同时运行多个网站有哪几种方式？
- FTP 客户端可以通过哪几种方式来连接 FTP 站点？
- 可以采用哪些方法保证网站的安全性？
- 当使用 FTP 命令行方式登录 FTP 服务器时，如何使用匿名方式登录？

第10章

部署远程访问服务

项目需求：

ABC 公司业务延伸到多个省份，员工需要经常到外地出差，在出差期间需要访问位于公司内部网络的重要技术资料，为避免数据在传输途中被他人拦截，要求通过网络传输的数据文件加密传送，同时要限制员工远程访问企业内网的时间。

学习目标：

- 理解远程访问服务的作用和意义
- 会配置远程访问服务器
- 会配置客户端的远程访问网络连接
- 会配置远程访问策略控制访问

本章单词

- RAS：Remote Access Service，远程访问服务
- VPN：Virtual Private Network，虚拟专用网
- Remote Access Protocol：远程访问协议
- PPP：Point to Point Protocol，点对点协议，点到点协议
- PPTP：Point-to-Point Tunneling Protocol，点对点隧道协议，点到点隧道协议
- SSL：Secure Socket Layer，安全套接字层
- PAP：Password Authentication Protocol，密码验证协议，密码认证协议
- CHAP：Challenge Handshake Authentication Protocol，挑战握手认证协议，质询握手身份验证协议
- MS-CHAP v2：微软质询握手身份验证协议版本 2
- EPA：Extensible Authentication Protocol，扩展认证协议
- L2TP：Layer 2 Tunneling Protocol，第二层隧道协议
- SSTP：Secure Socket Tunneling Protocol，安全套接字隧道协议
- IKEv2：Internet Key Exchange Version 2，互联网密钥交换协议版本 2
- NPS：Network Policy Server，网络策略服务器

10.1 远程访问概述

远程访问服务（Remote Access Service，RAS）是指允许客户端通过虚拟专用网（Virtual Private Network，VPN）连接登录网络。通常情况下，远程访问适用于分公司或出差员工需要访问公司内部网络资源的情况。

10.1.1 远程访问连接方式

Windows Server 2016 操作系统提供了两种安全、方便、低成本的远程访问服务连接方式。

1. 远程访问 VPN 连接

远程访问 VPN 连接如图 10-1 所示。公司内部的 VPN 服务器已经连接到 Internet，VPN 客户端在远程利用无线网络、局域网等方式也连接到 Internet 后，就可以通过 Internet 来与公司 VPN 服务器建立 VPN 连接，并通过 VPN 与内部计算机安全通信。VPN 客户端像位于内部网络一样，访问企业内部网络的服务器。

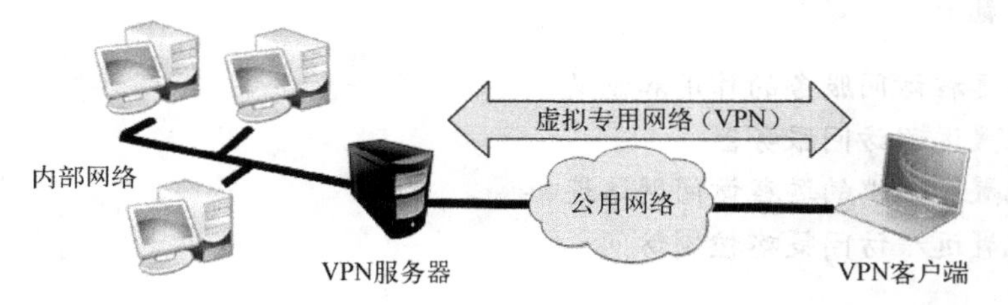

图 10-1　远程访问 VPN 连接

2. 站点对站点 VPN 连接

站点对站点 VPN 连接如图 10-2 所示。站点对站点 VPN 连接又称为路由器对路由器 VPN 连接，两个局域网的 VPN 服务器都连接到 Internet，并且通过 Internet 建立 VPN，让两个局域网内的计算机相互之间可以通过 VPN 安全通信，两地的计算机像是位于同一个地点。

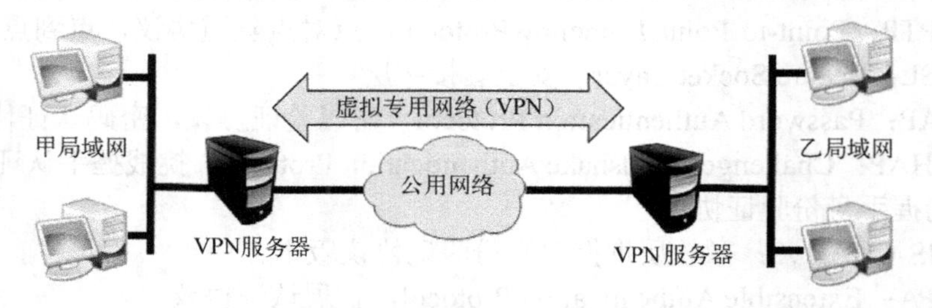

图 10-2　站点对站点 VPN 连接

10.1.2 远程访问通信协议

远程访问协议（Remote Access Protocol）让分别位于两地的客户端与服务器之间、服务器与服务器之间能够相互通信。Windows Server 2016 操作系统支持的远程访问通信协议为 PPP（Point to Point Protocol，点对点协议）。

PPP 用来在点对点连接中传输数据，例如，分别位于两地的采用 TCP/IP 通信的两台计算机之间传输的 IP 数据包可以被封装到 PPP 数据包内来传输。PPP 是目前使用最为广泛的远程访问通信协议，而且其安全性高、扩充性强。大部分 Internet 服务提供商都会提供让客户使用 PPP 连接到 Internet 的服务。

10.1.3 验证通信协议

当 VPN 客户端连接到远程 VPN 服务器时（或当 VPN 服务器连接到另一台 VPN 服务器时），必须使用用户名和密码验证用户身份。身份验证成功后，用户就可以通过 VPN 服务器来访问有权限访问的资源。Windows Server 2016 操作系统支持以下验证通信协议。

- PAP（Password Authentication Protocol，密码验证协议）：从客户端发送到 VPN 服务器的密码是以明文的形式传输的，没有经过加密，如果传输过程中被拦截，密码会被截取，带来安全隐患。
- CHAP（Challenge Handshake Authentication Protocol，挑战握手认证协议）：采用“挑战→响应”的方式来验证用户身份，且不会在网络上直接传输用户密码，比 PAP 更安全。“挑战→响应”是指当客户端连接到 VPN 服务器时，服务器会发送一个挑战信息给客户端，客户端根据挑战信息的内容与用户密码用标准的 MD-5 算法计算出一个哈希值，并将哈希值发送给 VPN 服务器。VPN 服务器收到哈希值后，会到用户账户数据库读取用户的密码，然后根据它计算出一个新哈希值，如果新哈希值与客户端发送来的哈希值相同，就允许客户端用户连接，否则就拒绝其连接。此验证方法要求用户存储在账户数据库内的密码以可恢复的方式存储，否则 VPN 服务器无法读取用户密码。
- MS-CHAP v2（Microsoft Handshake Authentication Protocol Version2，微软质询握手身份验证协议版本 2）：它也是采用“挑战→响应”的方式来验证用户身份的，但用户存储在账户数据库内的密码不需要以可恢复的方式存储，它不但可以让 VPN 服务器来验证客户端用户的身份，还可以让客户端验证 VPN 服务器的身份，可以确认所连接的 VPN 服务器是正确的，MS-CHAP v2 具备相互验证的功能。
- EPA（Extensible Authentication Protocol，扩展认证协议）：允许自定义验证方法，Windows Server 2016 操作系统所支持的 EPA-TLS 是利用证书来验证身份的。如果用户利用智能卡来验证身份，就需要使用 EPA-TLS。EPA-TLS 具备双向验证功能。VPN 服务器必须是 Active Directory 域成员才支持 EPA-TLS。

此外，Windows Server 2016 操作系统还支持 PEAP（Protected Extensible Authentication Protocol，受保护的可扩展身份验证协议），当客户端连接 IEEE 802.1x 无线基站、IEEE 802.1x 交换机、VPN 服务器与远程桌面网关等访问服务器时，可以使用 PEAP 验证方法。

10.1.4 VPN 通信协议

当 VPN 客户端与 VPN 服务器、VPN 服务器与 VPN 服务器之间通过 Internet 建立 VPN

连接后，双方之间所传输的数据会被 VPN 通信协议加密，即使数据在传输过程中被拦截，如果没有解密密钥也无法读取数据。VPN 通信协议可确保数据传输的安全性。

Windows Server 2016 操作系统支持 PPTP（点对点隧道协议）、L2TP（第二层隧道协议）、SSTP（安全套接字隧道协议）、IKEv2（互联网密钥交换协议版本 2）等 VPN 通信协议。

- PPTP（Point-to-Point Tunneling Protocol，点对点隧道协议）：是最容易搭建的 VPN 通信协议，它验证用户身份的方法默认使用 MS-CHAP v2，还可以选用安全性更好的 EAP-TSL 证书验证方法。如果使用 MS-CHAP v2 验证，用户的密码要复杂一些，以降低密码被破解的风险。
- L2TP（Layer 2 Tunneling Protocol，第二层隧道协议）：除了可以验证用户身份，L2TP 还需要验证计算机身份，它使用 IPSec 的预共享密钥或计算机证书两种计算机身份验证方法，建议采用安全性较高的计算机证书验证方法，预共享密钥验证方法仅作为测试使用。
- SSTP（Secure Socket Tunneling Protocol，安全套接字隧道协议）：SSTP 通道采用 HTTPS，通过 SSL 确保传输安全性，因此安全性较高。SSTP 与 L2TP 所使用的端口比较复杂，会增加防火墙设置的难度。
- IKEv2（Internet Key Exchange Version 2，互联网密钥交换协议版本 2）：是目前许多主流 VPN 软件都支持的一个重要协议，它常与 IPSec 联合使用，其主要功能是实现 IPSec 服务器端与用户端的安全关联自动协商和认证，让移动用户更方便通过 VPN 连接到企业内部网络。

10.2 配置远程访问服务

ABC 公司技术部的小刘出差到上海，需要用到一份非常重要的技术资料，可是该资料存放在公司内部的文件服务器上。为了确保资料的安全性，不能在互联网上通过邮箱传输。ABC 公司的网络管理员要配置远程访问服务器，使小刘通过 VPN 登录企业内部的文件服务器下载该技术资料。

10.2.1 搭建远程访问服务器

为实现出差员工远程访问，需要搭建一台专用的远程访问服务器，该服务器同时连接内网和外网，并且配置路由和远程访问服务功能。VPN 服务器的内网 IP 地址是 192.168.8.2，公网 IP 地址是 200.100.1.1/24，VPN 访问示意图如图 10-3 所示。

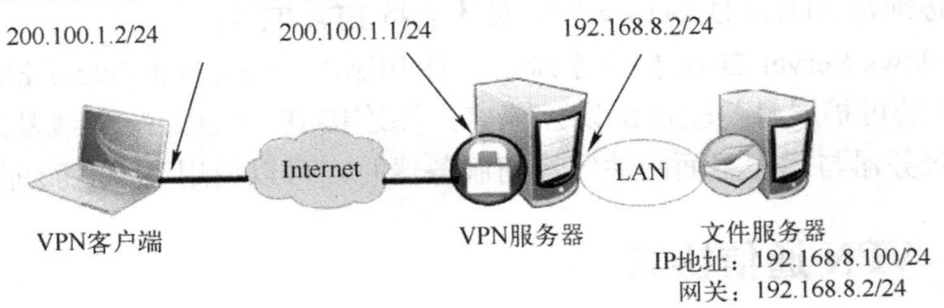

图 10-3 VPN 访问示意图

为 VPN 服务器的两块网卡（名称分别为内网连接和外网连接）分别配置如图 10-3 所示的内网和外网 IP 地址。在“服务器管理器”窗口选择“仪表板”项，单击右侧窗格中的“添加角色和功能”，持续单击“下一步”按钮，在“选择服务器角色”界面勾选“远程访问”，如图 10-4 所示添加远程访问。持续单击“下一步”按钮，直到出现图 10-5 所示的“选择角色服务”界面，勾选“DirectAccess 和 VPN(RAS)”，添加 DirectAccess 和 VPN（RAS）角色服务。然后持续单击“下一步”按钮，直到出现“确认安装所选内容”界面，单击“安装”按钮，安装完成后单击“关闭”按钮。

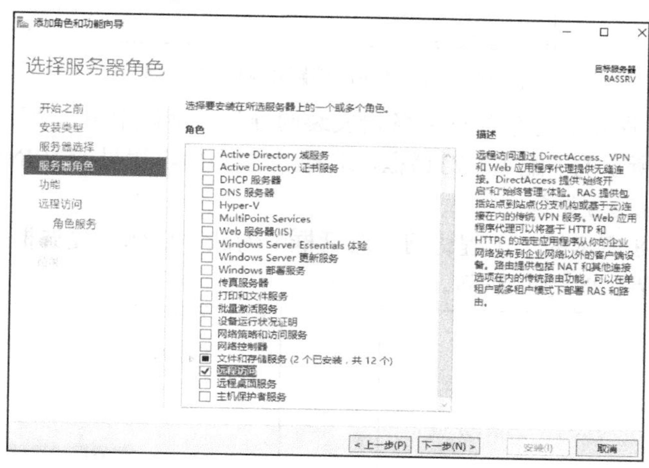

图 10-4　添加远程访问

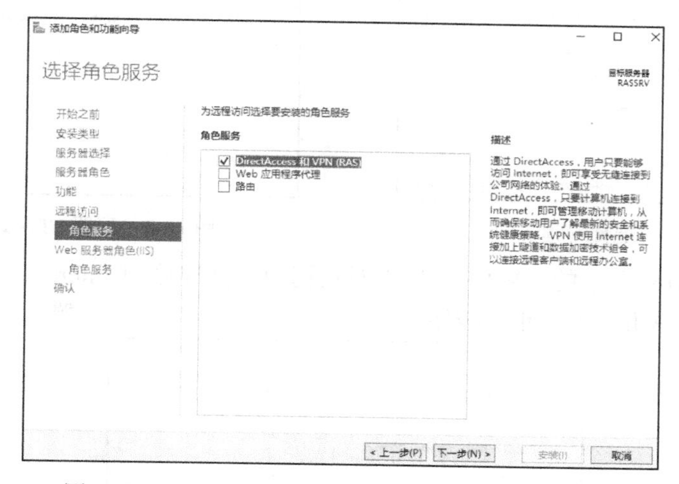

图 10-5　添加 DirectAccess 和 VPN（RAS）角色服务

10.2.2　激活路由和远程访问服务

安装完远程访问角色后，需要激活才能提供远程访问服务，具体步骤如下。

STEP1 选择“开始→Windows 管理工具→路由和远程访问”，打开“路由和远程访问”窗口。默认情况下服务器图标为红色下箭头，表示为停止状态。右键单击服务器名称，在弹出的菜单中选择“配置并启用路由和远程访问”，如图 10-6 所示。

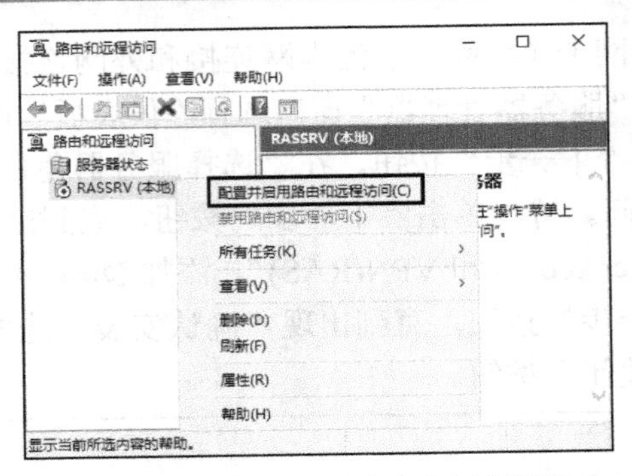

图 10-6　配置并启用路由和远程访问

STEP2 在弹出的“路由和远程访问服务器安装向导”对话框中单击“下一步”按钮，打开如图 10-7 所示的“配置”对话框，选择“远程访问(拨号或 VPN)”，单击“下一步”按钮，配置远程访问。

STEP3 在如图 10-8 所示的“远程访问”对话框中勾选“VPN”复选框 ，单击“下一步”按钮，配置 VPN 远程访问。

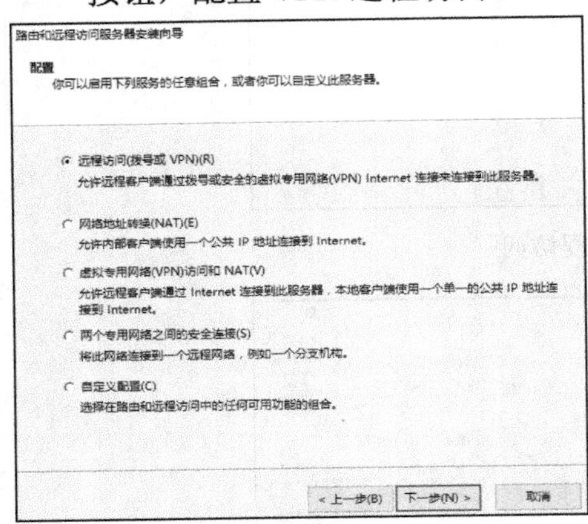

图 10-7　配置远程访问

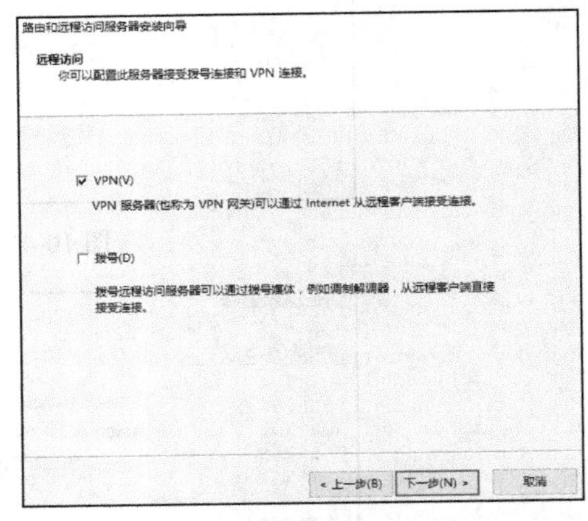

图 10-8　配置 VPN 远程访问

STEP4 在如图 10-9 所示的“VPN 连接”对话框中选择连接到 Internet 的网络接口，即外网连接，单击“下一步”按钮。

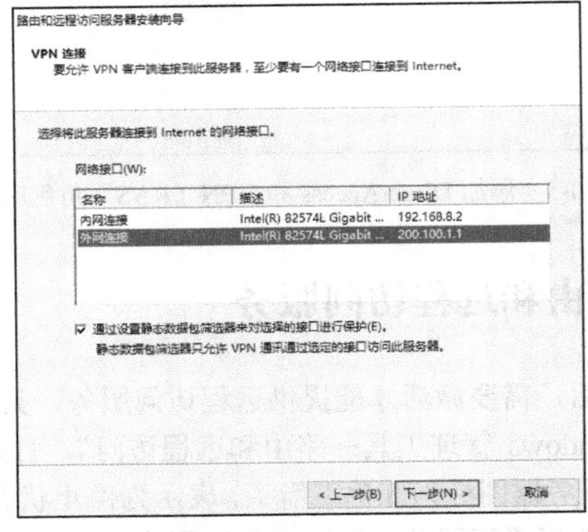

图 10-9　选择连接到 Internet 的网络接口

STEP5 在如图 10-10 所示的“IP 地址分配”对话框中选择“来自一个指定的地址范围”，单击“下一步”按钮，选择分配 IP 地址的方法。

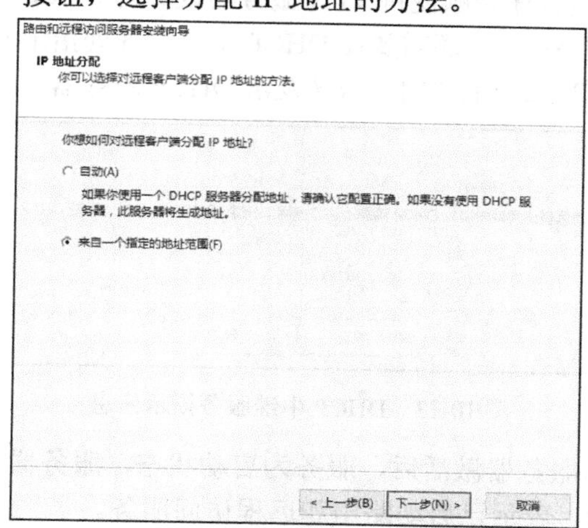

图 10-10　选择分配 IP 地址的方法

- 自动：VPN 服务器会先向 DHCP 服务器租用 IP 地址，然后将其分配给客户端。
- 来自一个指定的地址范围：需要手动设置一段 IP 地址范围，VPN 服务器会从此范围内挑选 IP 地址分配给 VPN 客户端。

由于本例没有配置 DHCP 服务器，所以选择“来自一个指定的地址范围”。

STEP6 在“地址范围分配”对话框中单击“新建”按钮，在弹出的对话框中输入计划分配给远程用户的局域网内部 IP 地址，即指定地址范围，单击“确定”按钮，返回到“地址范围分配”对话框，如图 10-11 所示，单击“下一步”按钮。

STEP7 在如图 10-12 所示的“管理多个远程访问服务器”对话框中选择“否，使用路由和远程访问来对连接请求进行身份验证”，单击“下一步”。

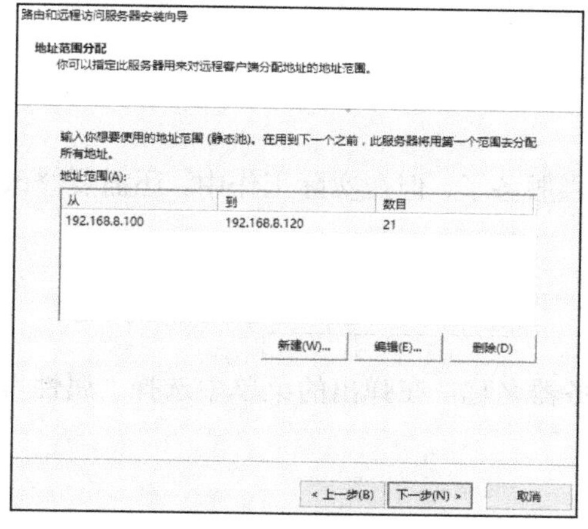

图 10-11　指定 IP 地址范围

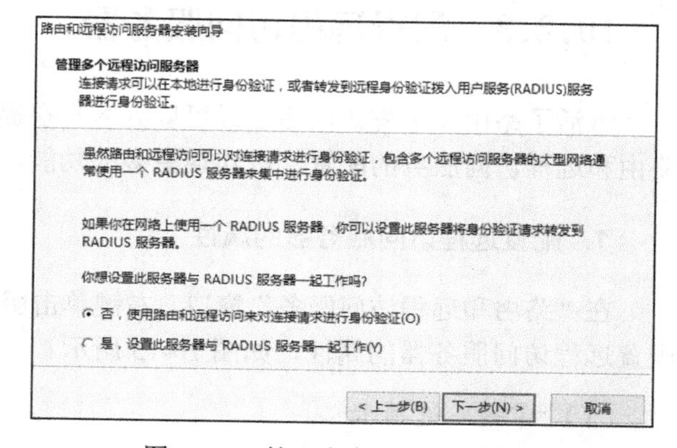

图 10-12　管理多个远程访问服务器

提示：

RADIUS，Remote Authentication Dial In User Service，远程身份验证拨入用户服务。使用 RADIUS 服务器可以集中管理所有的远程访问服务器，如身份验证、授权和计费等操作，后面会介绍。

STEP8 在弹出的对话框中单击“完成”按钮，会出现如图 10-13 所示的 DHCP 中继服务提示信息。由于安装程序会顺便将 VPN 服务器设置为 DHCP 中继代理，所以会提醒在 VPN 服务器设置完成后，还需要在 DHCP 中继代理处指定 DHCP 服务器的 IP 地址，以便将获取 DHCP 选项配置的请求转发给 DHCP 服务器。直接单击“确定”按钮。

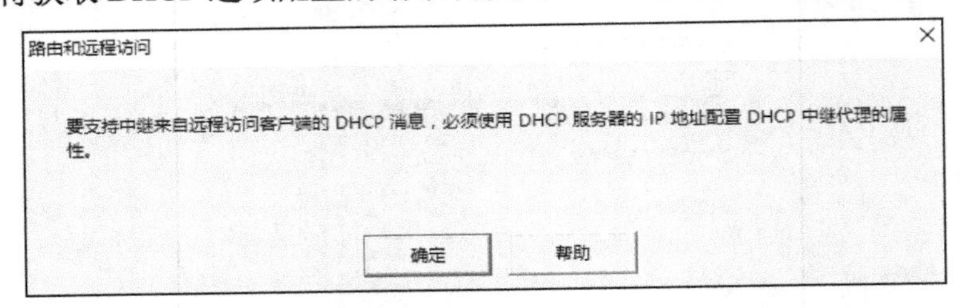

图 10-13　DHCP 中继服务提示信息

STEP9 路由和远程访问服务器激活后，服务为启动状态，服务器图标变成绿色向上箭头，如图 10-14 所示，表示已启动路由和远程访问服务。

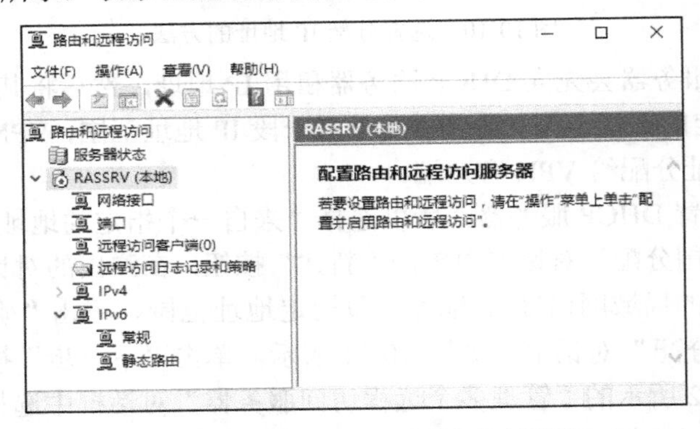

图 10-14　已启动路由和远程访问服务

10.2.3　配置远程访问服务器

激活了路由和远程访问后已经可以为客户端提供服务了，但在实际工作中，还需要修改路由和远程访问服务的配置，以实现更多的功能。

1. 配置远程访问服务器的属性

在“路由和远程访问服务”窗口，右键单击服务器名称，在弹出的菜单中选择“属性”，配置远程访问服务器的属性，如图 10-15 所示。

（1）“常规”选项卡

通过清除或选中此选项卡的“IPv4 路由器”和“IPv4 远程访问服务器”复选框，可以改变服务器的角色，如图 10-16 所示。

（2）“安全”选项卡

“安全”选项卡中的信息允许管理员选择身份验证采用的协议和安全措施，在该选项卡中单击“身份验证方法”按钮，可以配置服务器所采用的身份验证方法，如图 10-17 所示。

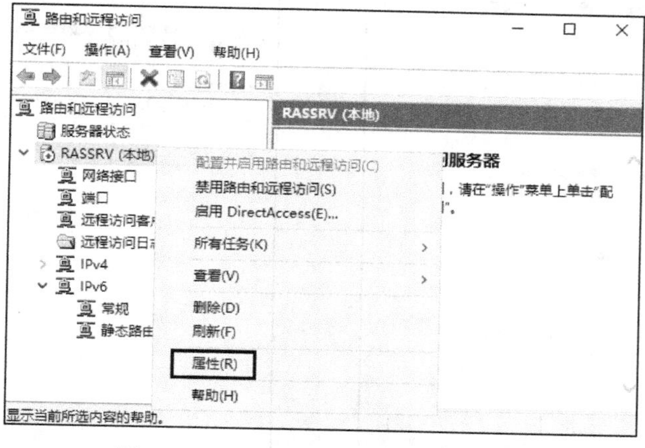

图 10-15　配置远程访问服务器的属性

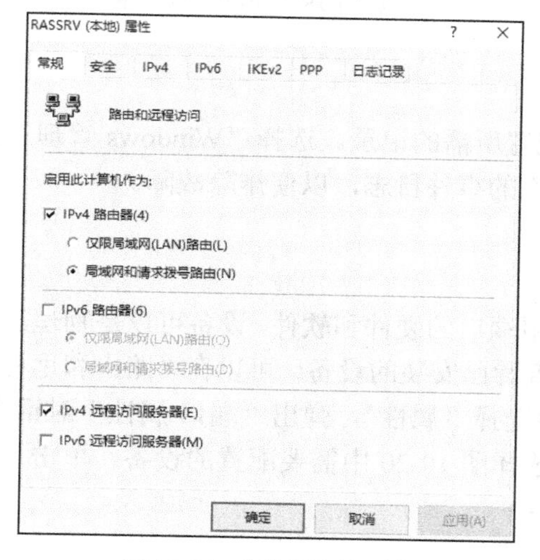

图 10-16　“常规”选项卡

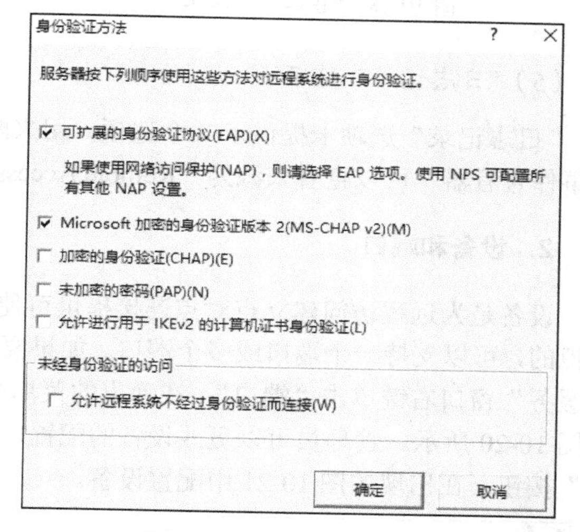

图 10-17　身份验证方法

（3）“IPv4”选项卡

在“IPv4”选项卡中可以为远程客户端动态分配或静态指派 IPv4 地址，如果允许远程客户端访问远程服务器的整个局域网，则需要勾选“启用 IPv4 转发”复选框；如果只允许远程客户端访问该服务器，则清除此复选框，如图 10-18 所示。

如果远程访问服务器使用 IPv6 地址，则需要在“IPv6”选项卡中指定 IPv6 前缀。

（4）“PPP”选项卡

在“PPP”选项卡中允许管理员设置连接时使用的 PPP 选项。勾选“多重链接”复选框，允许远程访问客户端和请求拨号路由器将多个物理链接组合成单一的逻辑链接；勾选“软件压缩”复选框，指定服务器使用 Microsoft 点对点压缩协议来压缩在远程访问连接时发送的数据，如图 10-19 所示。

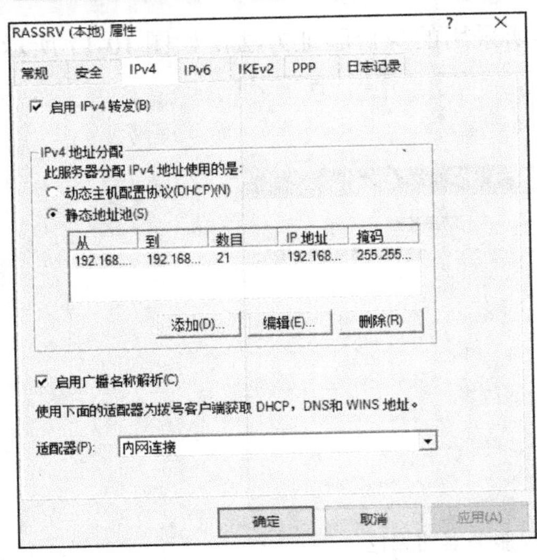

图 10-18 “IPv4”选项卡

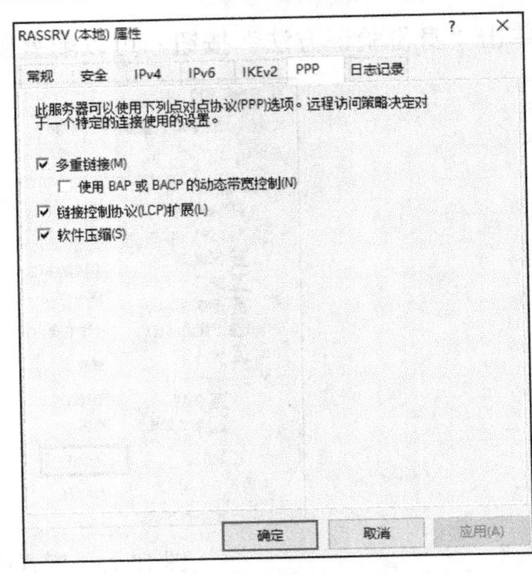

图 10-19 “PPP”选项卡

（5）“日志记录”选项卡

“日志记录”选项卡提供了 4 个选项，用来配置所需的记录。选择“Windows 管理工具→事件查看器”可以查看来源为“Remote Access”的事件日志，以便排除故障。

2. 设备和端口

设备是为远程访问建立点对点连接提供可使用端口的硬件和软件，设备可以是物理的或虚拟的，可以支持一个端口或多个端口。如果要查看已安装的设备，可以在“路由和远程访问服务”窗口右键单击“端口”，在弹出的菜单中选择“属性”，弹出“端口 属性”对话框，如图 10-20 所示。管理员可以更改设备的配置，选择图 10-20 中需要配置的设备，单击“配置”按钮，在出现的图 10-21 中配置设备。

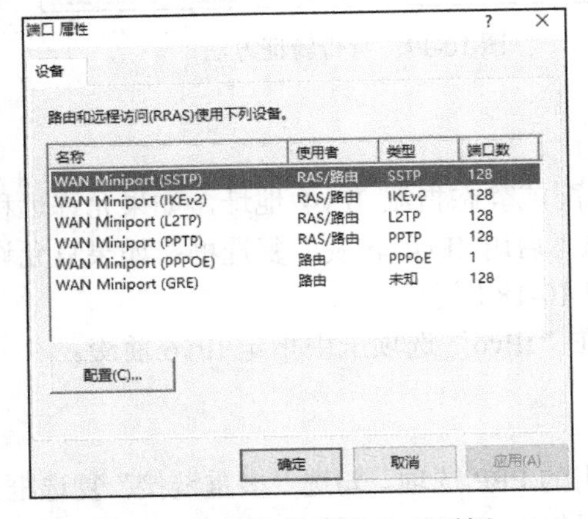

图 10-20 “端口 属性”对话框

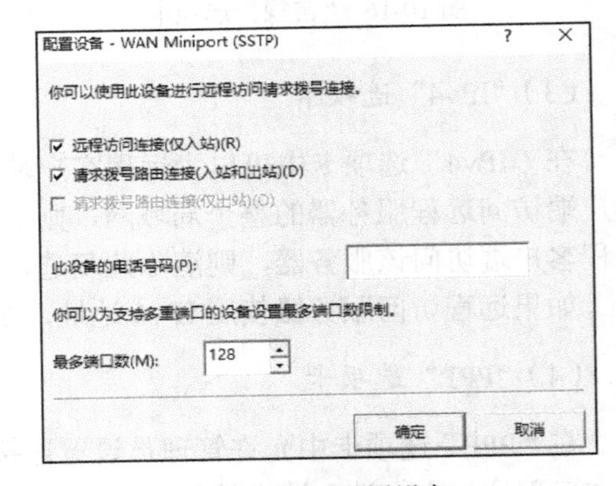

图 10-21 配置设备

Windows Server 2016 VPN 服务器会自动建立 PPTP、L2TP、SSTP、IKEv2 各 128 个 VPN 端口，图 10-22 展示了路由和远程访问中的端口。

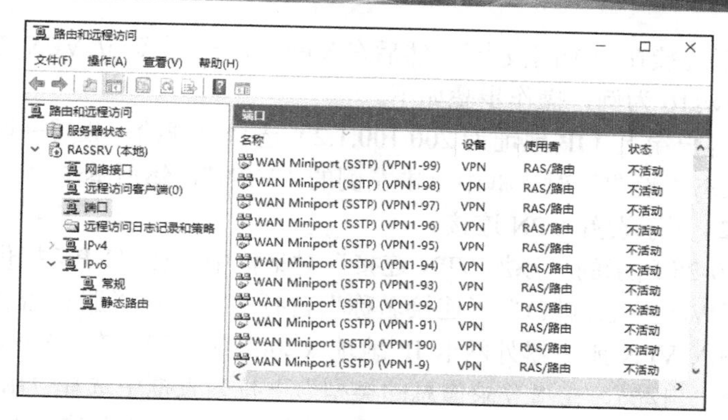

图 10-22　路由和远程访问中的端口

3. 配置用户远程访问权限

系统默认所有用户都有权限连接 VPN 服务器，独立服务器或域控制器管理的用户对象属性中都包含拨入属性，拨入属性可设置允许或禁止用户连接到 VPN 服务器，为其赋予远程访问权限。

如果使用本地用户远程连接，在 VPN 服务器上打开“开始→Windows 管理工具→计算机管理→系统工具→本地用户和组→用户”，双击需要远程访问的用户账户（如 xiaoqi），在用“xiaoqi 属性”对话框中选择“拨入”选项卡，选择“网络访问权限”选区的“允许访问”，如图 10-23 所示。如果是在域环境，需要为域用户设置远程访问权限，在域控制器上打开“Active Directory 用户和计算机”窗口，双击域用户，在用户“属性”对话框的“拨入”选项卡中设置。

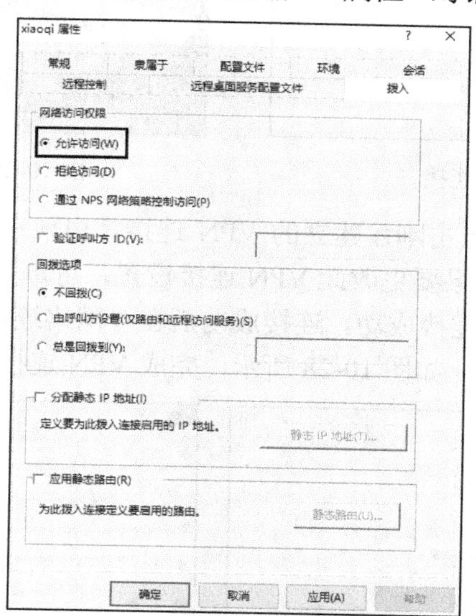

图 10-23　允许用户远程访问

10.2.4　配置客户端网络连接

VPN 客户端与 VPN 服务器都必须连接 Internet（本例为模拟 Internet 环境，将 VPN 客户端与 VPN 服务器连接在一个网段上），然后在 VPN 客户端上建立 VPN 连接，才能进行远程访问，以 Windows10 为例，操作步骤如下。

STEP1 在 VPN 客户端上（IP 地址为 200.100.1.2）选择“开始→设置→网络和 Internet”，在网络状态“设置”对话框中单击左侧的“VPN”，然后单击“添加 VPN 连接”，如图 10-24 所示设置 VPN 连接。

STEP2 在如图 10-25 所示的“添加 VPN 连接”对话框中，在“VPN 提供商”下拉列表框中选择“Windows(内置)”，“连接名称”自行定义，在“服务器名称或地址”下文本框中输入 VPN 服务器外网卡 IP 地址（200.100.1.1），在“VPN 类型”下拉列表框中选择“自动”，在“登录信息的类型”下拉列表框中选择“用户名和密码”，分别在“用户名(可选)”和“密码(可选)”下拉文本框中输入连接 VPN 服务器的用户名（xiaoqi）和密码，单击“保存”按钮，完成选择网络连接类型操作。

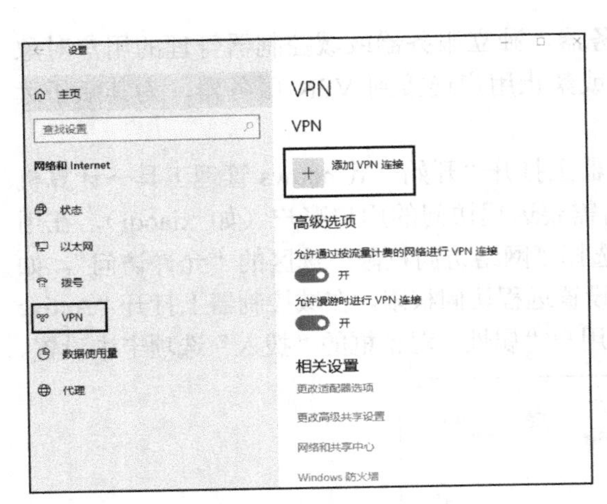

图 10-24　设置 VPN 连接

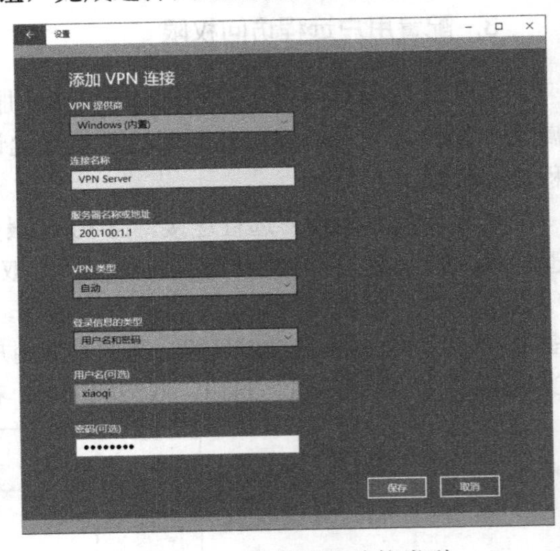

图 10-25　选择网络连接类型

STEP3 如图 10-26 所示，点击刚才建立的 VPN 连接，出现三个按钮，单击“连接”按钮新建 VPN 连接。如果要更改此 VPN 连接设置，可单击“高级选项”按钮。

STEP4 如图 10-27 表示为连接成功。连接成功后在“网络连接”窗口可看到新建的 VPN 连接“VPN Server”，如图 10-28 所示，完成 VPN 连接。

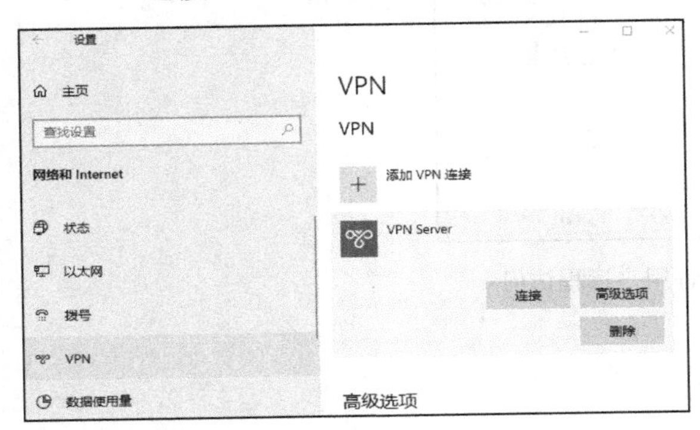

图 10-26　新建 VPN 连接

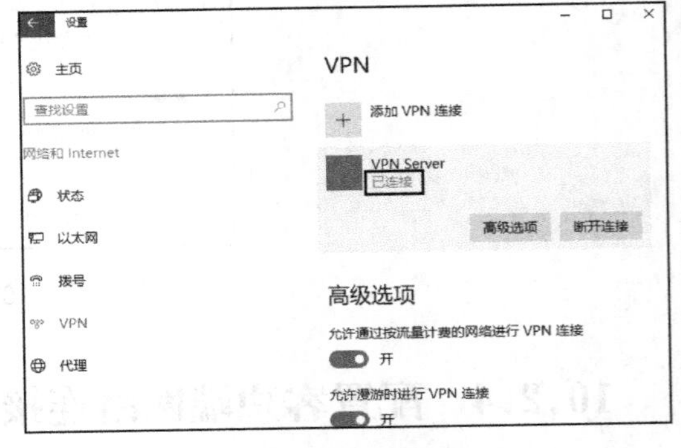

图 10-27　连接成功

STEP5 右键单击“VPN Server”连接，在弹出的菜单中选择“状态”，在如图 10-29 所示的“VPN Server 状态”对话框中单击“详细信息”按钮，可查看 IP 地址等 VPN 连接信息，如图 10-30 所示。选择图 10-29 的“详细信息”选项卡，可以看到此连接所使用的通信协议、加密方法、此 VPN 通道中客户端与服务器的 IP 地址等 VPN 连接的详细信息，如图 10-31 所示。

图 10-28　VPN 连接

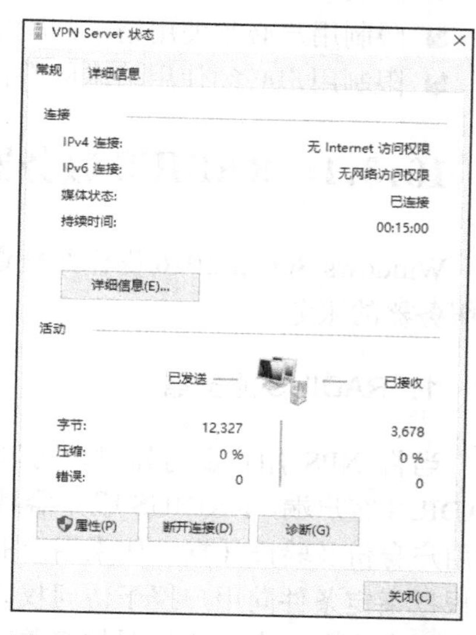

图 10-29　“VPN Server 状态”对话框

网络连接详细信息

网络连接详细信息(D):

属性	值
连接特定的 DNS 后缀	
描述	VPN Server
物理地址	
已启用 DHCP	否
IPv4 地址	192.168.8.103
IPv4 子网掩码	255.255.255.255
IPv4 默认网关	
IPv4 DNS 服务器	
IPv4 WINS 服务器	
已启用 NetBIOS over Tc...	是

关闭(C)

图 10-30　VPN 连接信息

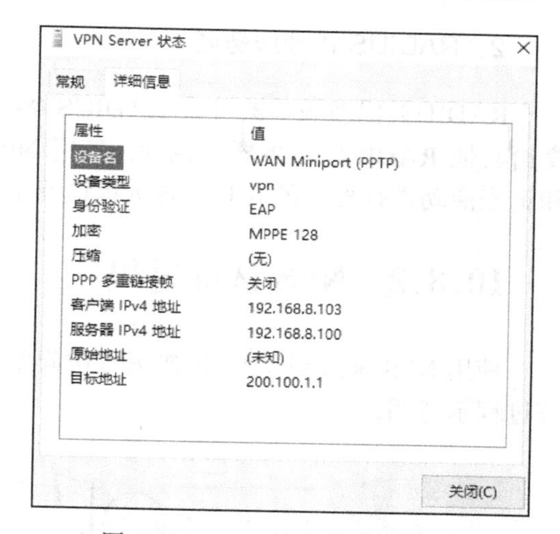

图 10-31　VPN 连接的详细信息

STEP6 接下来客户端可以与内部计算机通信，像处在局域网一样可以访问企业内部网络资源。

10.3　使用网络策略控制访问

通过搭建路由和远程访问服务可以让远程用户访问局域网内部网络资源，如果需要限制用户的登录时间、指定数据传输的加密方式，就需要配置网络策略服务器（Network Policy Server，NPS）。NPS 能实现以下限制功能。

- 限制允许用户连接的时间。
- 限制只有属于某个组的用户才可以连接远程访问服务器。
- 限制用户必须通过请求的方式连接。
- 限制用户必须使用请求的验证协议。
- 限制用户必须使用请求的数据加密方式。

10.3.1 RADIUS 服务器

Windows Server 2016 操作系统通过网络策略服务来提供 RADIUS 服务器与 RADIUS 代理服务器的服务。

1. RADIUS 服务器

当将 NPS 用作服务器时，可以将无线访问点和 VPN 服务器等网络访问服务器配置为 RADIUS 客户端，RADIUS 服务器具有对用户账户信息进行访问的权限，并可以检查网络访问用户身份及验证凭据。如果用户的凭据是真实的，并且获得连接授权，则 RADIUS 服务器根据指定条件向用户授予访问权限，并将网络访问连接记录到记账日志中。使用 RADIUS 服务器允许在一个中心位置收集并维护网络访问用户的身份验证、授权和记账数据。

2. RADIUS 代理服务器

RADIUS 代理服务器可将 RADIUS 客户端所发送来的身份验证、授权和记账等请求转交给其他 RADIUS 服务器来执行。使用 NPS，各组织还可以在保留对用户身份验证、授权和记账活动进行控制的同时，将远程访问基础结构外包给服务提供商。

10.3.2 NPS 认证过程

使用 NPS 来限制 VPN 连接远程访问服务器的认证过程如图 10-32 所示，该图为 NPS 认证过程示意图。

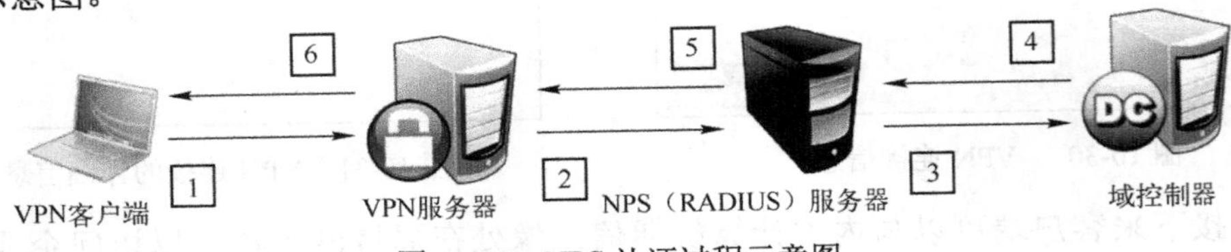

图 10-32 NPS 认证过程示意图

① VPN 客户端通过 Internet 将连接请求发送到 VPN 服务器。

② VPN 服务器将创建访问请求消息，并将其发送到 NPS（RADIUS）服务器。

③ NPS（RADIUS）服务器在接收到访问请求消息后对其进行请求评估，以确定是否满足访问策略要求。如果满足策略要求，将用户访问凭证发送到域控制器，进行凭证验证。

④ 系统对用户账户的拨入属性和网络策略尝试进行授权。

⑤ 如果对连接尝试进行身份验证和授权通过，则 NPS（RADIUS）服务器会向 VPN 服务器发送访问请求被接受消息；如果授权未通过，则 NPS（RADIUS）服务器会向 VPN 服务器发送访问拒绝消息。

⑥ 当 VPN 客户端接收到来自 VPN 服务器的访问成功消息后，就成功连接到 VPN 服务器，反之则连接失败。

10.3.3　配置网络策略服务器

ABC 公司现有 VPN 服务器供外地员工远程访问总部的内部网络，公司要求只能在星期一到星期五的 8:00 到 18:00 的工作时间远程连接内部网络。以 10.2 节搭建的 VPN 服务器为例，网络拓扑如图 10-33 所示。

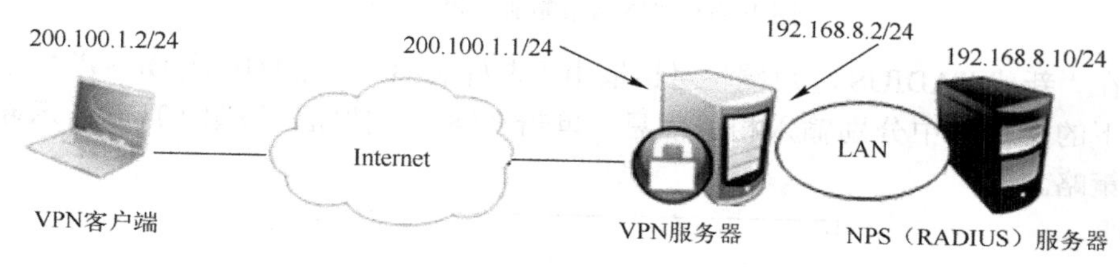

图 10-33　网络拓扑

1. 安装 RADIUS 服务器

在 Windows Server 2016 操作系统上安装 RADIUS 服务器，需要添加网络策略和访问服务角色。在“服务器管理器”窗口选择“仪表板”项，单击右侧窗格中的“添加角色和功能”，持续单击“下一步”按钮，在“选择服务器角色”界面勾选“网络策略和访问服务”，如图 10-34 所示。持续单击“下一步”按钮，直到出现“确认安装所选内容”界面，单击“安装”按钮，安装完成后单击“关闭”按钮。

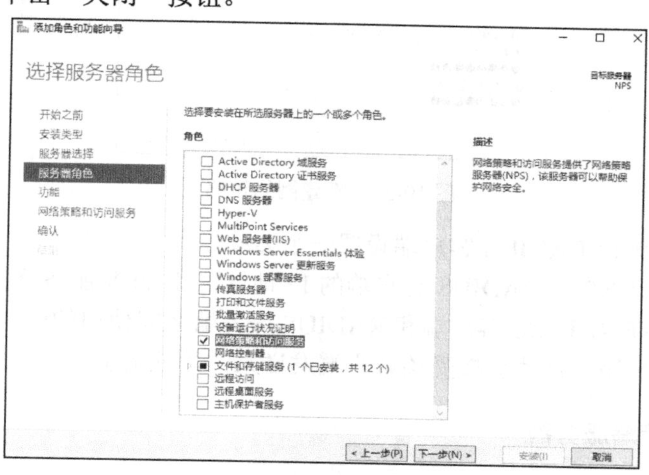

图 10-34　选择服务器角色

2. 配置 RADIUS 客户端

STEP1 安装完成后，选择“开始→Windows 管理工具→网络策略服务器”，在打开的“网络策略服务器”窗口中单击展开“RADIUS 客户端和服务器”节点，右键单击“RADIUS 客户端”，在弹出的菜单中选择“新建”，如图 10-35 所示。

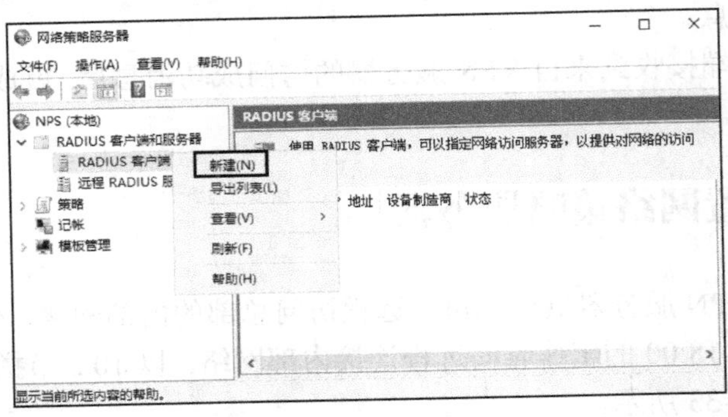

图 10-35 “网络策略服务器”窗口

STEP2 在“新建 RADIUS 客户端”对话框中“友好名称”“地址(IP 或 DNS)”“共享机密”下的文本框中分别输入相关信息，单击“确定”按钮，如图 10-36 所示新建网络策略。

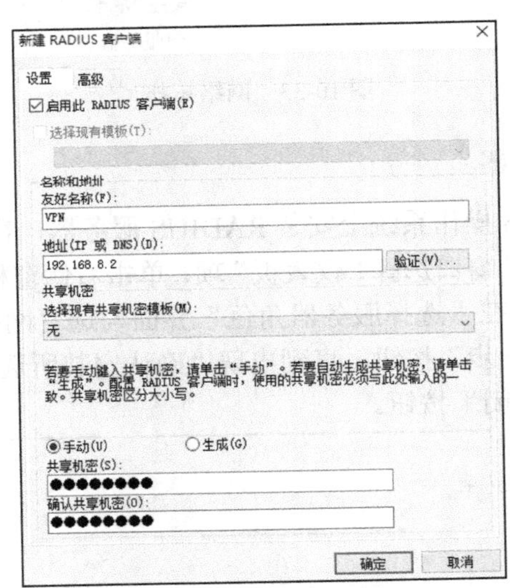

图 10-36 新建网络策略

- 友好名称：为此 RADIUS 客户端设置一个名称。
- 地址（IP 或 DNS）：RADIUS 客户端的 IP 地址，即 VPN 服务器的 IP 地址。
- 共享机密：在 RADIUS 客户端和 RADIUS 服务器之间使用的密码，只有双方密码相同，RADIUS 服务器才会接受该客户端发送来的处理请求。

3. 配置网络策略服务器

网络策略服务器通过“连接请求策略”和“网络策略”来控制访问服务器的连接请求。

- 连接请求策略：可以指定是在本地处理连接请求，还是将其转发给远程 RADIUS 服务器，其主要功能是对发送连接请求的用户进行身份验证。
- 网络策略：授权通过身份验证的用户是否可以连接到访问服务器。

STEP1 在如图 10-35 所示的“网络策略服务器”窗口展开左侧的“策略”节点，右键单击“连接请求策略”，在弹出的菜单中选择“新建”，如图 10-37 所示新建连接请求策略。

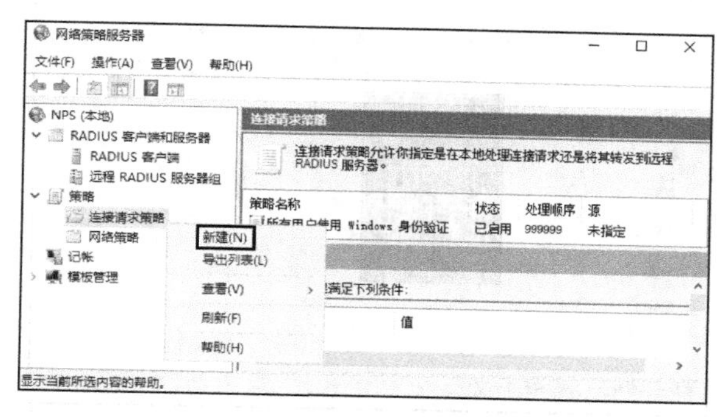

图 10-37　新建连接请求策略

STEP2 在如图 10-38 所示的“指定连接请求策略名称和连接类型”界面输入策略名称，选择“网络访问服务器的类型”，单击“下一步”按钮。

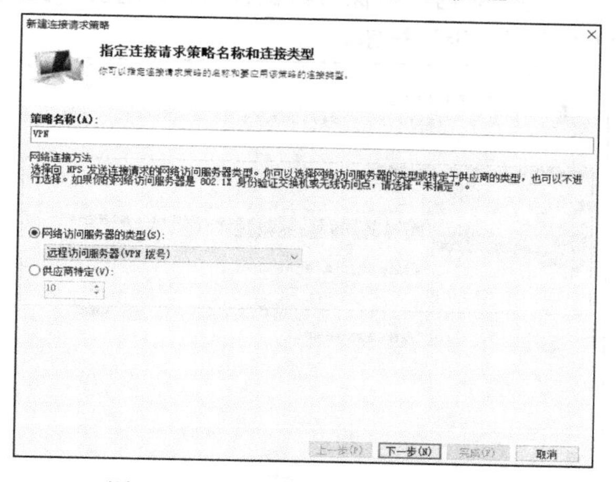

图 10-38　指定策略名称和连接类型

STEP3 在“指定条件”界面单击“添加”按钮，选择要使用的条件。可以通过用户名、访问的 IP 地址和时间等来设置连接条件，本例选择“日期和时间限制”条件，单击“添加”按钮，如图 10-39 所示。

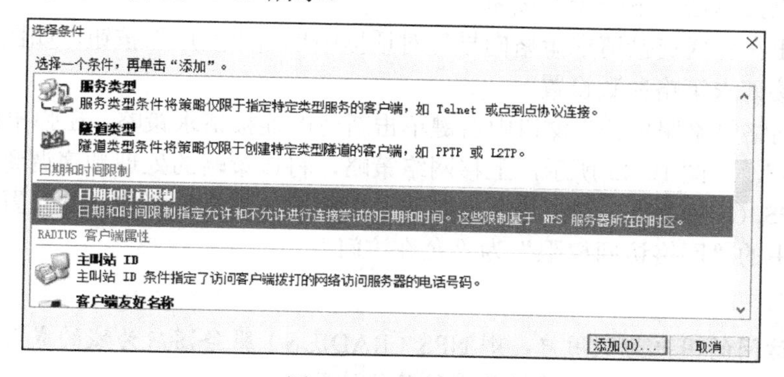

图 10-39　选择条件

STEP4 在“日期和时间”对话框中选择时间从周一到周五的8:00至18:00，单击“允许”单选按钮，如图10-40所示，单击“确定”按钮，指定日期和时间限制。

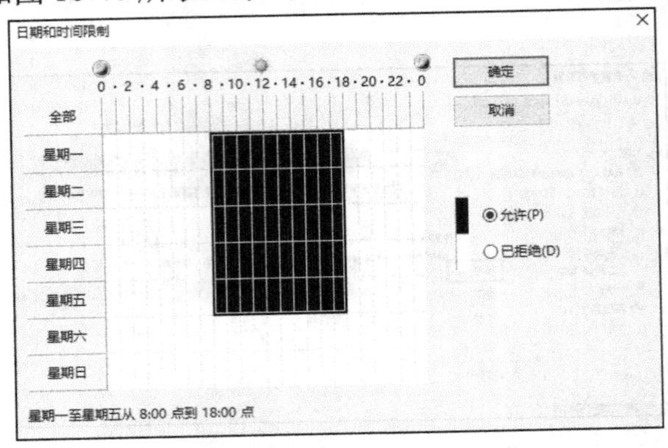

图10-40 指定日期和时间限制

STEP5 确定后返回到“选择条件”对话框，单击“下一步”按钮。在如图10-41所示的“指定连接请求转发功能”对话框中保持默认设置，即选择“在此服务器上对请求进行身份验证”，单击“下一步”按钮。

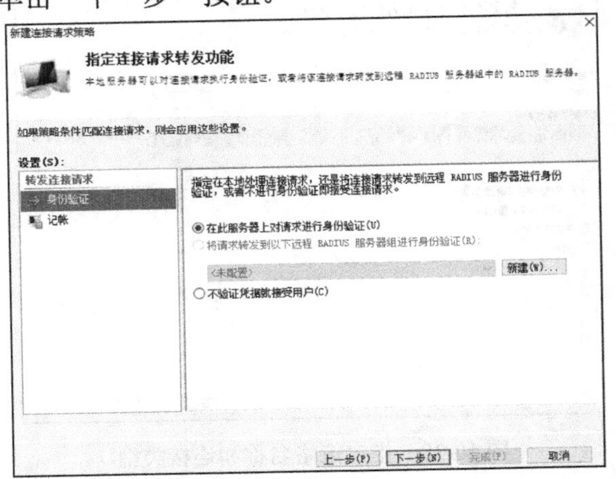

图10-41 指定连接请求转发功能

STEP6 在“指定身份验证方法”对话框中不做修改，在“配置设置”对话框中使用默认设置，直接单击“下一步”按钮。

STEP7 在“正在完成连接请求策略向导”对话框中单击“完成”按钮，如图10-42所示完成连接请求策略参数设置。

STEP8 在“网络策略服务器”窗口中右键单击新建的连接请求策略，在弹出的菜单中选择“上移”，如图10-43所示，上移网络策略，将该策略的处理顺序调整为1。

STEP9 在NPS（RADIUS）服务器上创建需要远程访问的本地账户，并设置用户“拨入”属性中的“网络访问权限”为“允许访问”。

提示：

如果远程访问的用户为域用户，则NPS（RADIUS）服务器应为域的成员服务器，用户可以是所属域的账户或具有双向信任关系的其他域账户。

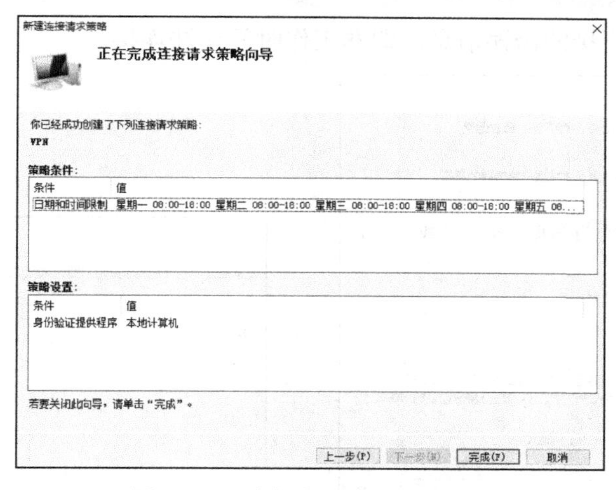

图 10-42　连接请求策略参数设置

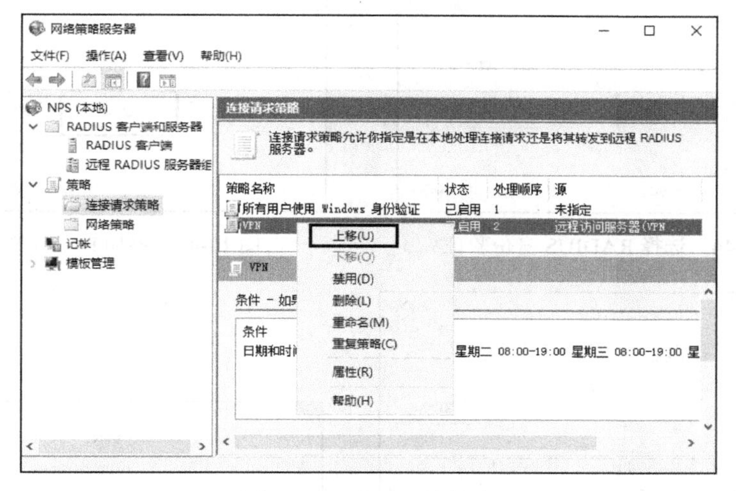

图 10-43　上移网络策略

10.3.4　配置 VPN 服务器

完成 NPS 搭建和策略配置后，VPN 服务器的认证方式需要重新配置，以接受 NPS 的认证。

STEP1 打开“路由和远程访问服务”窗口，右键单击服务器名称，在弹出的菜单中选择“属性”，在其属性对话框中选择“安全”选项卡，在“身份验证提供程序”下拉列表框中选择“RADIUS 身份验证”，如图 10-44 所示。

STEP2 单击“RADIUS 身份验证”右侧的“配置”按钮，在“RADIUS 身份验证”对话框中单击“添加”按钮，如图 10-45 所示添加 RADIUS 身份验证。

STEP3 在如图 10-46 所示的“编辑 RADIUS 服务器”对话框中的“服务器名称”和“共享机密”对应的文本框中分别输入 RADIUS 服务器的地址与共享机密，共享机密是在搭建 RADIUS 服务器时设置的，单击“确定”按钮，完成后重启路由和远程访问服务。完成以上设置后，如果员工在非工作时间尝试远程访问，将出现如图 10-47

所示的无法连接的错误信息，即非工作时间无法连接。

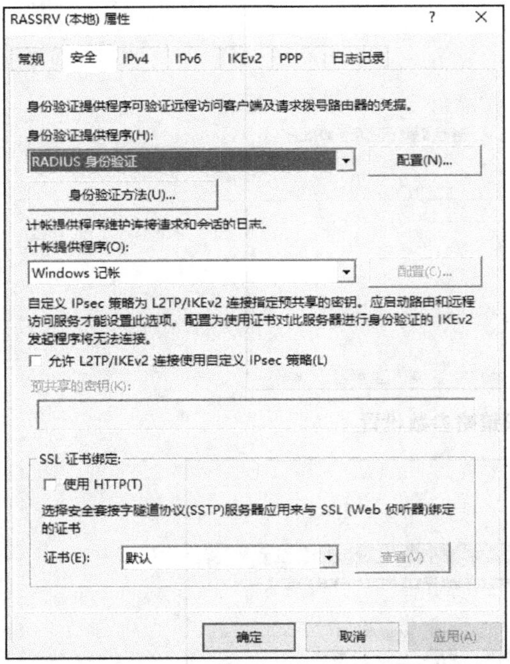

RASSRV (本地) 属性
常规
安全
IPv4
IPv6
IKEv2
PPP
日志记录
身份验证提供程序可验证远程访问客户端及请求拨号路由器的凭据。
身份验证提供程序(H):
RADIUS 身份验证
配置(N)...
身份验证方法(U)...
计帐提供程序维护连接请求和会话的日志。
计帐提供程序(O):
Windows 记帐
配置(C)...
自定义 IPsec 策略为 L2TP/IKEv2 连接指定预共享的密钥。应启动路由和远程访问服务才能设置此选项。配置为使用证书对此服务器进行身份验证的 IKEv2 发起程序将无法连接。
允许 L2TP/IKEv2 连接使用自定义 IPsec 策略(L)
预共享的密钥(K):
SSL 证书绑定:
使用 HTTP(T)
选择安全套接字隧道协议(SSTP)服务器应用来与 SSL (Web 侦听器)绑定的证书
证书(E):
默认
查看(V)
确定
取消
应用(A)

图 10-44　选择 RADIUS 身份验证

RADIUS 身份验证
按从高分到低分的顺序查询下面的 RADIUS 服务器。
服务器
初始分数
添加(A)...
编辑(E)...
删除(R)
确定
取消

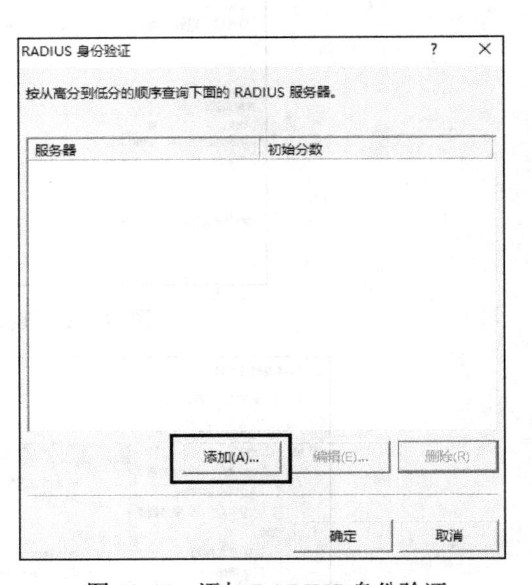

图 10-45　添加 RADIUS 身份验证

编辑 RADIUS 服务器
服务器名称(S):
192.168.8.10
共享机密:
****
更改(H)...
超时(秒)(T):
5
初始分数(N):
30
端口(P):
1812
一直使用消息验证器(A)
确定
取消

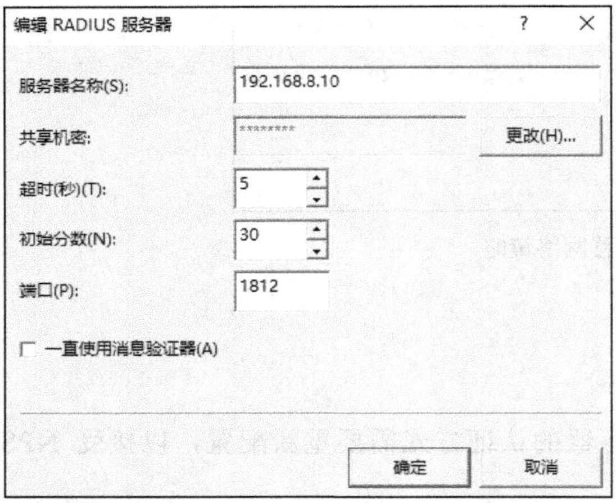

图 10-46　设置 RADIUS 服务器地址及共享机密

设置
主页
网络和 Internet
状态
以太网
拨号
VPN
代理
VPN
添加 VPN 连接
VPN Server
无法连接到 VPN Server
关闭
高级选项
开
开

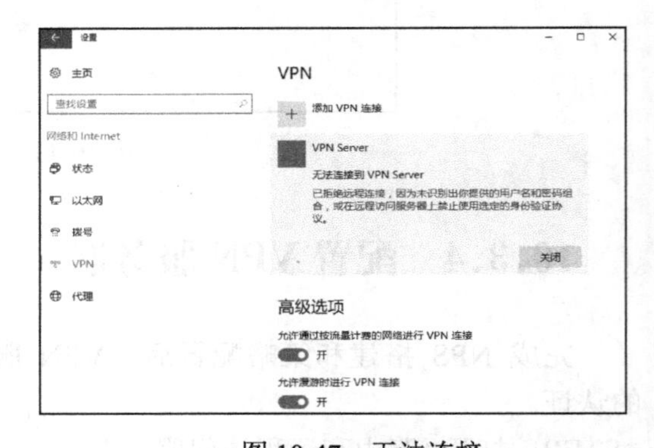

图 10-47　无法连接

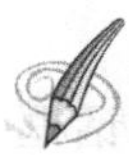

10.4　实训

实训环境一

HT 公司员工出差期间需要访问公司局域网中文件服务器上的共享文件夹 files，文件服务器的 IP 地址为 172.16.1.2，图 10-48 所示为实训环境一示意图。出差的员工使用 VPN 连接到公司局域网，VPN 服务器连接 Internet 的 IP 地址为 61.167.1.1。出差员工的计算机操作系统为 Windows 10，让出差员工能使用 UNC 路径“\\172.16.1.2\files”访问局域网中的文件服务器。

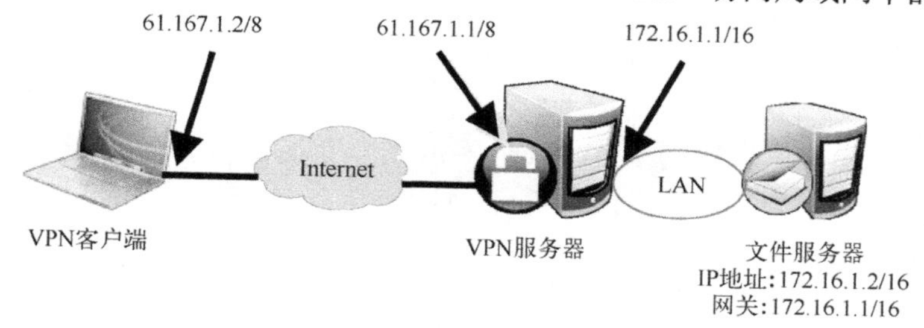

图 10-48　实训环境一示意图

需求描述

- 准备一台双网卡的服务器作为 VPN 服务器，按图 10-48 配置 IP 地址参数。
- 在服务器上启用路由和远程访问服务。
- 激活路由和远程访问服务。
- 配置客户端的 VPN 网络连接，获取内网络 IP 地址。
- 访问企业内部文件服务器。

实训环境二

HT 公司为出差员工提供远程访问后，出于安全方面的考虑，需要限制员工只能在周一到周五的早 9:00 到晚 17:00 进行远程访问。

- 搭建 RADIUS 服务器。
- 新建客户端。
- 新建连接请求策略。
- 在 VPN 服务器上配置 RADIUS 身份验证。
- 分别在工作时间和非工作时间用 VPN 客户端访问远程文件服务器进行测试。

10.5　习题

- 远程访问的连接方式有哪些？
- VPN 的中文意思是什么？有哪些构成要素？
- 简述配置路由和远程访问的步骤？
- NPS 的主要作用是什么？

第 11 章 PKI 与证书服务

项目需求：

ABC 公司随着业务的发展，要将域名为 www.abc.com 的网站升级为网上交易平台，开展网上订单和网络支付等业务，用户在访问时需要使用加密的信息传输协议，以保证用户密码和访问数据在传输时的安全性。

学习目标：

- 理解 PKI 工作原理
- 理解证书发放过程
- 会安装证书服务
- 会管理企业 CA
- 会在 Web 服务器上配置 SSL

本章单词

- Public Key：公钥
- Private Key：私钥
- PKI：Public Key Infrastructure，公钥基础结构，公钥基础设施
- CA：Certification Authority，证书颁发机构，认证机构
- RA：Registration Authority，注册机构
- SSL：Secure Socket Layer，安全套接字层
- HTTPS：Hypertext Transfer Protocol Secure，超文本传输安全协议，安全超文本传输协议
- IPSec：IP Security，IP 安全协议
- AH：Authentication Header：验证头，鉴别头，认证头
- ESP：Encapsulating Security Payload：封装安全负载，封装安全有效载荷

11.1 PKI 概述

当在网络上传输数据时，这些数据可能会在传输过程中被截取和篡改，PKI（Public Key Infrastructure，公钥基础结构）可以确保电子商务交易、电子邮件和文件传输等各类数据传输的安全性。

PKI 是通过使用公钥技术和数字证书来确保信息安全并负责验证数字证书持有者身份的一种技术。PKI 让个人或企业能够安全地从事商业活动，可以在互联网上安全地传输数据而不必担心信息被非法第三方拦截，建立安全的电子商务网站，保证网上交易的安全性。

当用户通过网络将数据传输给接收者时，可以利用 PKI 所提供的以下三个功能来确保数据传输的安全性。

- 对传输的数据加密。
- 接收者计算机会验证所收到的数据是否由发送者本人所传输。
- 接收者计算机会确认数据的完整性，检查数据在传输过程中是否被窜改。

在 PKI 中，各参与方都信任同一个 CA（Certification Authority，证书颁发机构），由该 CA 来核对和验证各参与方的身份。例如，全国都认可的合法获得的汽车驾驶证和护照，是因为都信任颁发这些证件的机构——政府。PKI 由公钥加密技术、数字证书、CA 和 RA（注册机构）等共同组成。

- 数字证书用于用户的身份验证。
- 证书颁发机构（CA）是 PKI 的核心，负责管理 PKI 中所有用户（包括各种应用程序）的数字证书的生成、分发、验证和撤销。
- 注册机构（RA）接受用户的请求，负责将用户的有关申请信息存档备案，存储在数据库中等待审核，并将审核通过的证书请求发送给 CA。RA 分担了 CA 部分任务，使管理变得更方便。

11.1.1 公钥加密技术

公钥加密技术是 PKI 的基础，这种技术需要两种密钥——公钥（Public Key）和私钥（Private Key）。公钥和私钥之间有如下关系。

- 公钥和私钥是成对生成的，这两个密钥互不相同，可以互相加密和解密。
- 不能根据一个密钥推算出另一个密钥。
- 公钥对外公开，私钥只有私钥持有人才知道。
- 私钥应该由私钥的持有人妥善保管。

公钥和私钥要配对使用，如果用公钥对数据进行加密，只有用相对应的私钥才能解密；如果用私钥对数据进行加密，那么只有用对应的公钥才能解密。根据两种密钥的使用顺序，可以分为数据加密和数字签名。

1. 数据加密

数据加密确保只有预期的接收者才能够解密和查看原始数据，以提高机密性。在传输数据时，发送方使用接收方的公钥加密数据并传输；当接收方收到数据后，再用自己的私钥解密这些数据，数据加密的过程如图 11-1 所示。

图 11-1　数据加密的过程

数据加密能确保传输数据的机密性，但不能保证数据的完整性、身份的真实性和不可否认性，即不能检查数据在传输过程中是否完整，并验证发送方的身份，要解决这个问题，还需要数字签名。

2. 数字签名

数字签名具有以下功能。

- 身份验证：接收方可确认该发送方的身份标识。
- 数据完整性：证实消息在传输过程中内容没有被修改。
- 操作的不可否认性：其他用户不可能冒充发送方来发送消息。

用户可以通过数字签名确保数据的完整性和有效性，只需采用私钥对数据进行加密处理。由于私钥仅为个人拥有，所以能够证实签名消息的唯一性，即验证以下两个方面。

- 消息由签名者即发送方自己签名发送，签名者不能否认。
- 消息自签发到接收这段过程中是否发生过修改，签发的消息是否真实。

发送者利用自己的私钥对传输的数据进行数字签名，接收者利用发送者的公钥来验证此数据。数字签名的过程如图 11-2 所示。

图 11-2　数字签名的过程

如果第三方没有获得发送方的私钥，就无法冒充发送方进行数字签名，这就提供了一个安全确认发送方身份的方法。安全的数字签名可以使接收方得到保证：文件确实来自声称的发送方。鉴于签名私钥只有发送方自己保存，他人无法做一样的数字签名，因此发送方不能否认其参与了文件发送。

数据加密和数字签名都用到了公钥和私钥，要保证这些密钥的合法性，就需要通过受信任的第三方颁发证书来完成，该证书证实了公钥所有者的身份标识。

提示：

因为公钥加密技术使用两个不同的密钥进行加密和解密，所以公钥加密技术也被称为非对称加密技术。与非对称加密技术相对应，还有一种对称加密技术，对称加密技术使用同一个密码进行加密和解密。

11.1.2 PKI 协议

PKI 提供了完整的加密和解密解决方案，许多用于安全通信的协议和服务都是基于 PKI 来实现的。

1. SSL

SSL（Secure Socket Layer，安全套接字层）是一个以 PKI 为基础的安全协议，可确保数据在网络传输过程中不会被截取及窃听，并保证数据完整性，目前的浏览器都支持 SSL 协议。SSL 协议位于 TCP/IP 与各种应用层协议之间，为数据通信提供安全支持。SSL 协议可分为以下两层。

- SSL 记录协议：建立在可靠的传输协议之上，为高层协议提供数据封装、压缩和加密等基本功能支持。
- SSL 握手协议：建立在 SSL 记录协议之上，用于在实际的数据传输开始前，对通信双方进行身份认证、协商加密算法和交换加密密钥等。

SSL 协议提供的主要服务如下。

- 认证用户和服务器，确保数据发送到正确的客户端和服务器上。
- 加密数据以防止数据中途被窃取。
- 维护数据的完整性，确保数据在传输过程中不被改变。

SSL 协议的工作流程分为两个阶段：服务器认证阶段和用户认证阶段。

（1）服务器认证阶段

- 客户端向服务器发送一个“Hello”开始信息，以便开始一个新的会话连接。
- 服务器根据客户的信息确定是否需要生成新的通信密钥，如果需要则服务器在响应客户的“Hello”信息时，将包含生成通信密钥所需的信息也发送给客户端。
- 客户端根据收到的服务器响应信息后，产生一个通信密钥，并用服务器的公开密钥加密后传给服务器。
- 服务器解密后获得通信密钥，并返回给客户端一个通信密钥加密信息，以此让客户端认证服务器。

（2）用户认证阶段

完成服务器认证后，服务器会发送一个信息给客户端，客户端则返回数字签名后的信息和其公开的密钥，从而向服务器提供认证。

2. HTTPS

HTTPS（Hypertext Transfer Protocol Secure，超文本传输安全协议）用于对数据进行加密和解密，并返回网络上传回的结果。HTTPS 应用安全套接字层（SSL）作为 HTTP 应用层的子层，通过该子层实现身份验证与加密通信，被广泛应用于万维网上安全敏感的通信，如网上支付。HTTPS 使用 SSL 通信，使用端口 443 通信，而不使用 TCP/IP 端口 80 通信。

3. IPSec

IPSec（IP Security，IP 安全）协议是应用广泛、开放的 VPN 安全协议，目前已经成为最流行的 VPN 解决方案，包括 AH 和 ESP。

AH（Authentication Header，验证头）协议为 IP 通信提供数据源认证和数据完整性保护等功能。ESP（Encapsulating Security Payload，封装安全负载）提供数据保密、数据源身份认证、数据完整性保护和重放攻击保护等功能。

11.2 证书颁发机构

证书颁发机构（CA）也称为数字证书认证中心，是 PKI 应用中权威的、可信的、公证的第三方机构，也是电子交易中心信赖的基础。CA 的主要功能是负责产生、分配并管理所有参与网上交易的实体所需的身份认证数字证书。

11.2.1 证书

无论是电子邮件保护或 SSL 网站安全连接，都需要先申请证书，才可以使用公钥与私钥来执行数据加密与身份验证。证书好像汽车驾驶证一样，必须拥有汽车驾驶证（证书）才能开车（使用密钥）。

数字证书是一种权威性的电子文档，是由权威公正的第三方机构 CA 签发的，以数字证书为核心的加密技术可以对网络上传输的信息进行加密和解密、数字签名和验证，确保网上信息传输的机密性和完整性。使用了数字证书，即使发送的信息在网上被截获，甚至丢失了个人账户和密码等信息，仍可以保证账户和资金的安全。

通常数字证书中包含以下信息。

- 使用者的公钥。
- 使用者标识信息（如名称和电子邮件等）。
- 证书有效期限。
- 颁发者标识信息。
- 颁发者的数字签名，用来证明使用者的公钥和使用者标识信息之间的绑定关系是否有效。

证书只有在指定的期限内才有效，每个证书都包含“有效起始日期”和“有效终止日期”，一旦过了证书的有效期，到期证书的使用者就必须申请一个新的证书。

11.2.2 CA 的作用

CA 可以自己创建，也可以由第三方机构搭建。在复杂的认证体系中，CA 分为不同的层次，各层 CA 按照目录结构形成一棵树。在 CA 体系结构中，根 CA 处于核心地位，功能是认证授权，具体作用如下所述。

- 处理证书申请。
- 鉴定申请者是否有资格接收证书。

- 向申请者颁发或拒绝颁发证书。
- 接收并处理最终用户的数字证书更新请求。
- 接收最终用户数字证书的查询和撤销。
- 产生和发布证书吊销列表。
- 数字证书、密钥和历史数据归档。

11.2.3 CA的类型

CA有企业CA和独立CA两大类。企业CA又分为企业根CA和企业从属CA；独立CA也分为独立根CA和独立从属CA。

1. 企业根CA

企业根CA需要Active Directory域环境，可以将企业根CA安装到域控制器或成员服务器上，企业根CA发放证书的对象是域用户，非域用户无法向企业根CA申请证书。当域用户申请证书时，企业根CA可以从Active Directory得知该用户的相关信息，并据此决定该用户是否有权申请所需证书。

2. 企业从属CA

企业从属CA也需要Active Directory域环境，企业从属CA适合用来发放保护电子邮件安全和SSL网站安全连接等证书。企业从属CA必须向其父CA（如企业根CA）取得证书之后才能正常工作，企业从属CA也可以发放证书给下一层的次级CA。

3. 独立根CA

独立根CA的角色与功能类似于企业根CA，但不需要Active Directory域，扮演独立根CA角色的计算机可以是独立服务器、成员服务器或域控制器。无论是否为域用户，都可以向独立根CA申请证书。

4. 独立从属CA

独立从属CA的角色与功能类似于企业从属CA，不需要Active Directory域，扮演独立从属CA角色的计算机可以是独立服务器、成员服务器或域控制器。无论是否为域用户，都可以向独立从属CA申请证书。

11.2.4 证书颁发过程

假设某个用户要申请一个证书，以实现安全通信，证书的申请与发放流程如图11-3所示。

① 证书申请。用户生成密钥对，根据个人信息填好申请证书的信息，并提交证书申请信息。

② RA确认用户。在企业内部网中，一般使用手工验证方式，这样更能保证用户信息的安全性和真实性。

③ 处理证书策略。如果验证请求成功，系统指定的策略就被运用到这个请求上，如名

称和密钥长度的约束等。

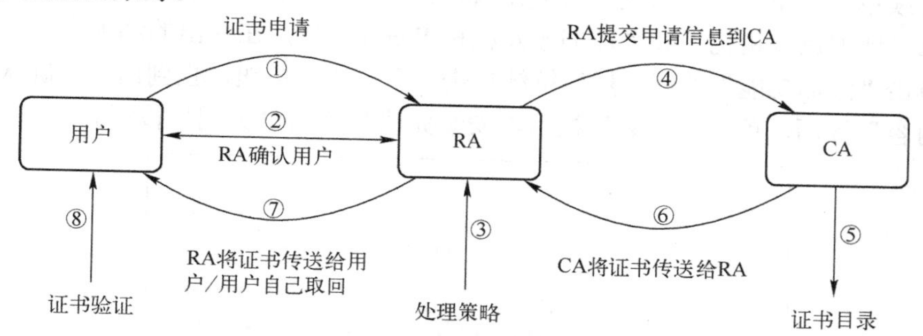

图 11-3 证书的申请与发放流程

④ RA 提交用户申请信息到 CA。RA 用自己的私钥对用户申请信息进行签名，保证用户申请信息是 RA 提交给 CA 的。

⑤ CA 用自己的私钥对用户的公钥和用户信息的 ID 进行签名，生成电子证书。这样，CA 就将用户的信息和公钥捆绑在一起了。然后，CA 将用户的数字证书和用户的公钥公布到目录中。

⑥ CA 将电子证书传送给批准该用户申请的 RA。

⑦ RA 将电子证书传送给用户或者用户自动取回。

⑧ 用户验证 CA 颁发的证书，确保自己的信息在签名过程中没有被篡改，而且通过 CA 的公钥验证这个证书确实由所信任的 CA 机构颁发。

11.3 安装证书服务

以下将以在域环境中安装企业根 CA 为例，安装证书服务步骤如下。

STEP1 用域系统管理员身份登录（如果为域成员服务器，还可利用域 Enterprise Admins 组成员的身份登录），在“服务器管理器”窗口选择“仪表板”项，单击右侧窗格中的“添加角色和功能”，持续单击“下一步”按钮，在如图 11-4 所示的“选择服务器角色”界面中勾选“Active Directory 证书服务”，在弹出的添加所需功能界面中单击“添加功能”按钮，然后单击“下一步”按钮，添加 Active Directory 证书服务角色。

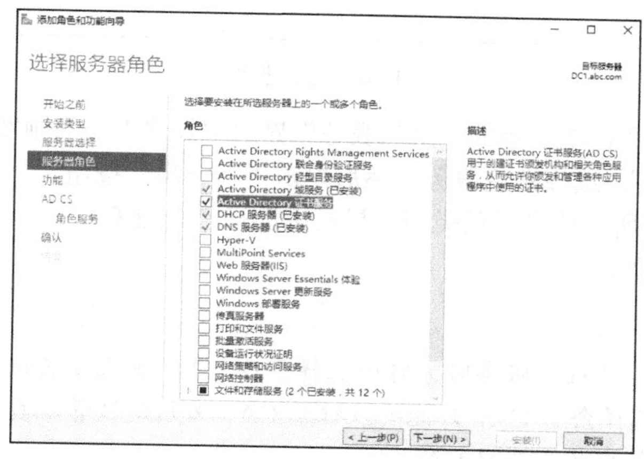

图 11-4 添加 Active Directory 证书服务角色

STEP2 持续单击“下一步”按钮，直到出现如图 11-5 所示的“选择角色服务”界面，勾选“证书颁发机构”和“证书颁发机构 Web 注册”，在弹出的添加所需功能界面中单击“添加功能”按钮，然后持续单击“下一步”按钮，直到出现“确认安装所选内容”界面，单击“安装”按钮，安装完成后单击“关闭”按钮。

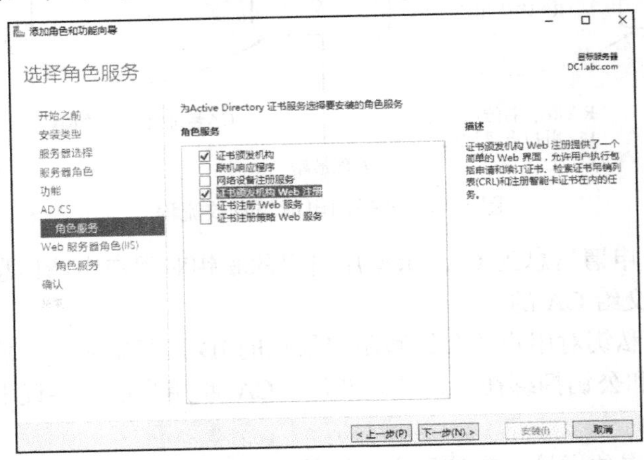

图 11-5　添加所需的角色

STEP3 在图 11-6 所示的“安装进度”界面中单击“配置目标服务器上的 Active Directory 证书服务”，在出现的“凭据”界面中直接单击“下一步”按钮。

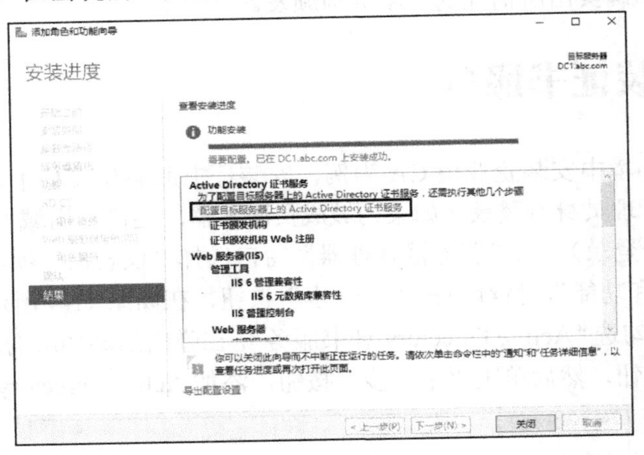

图 11-6　安装进度

STEP4 在出现的如图 11-7 所示的“角色服务”界面中勾选“证书颁发机构”“证书颁发机构 Web 注册”，选择角色服务，然后单击“下一步”按钮。

STEP5 在如图 11-8 所示的“设置类型”界面中选择“企业 CA”，单击“下一步”按钮，指定安装类型。

提示：

只有在域环境中安装证书服务时才可以选择企业 CA，如果安装证书服务的计算机在工作组环境中，将无法选择企业 CA，只能安装独立 CA。必须是域管理员或对 Active Directory 有写权限的管理员才能安装企业根 CA。

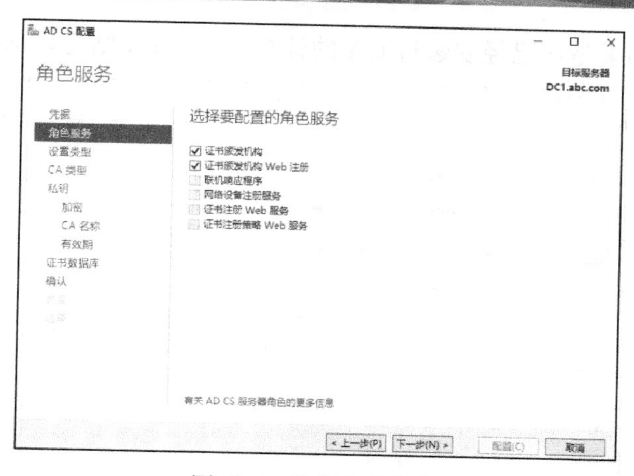

图 11-7　选择角色服务

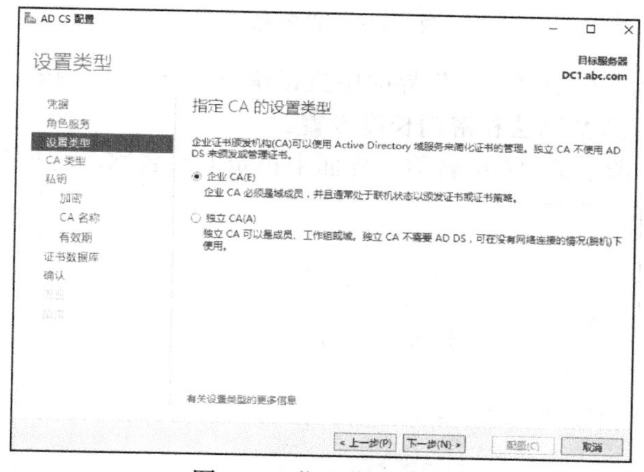

图 11-8　指定安装类型

STEP6 在如图 11-9 所示的“CA 类型”界面中选择“根 CA”，单击“下一步”按钮，指定 CA 类型。

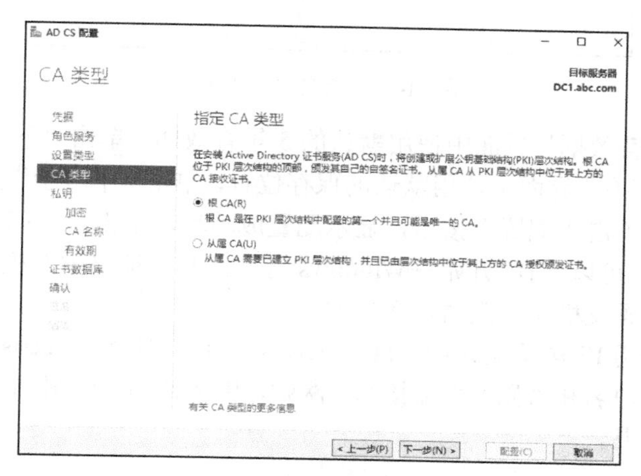

图 11-9　指定 CA 类型

STEP7 在如图 11-10 所示的“私钥”界面中选择“创建新的私钥”，单击“下一步”按钮，设置私钥。如果是在已经安装过 CA 的计算机上安装，则可以选择“使用现有私钥”。

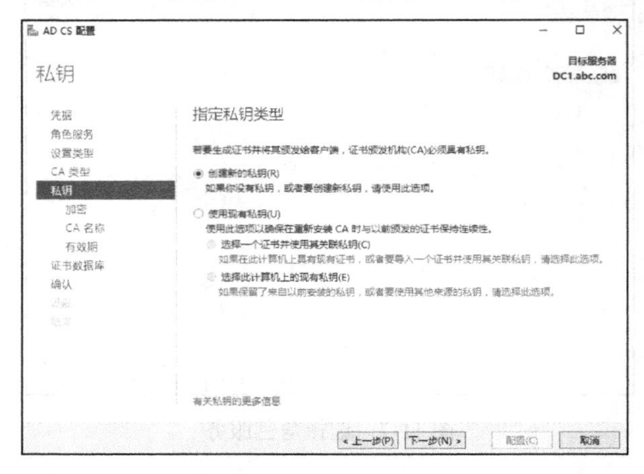

图 11-10　设置私钥

STEP8 在弹出的“为 CA 配置加密”界面中直接单击“下一步”按钮，使用默认的加密服务提供程序、哈希算法和密钥长度设置。

STEP9 在如图 11-11 所示的“CA 名称”界面中指定 CA 名称，这里采用默认名称。

图 11-11　指定 CA 名称

STEP10 在弹出的“有效期”界面中使用默认的 5 年有效期，单击“下一步”按钮。在弹出的“CA 数据库”界面中使用默认的保存位置，单击“下一步”按钮。在弹出的“确认”界面中单击“配置”按钮，显示配置成功后，单击“关闭”按钮。

STEP11 安装完成后，可以选择“开始→Windows 管理工具→证书颁发机构”，打开如图 11-12 所示的证书颁发机构管理器，管理 CA。

STEP12 用户可以使用 IE 浏览器访问“http://CA 主机名或 IP 地址/certsrv/”（访问该目录时需要提供用户名和密码）来连接 CA 网站，申请证书，如图 11-13 所示使用 Web 浏览器申请证书。

提示：

如果客户端采用 Windows Server 2016 和 Windows Server 2012 R2 操作系统，请先将 IE

增强的安全配置关闭，否则操作系统会阻挡连接 CA 网站。在“服务器管理器”窗口的“本地服务器”界面中可关闭 IE 增强的安全配置。

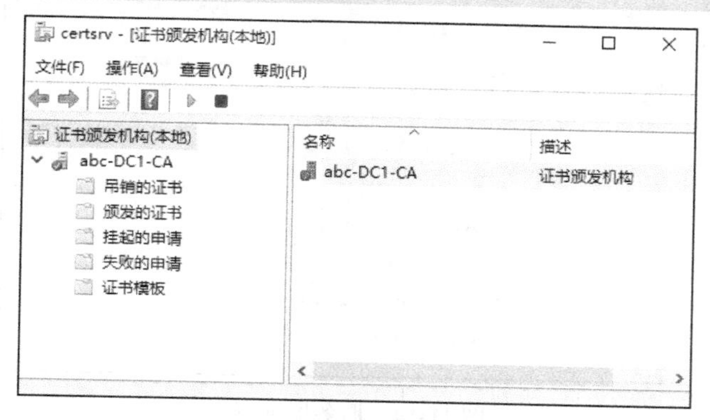

图 11-12　证书颁发机构管理器

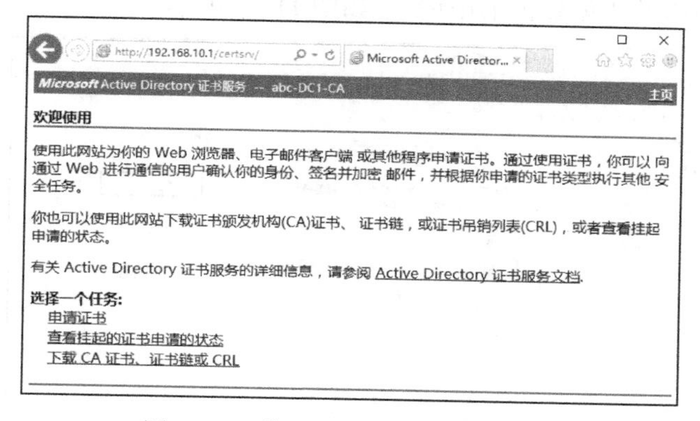

图 11-13　使用 Web 浏览器申请证书

11.4　SSL 网站证书应用

为网站申请 SSL 证书，网站才会具备 SSL 安全性能。如果网站要对 Internet 用户提供服务，应该向商业 CA 申请证书，如 VerSign 和 Symantec 等；如果网站只是对内部员工和企业合作伙伴提供服务，则可以利用 Active Directory 证书服务来架设 CA，并向 CA 申请证书。

11.4.1　申请与颁发证书

为网站应用证书前必须先生成证书申请，用以标识证书将用于哪个网站，下面以 www.abc.com 网站为例介绍如何申请并应用证书。本例中 CA 证书服务器 IP 地址为 192.168.10.1，这台计算机同时作为 DNS 服务器，创建了正向查找区域 abc.com，并建立主机记录 www（IP 地址为 Web 服务器地址 192.168.10.8）。为 Web 服务器的 abc 网站启用 SSL。

STEP1 在 Web 服务器上打开“Internet Information Service(IIS)管理器”窗口，在左侧窗格中选择服务器名称，双击中间窗格的“服务器证书”，如图 11-14 所示。

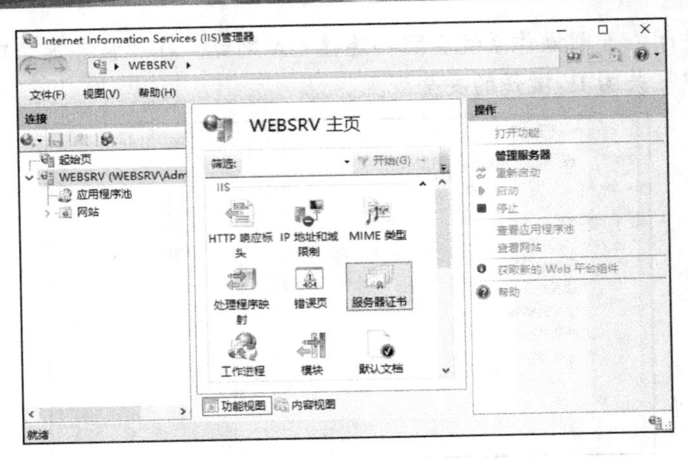

图 11-14 服务器证书

STEP2 单击右侧窗格的“创建证书申请”，如图 11-15 所示。

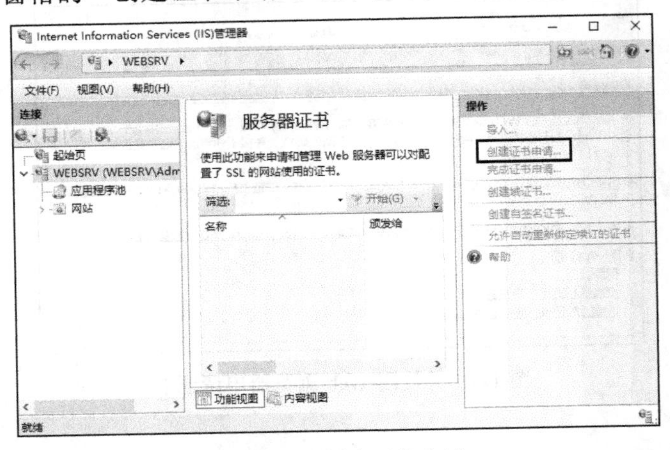

图 11-15 创建证书申请

STEP3 打开如图 11-16 所示的“可分辨名称属性”对话框，输入证书相关信息，单击“下一步”按钮。申请证书的通用名称必须与申请的域名完全一致。

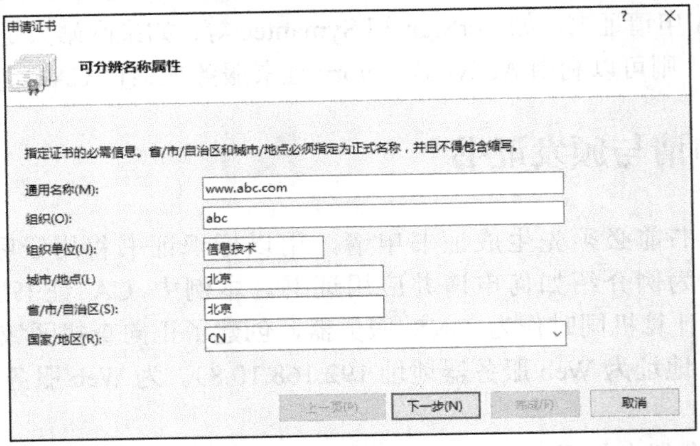

申请证书

可分辨名称属性

指定证书的必需信息。省/市/自治区和城市/地点必须指定为正式名称，并且不得包含缩写。

通用名称(M): www.abc.com
组织(O): abc
组织单位(U): 信息技术
城市/地点(L): 北京
省/市/自治区(S): 北京
国家/地区(R): CN

上一页(P) 下一步(N) 完成(F) 取消

图 11-16 输入证书信息

STEP4 在如图 11-17 所示的“加密服务提供程序属性”对话框中使用默认的加密程序和密钥长度，单击“下一步”按钮。图中的“位长”用来指定网站公钥的长度，位长越长，安全性越高，但会影响效率，一般选择默认的 1024 位即可。

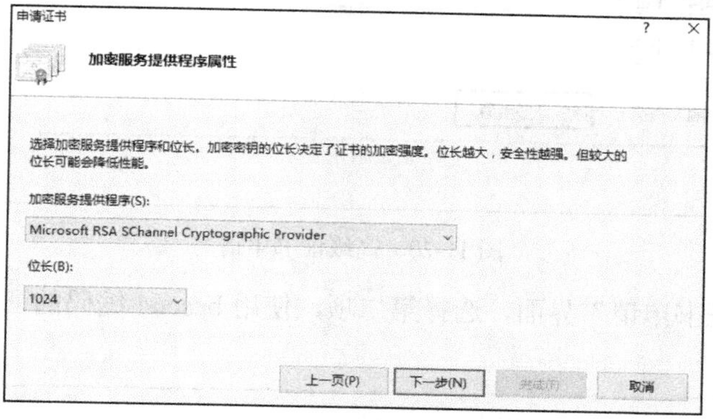

图 11-17　加密服务提供程序属性

STEP5 在如图 11-18 所示的“文件名”对话框中为该证书申请指定一个文件名，确定保存位置，单击“完成”按钮，完成证书申请的创建。

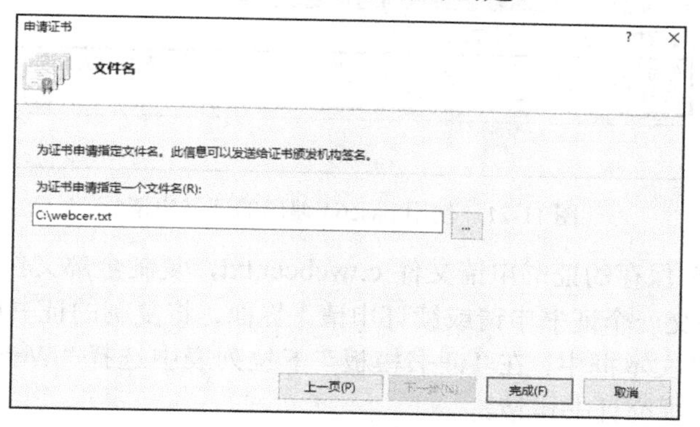

图 11-18　为证书申请指定文件名

STEP6 在 Web 服务器上使用 IE 浏览器访问“http://192.168.10.1/certsrv/”，提供系统管理员用户名和密码后，打开如图 11-19 所示的申请证书界面，单击“申请证书”。

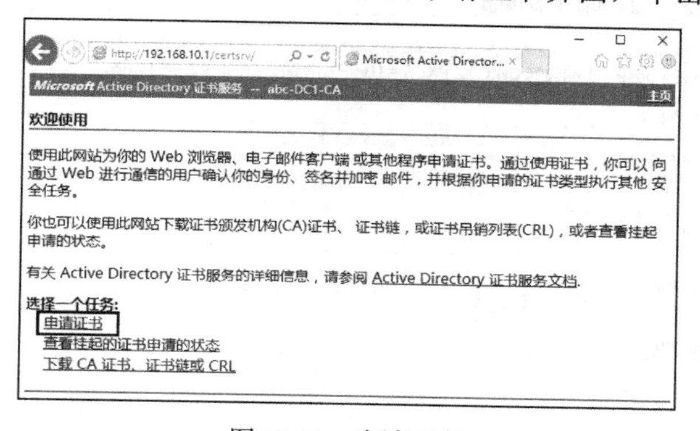

图 11-19　申请证书

STEP7 在“申请一个证书”界面单击“高级证书申请”，如图 11-20 所示。

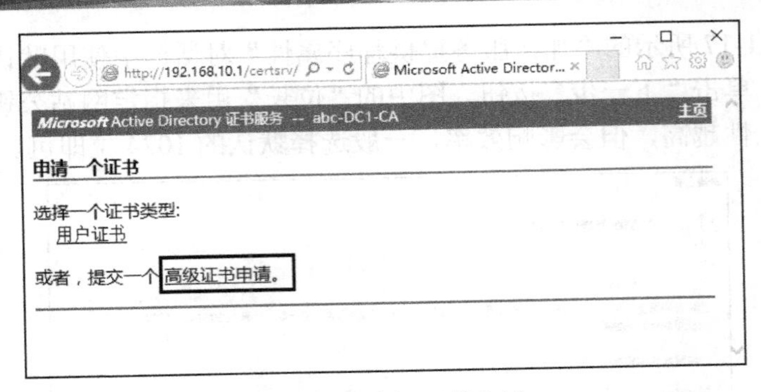

图 11-20　高级证书申请

STEP8 在“高级证书申请”界面，选择第二项，使用 base64 编码的证书申请，如图 11-21 所示。

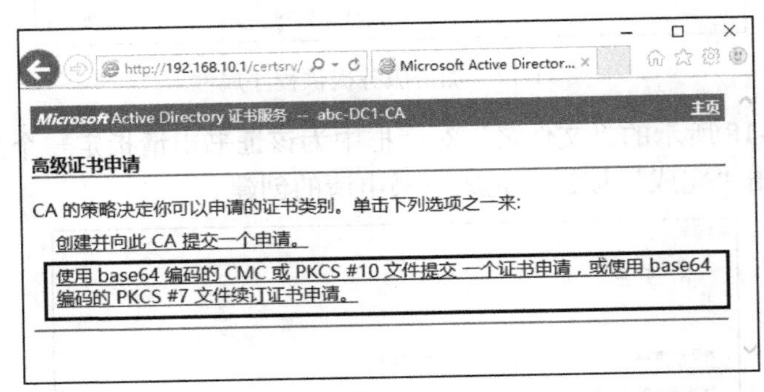

图 11-21　使用 base64 编码的证书申请

STEP9 打开 STEP5 保存的证书申请文件 c:\webcer.txt，复制全部文件内容。在如图 11-22 所示的“提交一个证书申请或续订申请”界面，将复制的证书申请内容粘贴到“保存的申请:”文本框中，在“证书模板”下拉列表中选择“Web 服务器”，单击“提交”按钮，提交证书申请。

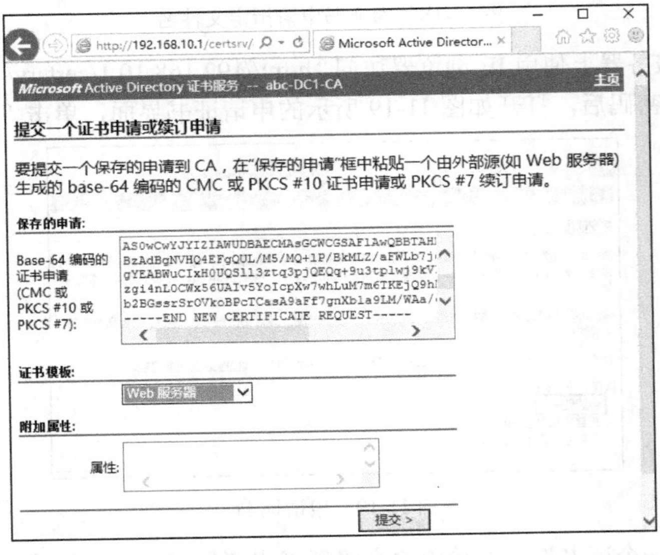

图 11-22　提交证书申请

STEP10 在如图 11-23 所示的“证书已颁发”界面，单击“下载证书”，然后保存证书。证书默认保存在“此电脑→下载”目录下，默认文件名为 certnew.cer，证书文件如图 11-24 所示。

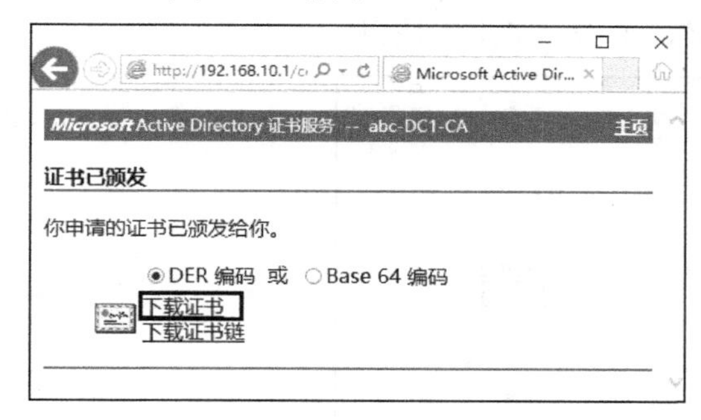

图 11-23　下载证书

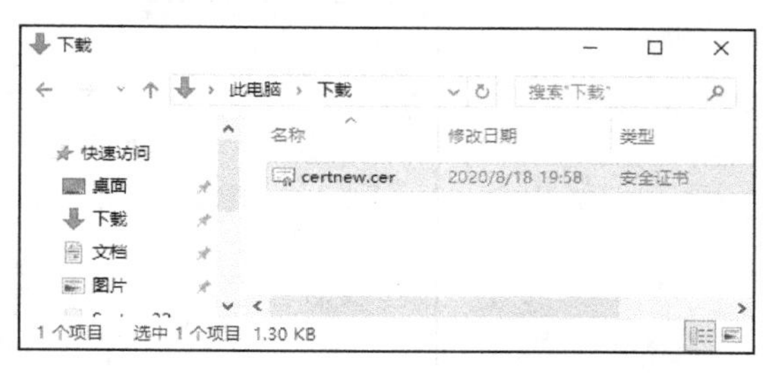

图 11-24　证书文件

提示：

如果使用的是企业 CA，在提交申请后 CA 会自动颁发证书，以上操作是使用企业 CA，所以证书会自动颁发；如果是独立 CA，则需要人工操作颁发证书，打开独立 CA 的证书颁发机构管理控制台，在左侧窗格中单击“挂起的申请”，在右侧窗格中会显示待颁发的证书，右键单击待颁发的证书，在弹出的菜单中选择“所有任务→颁发”，为该申请颁发证书。

11.4.2　安装与使用证书

将证书下载到本地后，就可以为指定的网站应用该证书，具体操作步骤如下。

STEP1 在 Web 服务器上单击图 11-15 中右侧窗格中的“完成证书申请”，在弹出的“指定证书颁发机构响应”对话框中输入或浏览选择已下载的数字证书文件，为其设置好记的名称，将证书存储到个人证书存储区，如图 11-25 所示指定 CA 响应文件，单击“确定”按钮，完成证书申请。

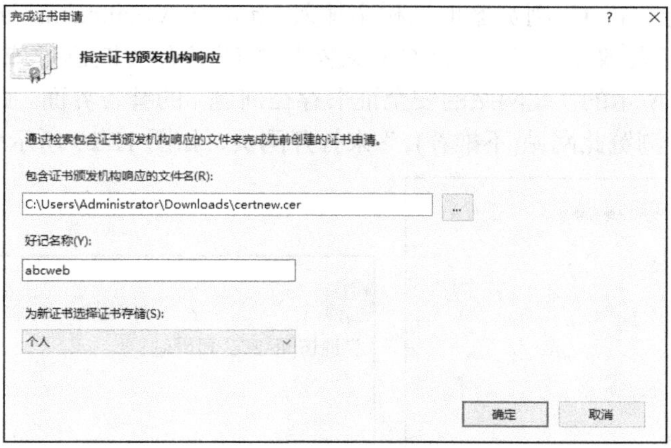

完成证书申请

指定证书颁发机构响应

通过检索包含证书颁发机构响应的文件来完成先前创建的证书申请。

包含证书颁发机构响应的文件名(R):

C:\Users\Administrator\Downloads\certnew.cer

好记名称(Y):

abcweb

为新证书选择证书存储(S):

个人

确定　取消

图 11-25　指定 CA 响应文件

STEP2 展开“Internet Information Service(IIS)管理器”窗口左侧窗格的节点，选择需要使

用该证书的网站，单击右侧窗格的“绑定”，如图 11-26 所示设置网站绑定。

STEP3 在弹出的“网站绑定”对话框中单击“添加”按钮，出现如图 11-27 所示的“添加网站绑定”对话框，在“类型”下拉列表框中选择“https”，在“SSL 证书”下拉列表框中选择先前安装的证书“abcweb”，单击“确定”按钮。

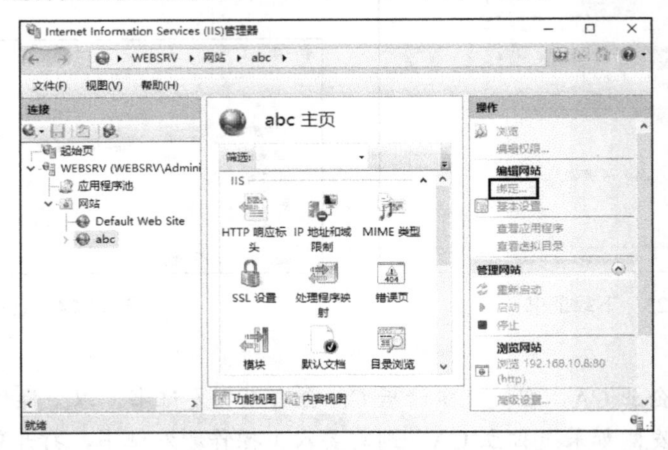

图 11-26　设置网站绑定

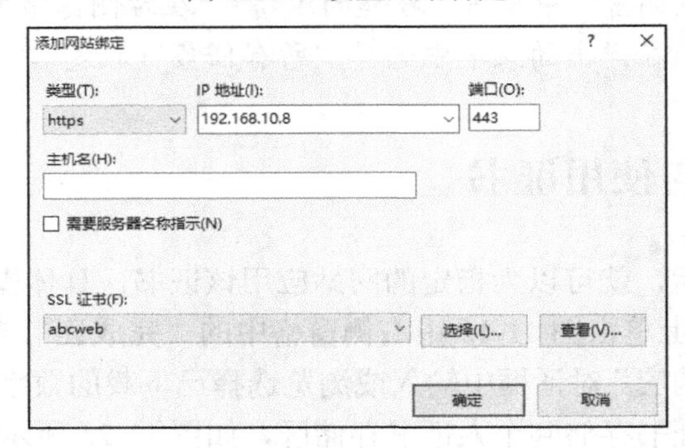

图 11-27　添加网站绑定

STEP4 在客户端计算机 IE 浏览器地址栏中输入 https://www.abc.com 连接网站，如果客户端没有信任发放 SSL 证书的 CA 或网站的证书有效期已过或尚未生效，会出现如图 11-28 所示的“此网站的安全证书存在问题”的警告界面。此时仍然可以单击下方的“继续浏览此网站(不推荐)。”来打开网页，如图 11-29 所示使用 SSL 访问网站。

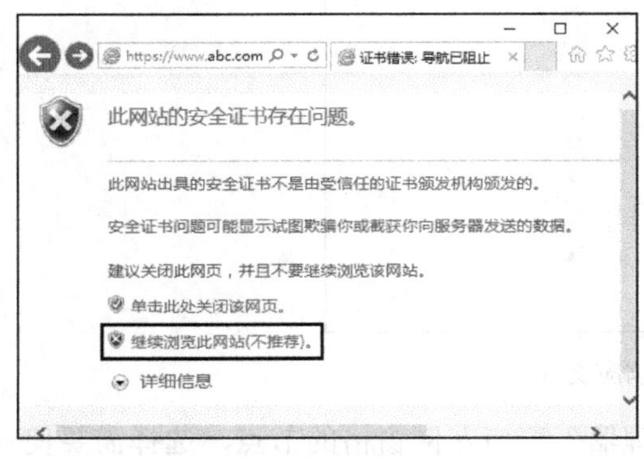

图 11-28　警告界面

图 11-29　使用 SSL 访问网站

系统默认并未强制客户端必需利用 HTTPS 的 SSL 方式访问网站，因此也可以使用 HTTP 协议来访问。通过修改网站的 SSL 设置，可以配置是否强制用户使用 SSL 方式连接网站。在“Internet Information Service(IIS)管理器”窗口，选择需要使用证书的网站，双击中间窗格的“SSL 设置”，如图 11-30 所示，打开“SSL 设置”窗格。如果需要强制用户使用 SSL 方式连接网站，勾选“要求 SSL”项，单击右侧“操作”窗格的“应用”。选择此项后，用户只能以 HTTPS 协议连接网站。

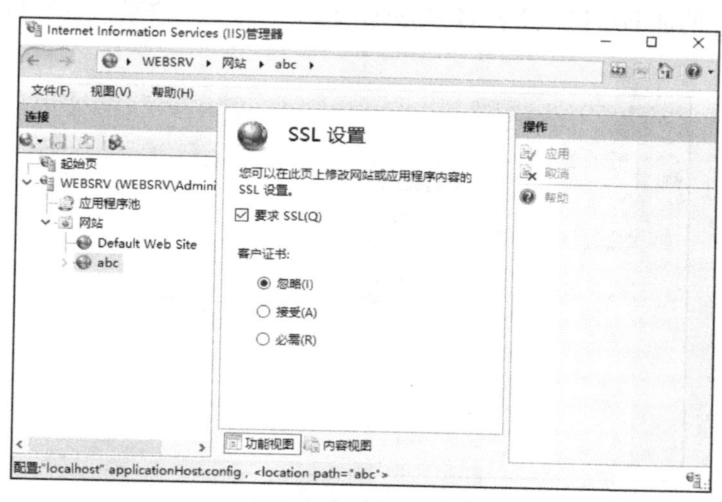

图 11-30　SSL 设置

在“SSL 设置”窗格中还可以设置是否需要客户端证书。

- 忽略：无论用户是否拥有证书，都将被授予访问权限，客户端不需要申请和安装客户端证书。
- 接受：用户可以使用客户端证书访问资源，但证书并不是必需的，客户端不需要申请和安装客户端证书。
- 必需：服务器在将用户连接到资源之前要验证客户端证书，客户端必须申请和安装客户端证书。

11.4.3　导入与导出证书

在日常管理中应该将所申请的证书导出保存备份，如果出现系统重装时，重新搭建网站后，导入所备份的证书即可。

1. 导出证书

STEP1 在 Web 服务器上打开 “Internet Information Service(IIS)管理器”窗口，选择服务器名称，双击中间窗格的“服务器证书”，出现如图 11-31 所示的“服务器证书”窗格，该窗格中显示了当前服务器安装的证书。

STEP2 选择要导出的证书，单击右侧“操作”窗格的“导出”，在“导出证书”对话框中指定导出路径、文件名及密码，单击“确定”按钮，如图 11-32 所示导出证书。

2. 导入证书

重建 Web 服务器后就可以导入先前保存的证书，此时不要求是同一台服务器，但要保证使用该证书网站的域名或 IP 地址与证书相匹配。

在重建的 Web 服务器上打开“Internet Information Service(IIS)管理器”窗口，选择服务器名称，双击中间窗格的“服务器证书”，单击右侧“操作”窗格的“导入”，在“导入证书”对话框中输入保存的证书路径、文件名和密码，单击“确定”按钮，如图 11-33 所示，完成证书导入。

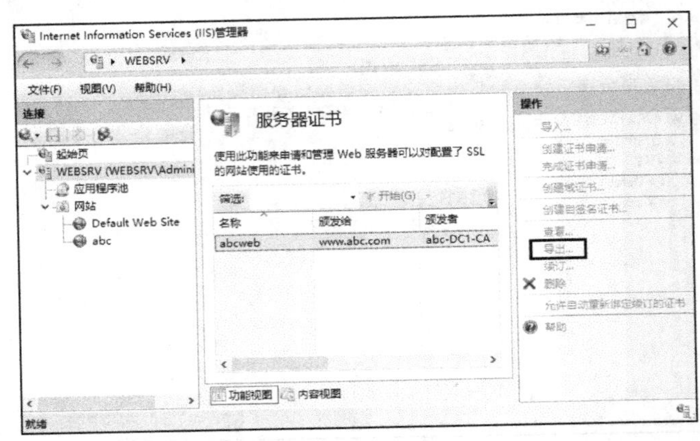

图 11-31　服务器证书

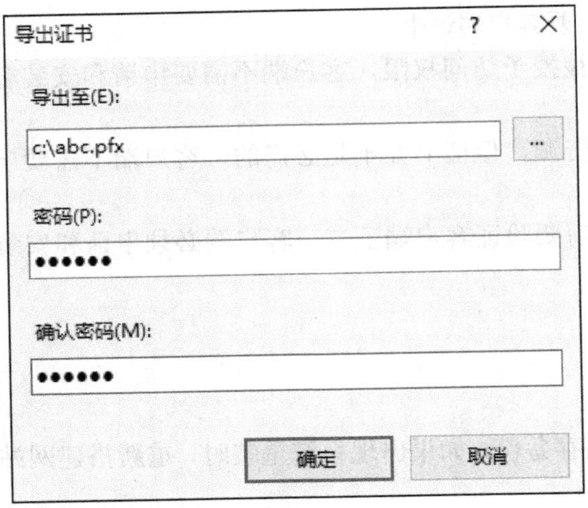

导出证书

导出至(E):

c:\abc.pfx

密码(P):

●●●●●●

确认密码(M):

●●●●●●

确定　取消

图 11-32　导出证书

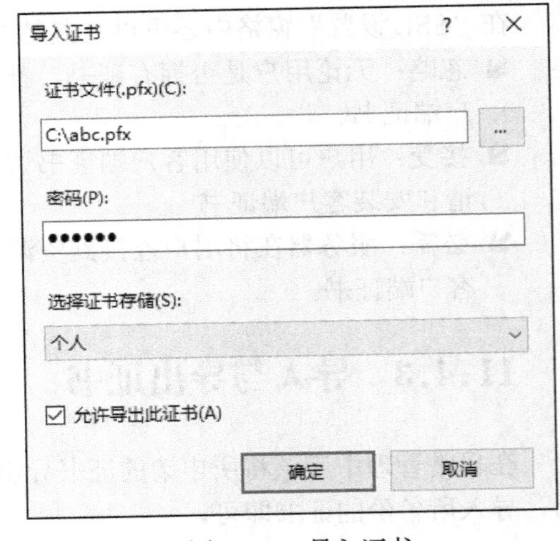

图 11-33　导入证书

11.5　实训

实训环境

HT 公司的网站域名为 www.huatian.com，随着公司业务的增多，公司欲将该网站发展成为网上交易平台，因此，在用户访问时，需要保证用户密码和访问的数据在传输时的安全性。

网络环境设计如图 11-34 所示。

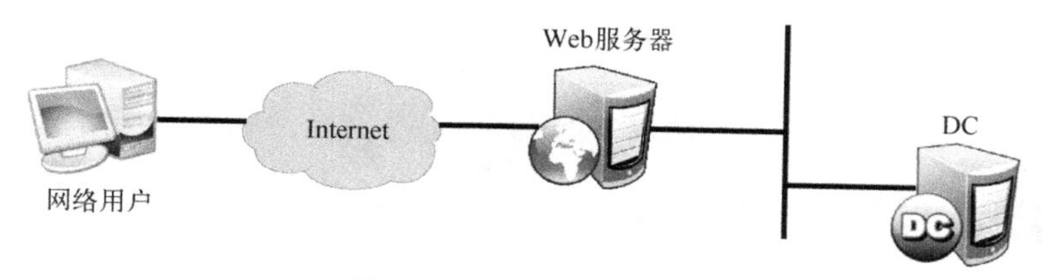

图 11-34　网络环境设计

需求描述

- 安装 CA 证书服务。
- 在 Web 服务器上生成 Web 证书申请。
- 通过 IE 浏览器提交证书申请。
- 证书申请颁发后，下载 Web 服务器证书。
- 为 Web 服务器安装证书。
- 在 Web 服务器上配置 SSL。
- 使用 HTTPS 访问网站，验证结果。

11.6　习题

- 什么是数据加密，简述其主要过程。
- 什么是数字签名，简述其主要过程。
- 证书中通常会包含哪些信息？
- 企业 CA 和独立 CA 有什么区别？
- 在网站上启用 SSL 有什么作用？

第12章

搭建虚拟环境

项目需求：

ABC公司数据中心部署了DNS服务器、文件服务器、DHCP服务器、Web服务器和远程访问服务器，近期公司又要部署数据库服务器和邮件服务器，由于旧服务器已经连续运行多年，性能下降，无法满足需求。公司购置了一台高性能计算机作为服务器，要将所有服务整合到一台计算机上，由于各服务运行在不同的操作系统平台，需要将新购置的高性能计算机虚拟成多台计算机，分别安装操作系统并提供服务，既减少资金投入，又方便管理，提高计算机利用率。此外，公司还计划将部分服务迁移到公有云上，需要选择合适的公有云平台购买服务。

学习目标：

- 理解虚拟化作用
- 会部署虚拟化服务
- 会安装和管理虚拟机
- 会在公网上申请云主机

本章单词

- Hyper-V：微软虚拟化技术
- VT：Virtualization Technology，虚拟化技术
- DEP：Hardware Data Execution Protection，硬件数据执行保护
- Systeminfo：系统信息
- BIOS：Basic Input Output System，基本输入输出系统
- Microsoft Azure：微软公有云
- Cloud：云

12.1 服务器虚拟化概述

虚拟化技术是一种资源管理技术，将一台计算机虚拟为多台逻辑计算机，每台逻辑计算机可运行不同的操作系统，并且应用程序都可以在相互独立的空间内运行而互不影响。通过运用虚拟化技术充分发挥服务器的硬件性能，提高计算机的工作效率，节约资源，避免空间浪费。

网络中运行着多台服务器，各服务器操作系统不同，利用率不高。例如，数据库服务器运行在 Linux 平台，邮件服务器运行在 Windows 平台，如果将所有的服务整合到一台服务器中，可提高资源利用率。Windows Server 2016 虚拟化解决方案就是在一台服务器上创建多台虚拟机，然后将不同的服务分别部署在不同的虚拟机上，节省了硬件的投入，将所有的服务集中整合也方便了管理。此外，利用 Windows Server 2016 虚拟化解决方案可以方便搭建网络测试环境。

Hyper-V 是 Windows Server 2016 操作系统的一个功能组件，提供了基本的虚拟化平台，只要计算机的 CPU 速度够快、内存够大、硬盘容量够大，就可以创建多台虚拟机与虚拟交换机（也称虚拟网络）。

安装 Hyper-V 组件的硬件需求如下。

- CPU 必须支持 64 位操作系统，并支持第二层地址转换。
- CPU 支持 VM 监视器模式扩展。
- CPU 必须支持虚拟化技术 AMD-V（AMD Virtualization）或 Intel-VT（Intel Virtualization Technology），在 BIOS 或 UEFI 内必须启用 AMD-V 或 Intel-VT。
- 在 BIOS 或 UEFI 内必须启用硬件数据执行保护（Hardware Data Execution Protection，DEP）。

在 Windows 命令提示符窗口运行 Systeminfo.exe 程序，可以查看计算机是否符合安装 Hyper-V 的要求，如图 12-1 所示。

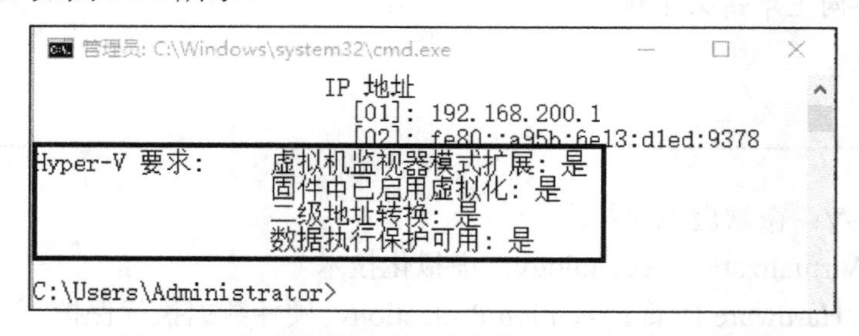

图 12-1　查看计算机是否符合安装 Hyper-V 的要求

12.2 安装 Hyper-V

首先要在物理计算机上安装支持 Hyper-V 的操作系统 Windows Server 2016，这台计算机被称作主机。本章以 Vmware Workstation 上安装的 windows Server 2016 主机为例，需要设置 CPU 支持虚拟化，即勾选如图 12-2 所示的虚拟化引擎中的两个选项。安装 Hyper-V 步骤如下。

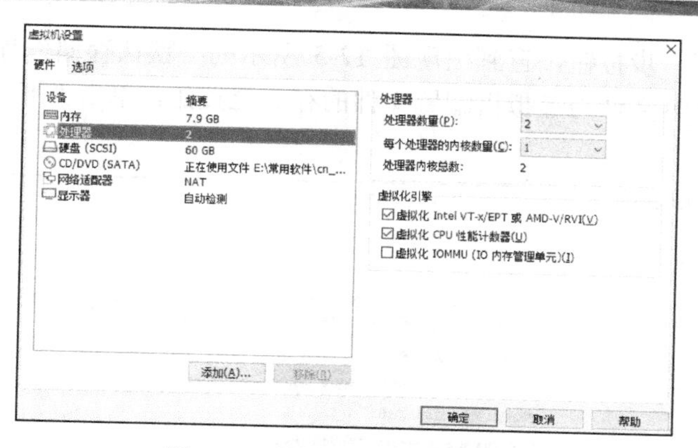

图 12-2 设置 CPU 支持虚拟化

STEP1 在如图 12-3 所示的“选择服务器角色”界面中选择“Hyper-V”，在弹出的添加所需功能界面中单击“添加功能”按钮，然后持续单击“下一步”按钮，添加 Hyper-V 角色。

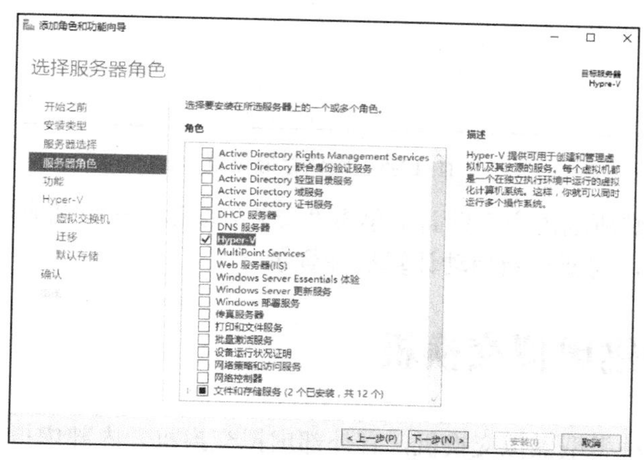

图 12-3 添加 Hyper-V 角色

STEP2 在如图 12-4 所示的“创建虚拟交换机”界面中直接单击“下一步”按钮，界面中的相关设置后面再来配置。

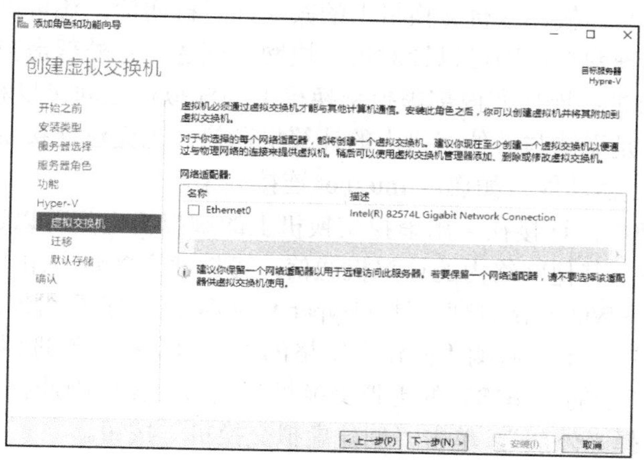

图 12-4 “创建虚拟交换机”界面

STEP3 持续单击下一步按钮，直到出现图 12-5 所示的“默认存储”界面，此界面是用来设置虚拟硬盘文件与虚拟机配置文件的存储位置的，单击“下一步”按钮，确认存储位置。

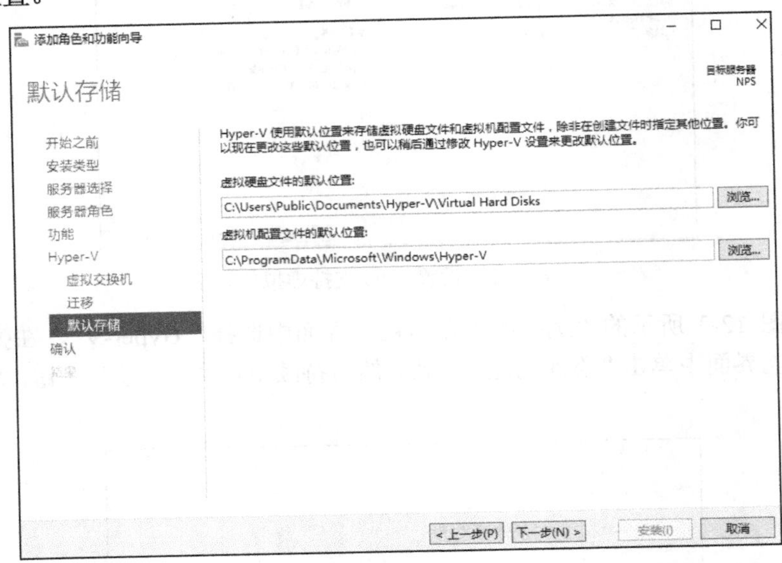

图 12-5　确认存储位置

STEP4 在“确认安装所选内容”界面中单击“安装”按钮，安装完成后单击“关闭”按钮。安装完成后，需要重新启动计算机并登录。

12.3　创建虚拟交换机

Hyper-V 提供 3 种类型虚拟交换机，有外部虚拟交换机、内部虚拟交换机和专用虚拟交换机。

- 外部虚拟交换机：此交换机所在的网络就是主机物理网卡连接的网络，因此，若将虚拟机的虚拟网卡连接到这台外部虚拟交换机上，则虚拟机可通过此交换机与主机通信，也可以与连接在这台交换机上的其他计算机通信，还可以连接 Internet。如果主机有多块物理网卡，则可以针对每一块网卡创建一台外部虚拟交换机。
- 内部虚拟交换机：连接在内部虚拟交换机上的虚拟机之间可以相互通信，也可以与主机通信，但是无法与其他网络内的计算机通信，也无法连接 Internet，除非主机启用 NAT 或路由器功能，如启用 Internet 连接共享。
- 专用虚拟交换机：连接在专用虚拟交换机上的虚拟机之间可以通信，但不能与主机通信，也无法与其他网络内的计算机通信，可以建立多台专用虚拟交换机。

STEP1 选择“开始→Windows 管理工具→Hyper-V 管理器”，打开如图 12-6 所示的“Hyper-V 管理器”窗口，单击右侧“操作”窗格的“虚拟交换机管理器”。

STEP2 在图 12-7 所示的“HOST 的虚拟交换机管理器”窗口中选择创建虚拟交换机的类型，这里选择“外部”，单击“创建虚拟交换机”按钮。

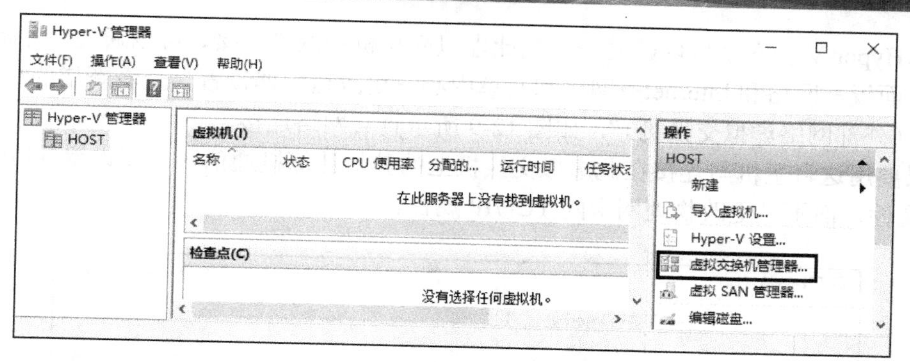

图 12-6　Hyper-V 管理器

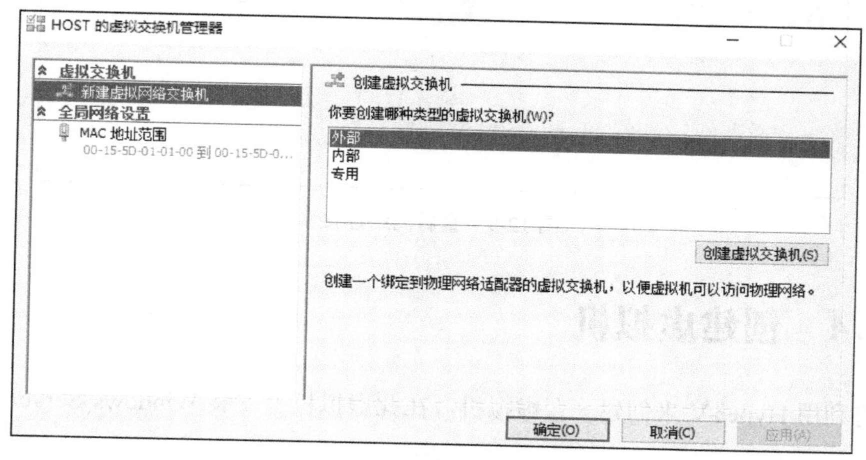

图 12-7　创建虚拟交换机

STEP3 在如图 12-8 所示的“虚拟交换机属性”界面中为此虚拟交换机命名，并在“外部网络”的下拉列表中选择一块网卡，以便将此虚拟交换机连接到网卡所在的网络。完成后单击“确定”按钮，会出现网络暂时中断连接的提示，单击“是”按钮。

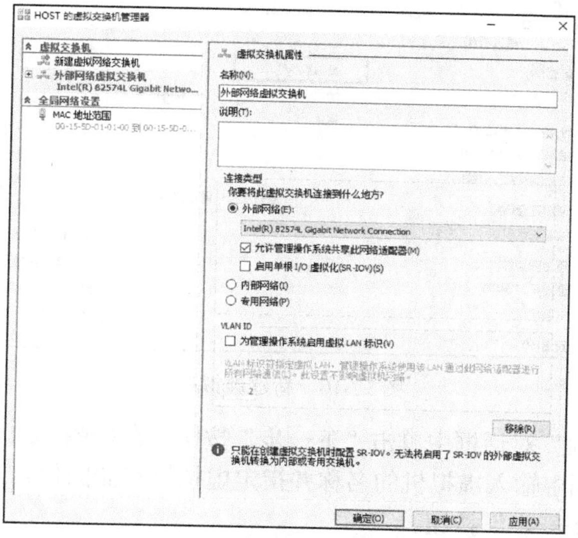

图 12-8　虚拟交换机属性

STEP4 Hyper-V 会在主机内建立一个到此虚拟交换机的网络连接，可以通过“开始→控制面板→网络和 Internet→网络和共享中心→更改适配器设置”，查看新增的“vEthernet（外部网络虚拟交换机）”，如图 12-9 所示查看网络连接。

如果要用这台主机与连接在此虚拟交换机上的其他计算机通信，需要设置 vEtherne 的 TCP/IP 属性，而不是更改物理网卡的 TCP/IP 属性。

图 12-9　查看网络连接

12.4　创建虚拟机

下面将利用 Hyper-V 来创建一台虚拟机，在此虚拟机上安装 Windows Server 2016 操作系统。

STEP1 打开“Hyper-V 管理器”窗口，右键单击主机名称，如图 12-10 所示，在弹出的菜单中选择“新建→虚拟机”，会出现创建虚拟机向导。

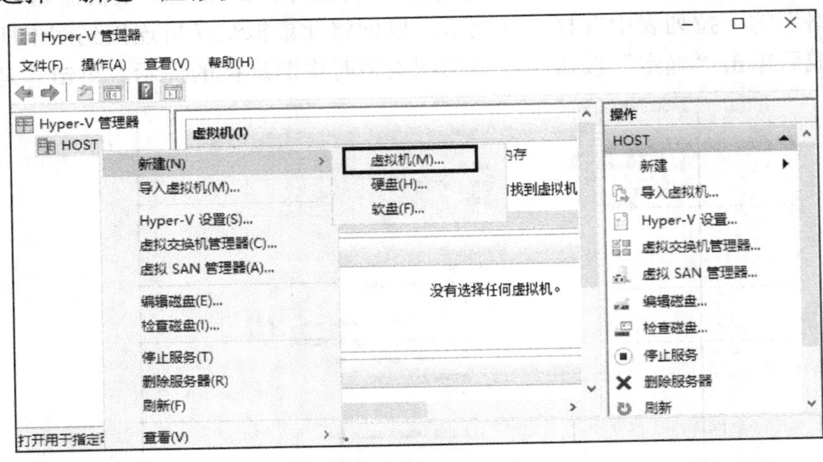

图 12-10　新建虚拟机

STEP2 在“开始之前”对话框中单击“下一步”按钮，在如图 12-11 所示的“指定名称和位置”对话框中输入虚拟机的名称并指定虚拟机存储的位置，这里采用默认存储位置，单击“下一步”按钮。

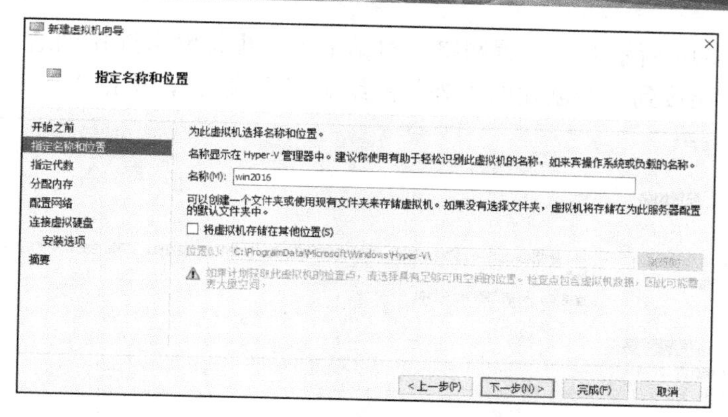

图 12-11　指定虚拟名称和存储位置

STEP3 在如图 12-12 所示的“指定代数”对话框中选择与旧版 Hyper-V 兼容的第一代，或者选择拥有新功能的第二代（虚拟机操作系统必须是 Windows Server 2012 或 64 位的 Windows 8 及以上版本的操作系统），本例选择“第二代”，单击“下一步”按钮。

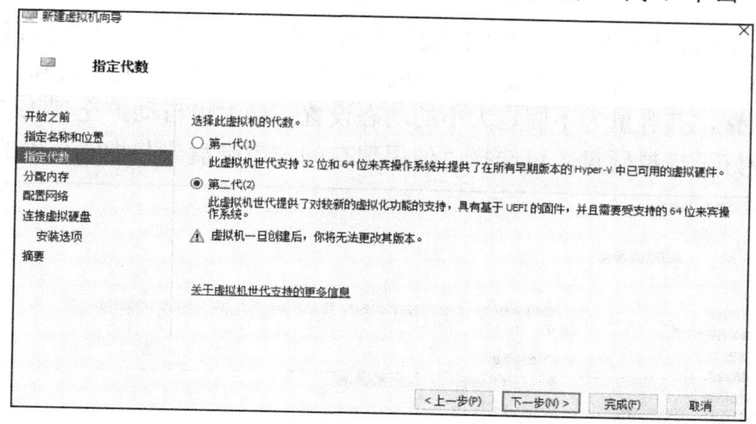

图 12-12　指定代数

STEP4 在如图 12-13 所示的“分配内存”对话框中指定虚拟机内存容量，根据要安装的虚拟机操作系统要求为虚拟机分配合理内存，单击“下一步”按钮。

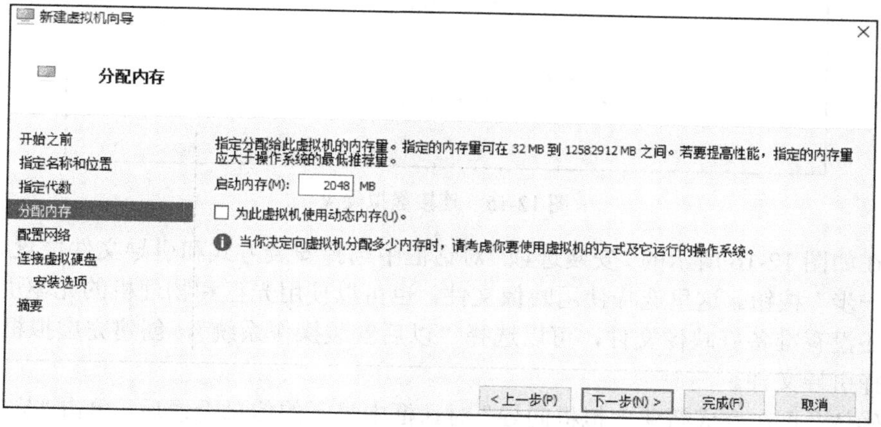

新建虚拟机向导
分配内存
开始之前
指定名称和位置
指定代数
分配内存
配置网络
连接虚拟硬盘
安装选项
摘要
指定分配给此虚拟机的内存量。指定的内存量可在 32 MB 到 12582912 MB 之间。若要提高性能，指定的内存量应大于操作系统的最低推荐量。
启动内存(M): 2048 MB
为此虚拟机使用动态内存(U)。
当你决定向虚拟机分配多少内存时，请考虑你要使用虚拟机的方式及它运行的操作系统。
< 上一步(P)
下一步(N) >
完成(F)
取消

图 12-13　分配内存

STEP5 在如图 12-14 所示的“配置网络”对话框中将虚拟网卡连接到适当的虚拟交换机，这里将其连接到之前创建的“外部网络虚拟交换机”，单击“下一步”按钮。

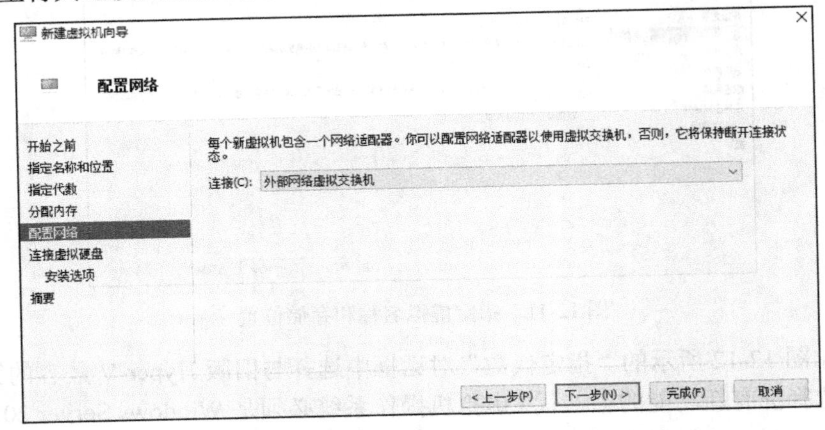

图 12-14 配置网络

STEP6 在如图 12-15 所示的“连接虚拟硬盘”对话框中单击“下一步”按钮，采用默认设置即可。在此对话框中可设置虚拟机的虚拟硬盘名称、存储位置和容量。这里采用默认设置，其容量为不固定大小的动态设置，最大可自动扩充到 127 GB。如果事先创建好了虚拟硬盘，可选择“使用现有的虚拟硬盘”并指定正确的路径。

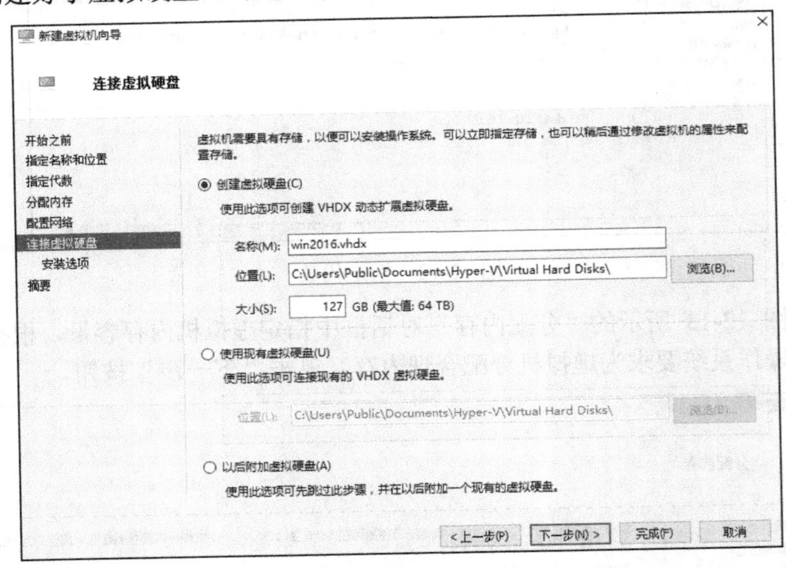

图 12-15 连接虚拟硬盘

STEP7 在如图 12-16 所示的“安装选项”对话框中选择安装方式和引导文件位置，单击“下一步”按钮。这里选择使用映像文件，也可以使用光盘和物理机的光驱引导，如果还没有准备好映像文件，可以选择“以后安装操作系统”，创建完虚拟机后，再选择引导文件。

STEP8 确认“正在完成新建虚拟机向导”对话框中显示的信息无误后，单击“完成”按钮，如图 12-17 所示完成新建虚拟机，该图显示了新创建的虚拟机 win2016。

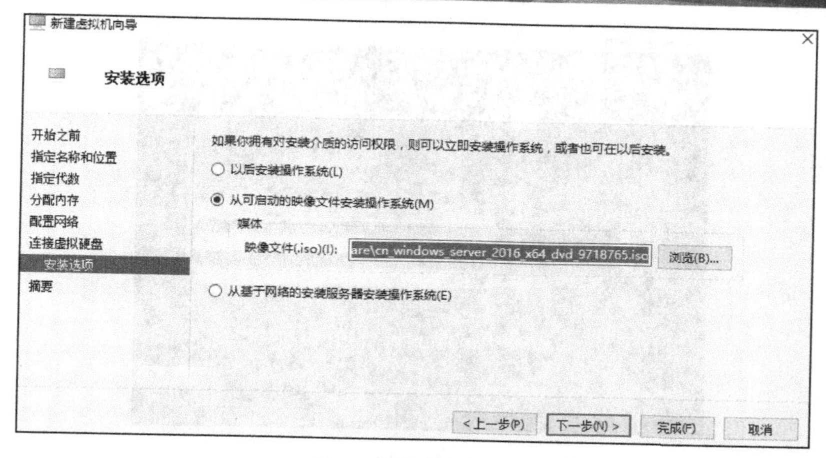

图 12-16　安装选项

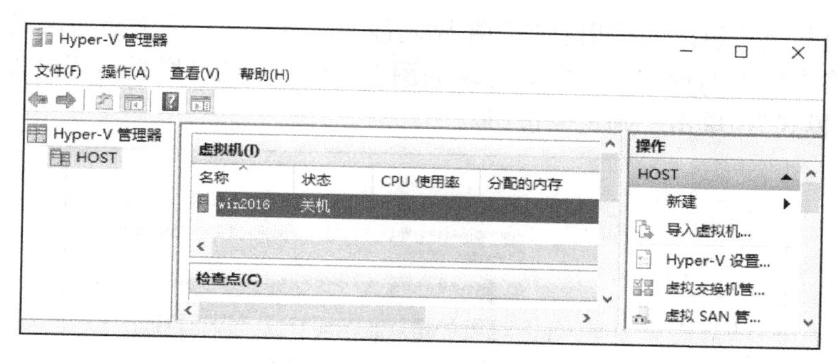

图 12-17　完成新建虚拟机

STEP9 双击虚拟机 win2016，打开如图 12-18 所示的虚拟机窗口，单击工具栏上绿色的“启动”按钮（电源）（黑框内）或选择菜单“操作→启动”运行此虚拟机。

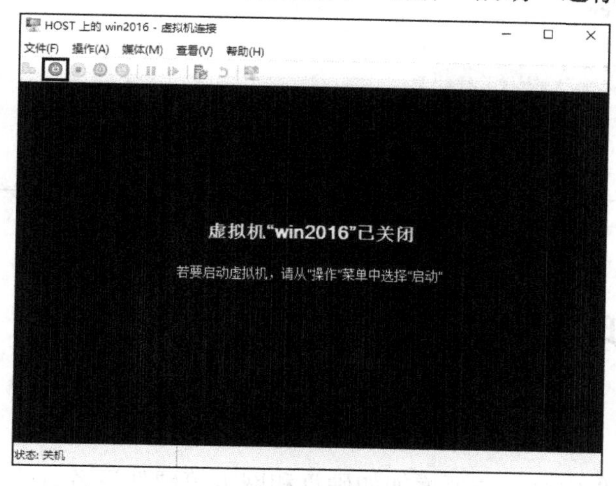

图 12-18　虚拟机窗口

STEP10 系统开始安装 Windows Server 2016（省略安装过程），如图 12-19 所示。在安装过程中，如果要针对主机操作鼠标，会发生无法顺利移动鼠标的情况，可按下“Ctrl+Alt+←”组合键，再移动鼠标。

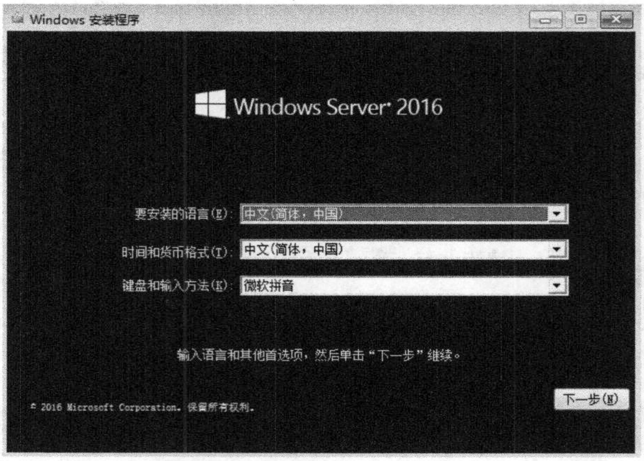

图 12-19　安装虚拟机操作系统

若想让主机与虚拟机之间使用复制和粘贴功能，需要启用“增强会话模式”，在图 12-17 中单击右侧窗格中的“Hyper-V 设置”，出现如图 12-20 所示的“增强会话模式”界面，勾选“使用增强会话模式”，单击“确定”按钮。

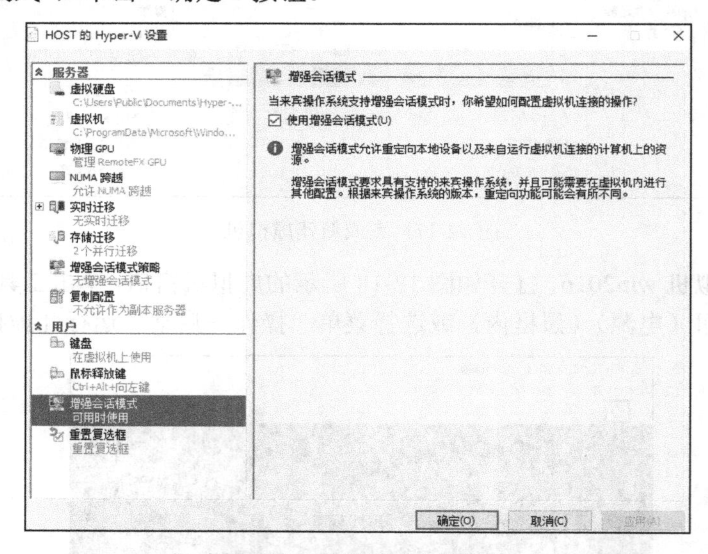

图 12-20　使用增强会话模式

 12.5　管理虚拟机

1．添加硬件

虚拟机在使用过程中有时需要增加如硬盘和网卡等硬件设备或改变内存大小和与虚拟交换机连接等，这些操作需要关闭虚拟机电源。右键单击图 12-21 所示的“Hyper-V 管理器”窗口中的虚拟机 win2016，在弹出的菜单中选择“设置”，打开如图 12-22 所示的“添加硬件”界面，选择要添加的硬件，单击“添加”按钮。选择左侧的“内存”项，可改变内存大小，选择“网络适配器”项可以改变连接的虚拟交换机类型，参照此方法还可以设置其他项。

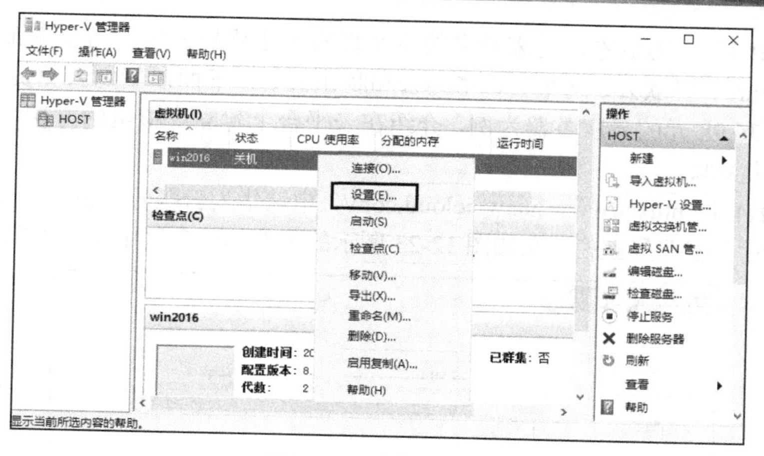

图 12-21　虚拟机设置

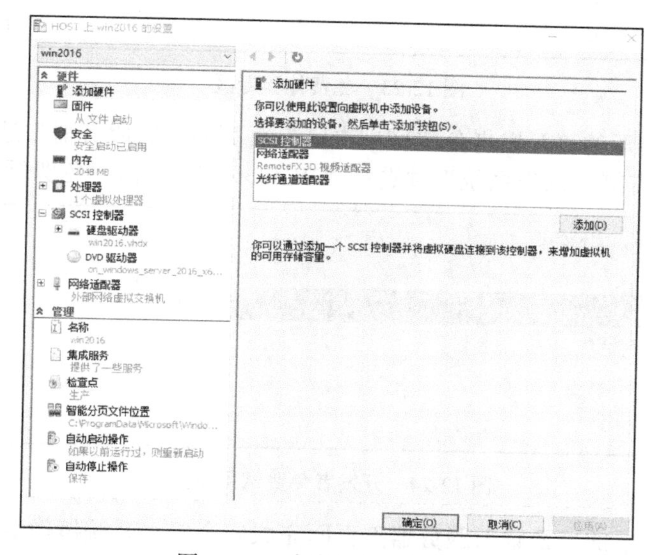

图 12-22　为虚拟机添加硬件

2. 导出 / 导入虚拟机

如果要将一台计算机上的虚拟机移动到另外一台计算机上运行，可以将该虚拟机导出，然后再导入到其他计算机上即可。右键单击图 12-21 所示的“Hyper-V 管理器”窗口中的虚拟机“win2016”，在弹出的菜单中选择“导出”，指定导出虚拟机的存放路径。在另一台计算机上的“Hyper-V 管理器”窗口中，单击右侧“操作”窗格中的“导入虚拟机”，根据向导提示导入虚拟机即可使用。

 12.6　在公有云上建立虚拟机

在传统网络中，企业将各服务搭建在企业内部网络中心，网络中心集中存放服务器、存储设备、数据库和服务软件等。随着云计算技术的应用，企业为了降低硬件成本、减少机房

空间占用、减少 IT 人力成本，越来越多的企业将服务迁移到云端。当前主流的云计算平台有 Microsoft Azure、谷歌云、阿里云、华为云和腾讯云等。下面以华为云免费试用 30 天的 1 核 2G 的原价 136.98 元的云服务器为例，介绍在云平台上建立虚拟机的方法。各云平台有差异，但基本方法类似。

登录华为云官网 https://www.huaweicloud.com/，申请华为云账号，注册后登录网站，选择“最新活动→新手福利”导航栏，在如图 12-23 所示的免费体验专区中单击“立即申请”按钮。

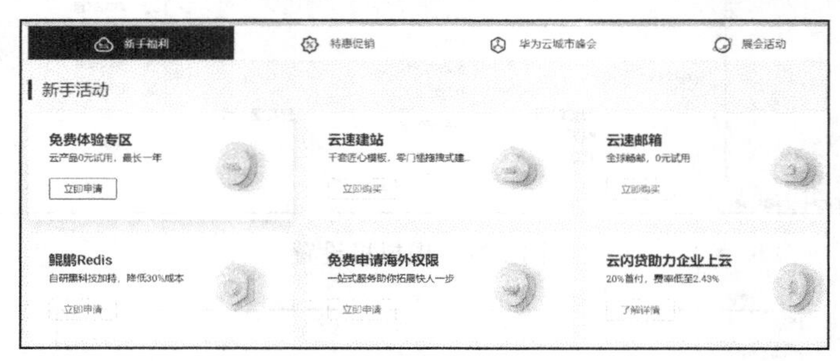

图 12-23　免费体验专区

在如图 12-24 所示的“开发者免费试用专区”页面的“云服务器”选区选择“1 核 2G 云耀云服务器”，在右侧“操作系统”项选择“Windows”，点击“免费领取(数量有限)”。

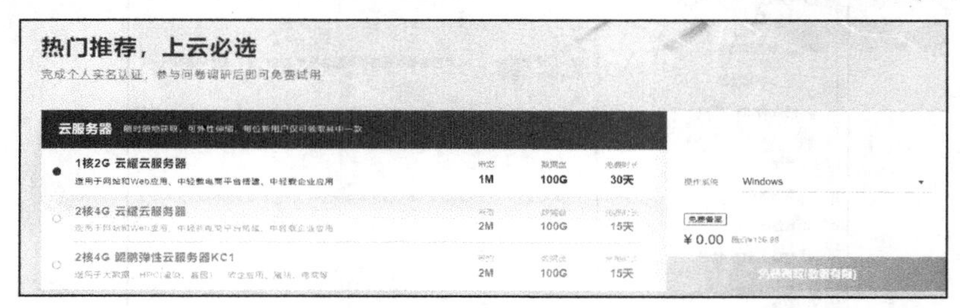

图 12-24　开发者免费试用专区

在如图 12-25 所示的“云耀云服务器”页面完成安全组、系统镜像版本和登录方式等云服务器配置，点击右下角的“立即购买”。

购买云耀云服务器
云耀云服务器
系统盘　高IO　40 GB
数据盘　高IO　100 GB
带宽大小　1 Mbit/s
* VPC　创建VPC
* 子网
* 安全组　Sys-default　创建安全组
* 云服务器镜像
Windows Server 2016 数据中心版 64位简体中文(40GB)
* 登录方式　密码
配置费用 ¥0.00
立即购买

图 12-25　云服务器配置

如图 12-26 所示的购买云服务器页面中显示了此云服务器详细信息，勾选右下角的“我已经阅读并同意《华为镜像免责声明》”，点击“去支付”。

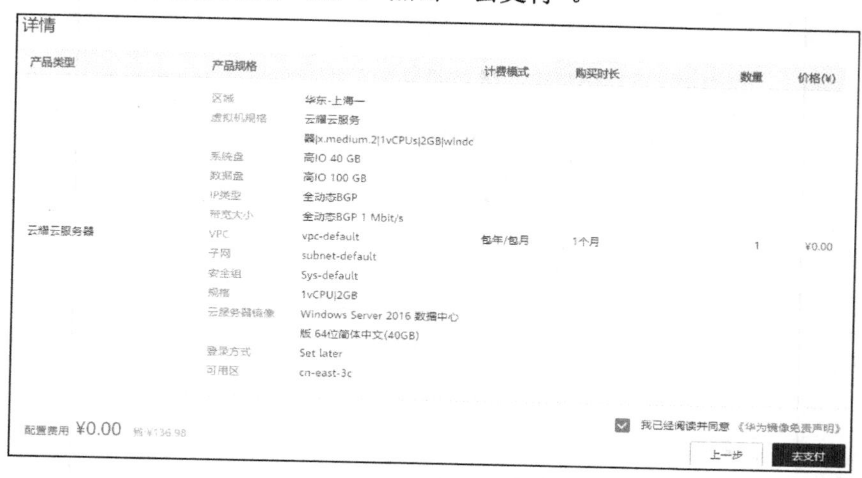

图 12-26　云服务器详细信息

打开“资源→我的资源”页面，点击“云耀云服务器”，显示当前的虚拟机正在运行，我的资源如图 12-27 所示。点击虚拟机名称，可以查看服务器的到期时间、公网 IP 地址等服务器信息，如图 12-28 所示。该图右上角按钮可对此虚拟机执行开机、关机、重启、远程登录操作。单击“远程登录”，如图 12-29 所示，选择登录方式。登录后与操作本地主机相同。

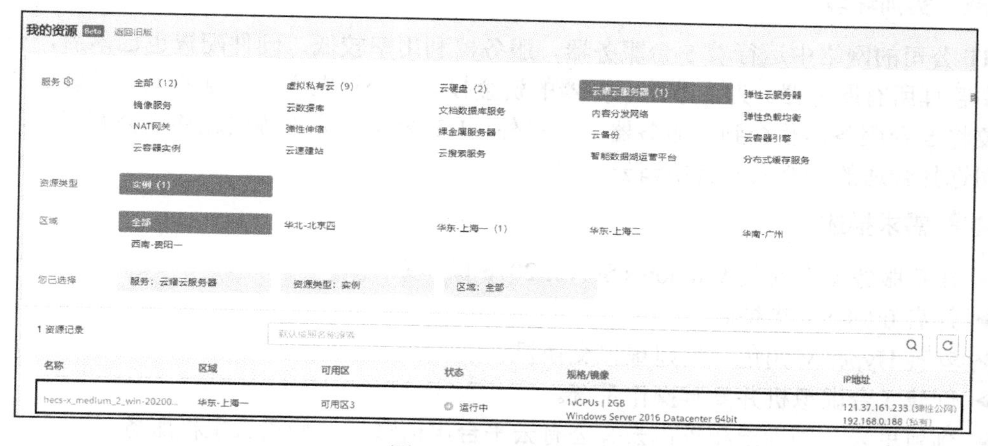

图 12-27　我的资源

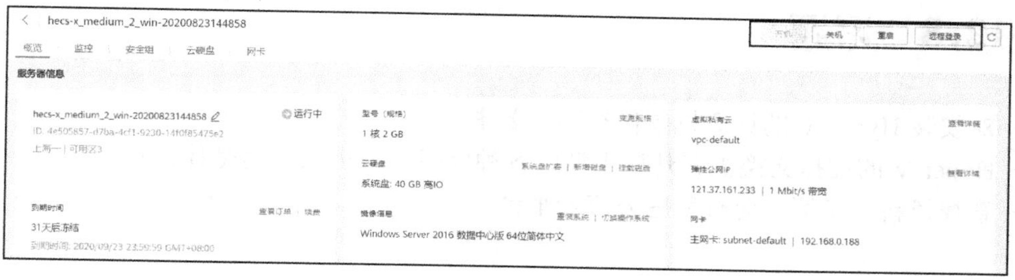

hecs-x_medium_2_win-20200823144858

服务器信息

hecs-x_medium_2_win-20200823144858　运行中

1 核 2 GB

系统盘: 40 GB 高IO

vpc-default

121.37.161.233 | 1 Mbit/s 带宽

31天后冻结

Windows Server 2016 数据中心版 64位简体中文

主网卡: subnet-default | 192.168.0.188

图 12-28　服务器信息

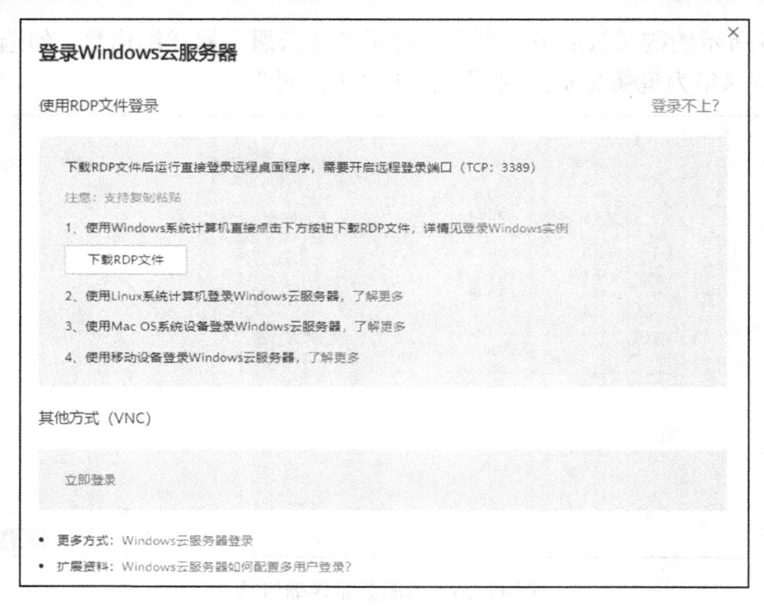

图 12-29　选择登录方式

12.7　实训

实训环境

HT 公司的网络中运行着 5 台服务器，服务器利用率较低，硬件配置也已落后，公司需要集中管理所有服务器。为了节约服务器的资金投入，公司购入一台配置高、性能好的服务器，要将 5 台服务器整合到新服务器上。另外，HT 公司部分服务要迁移到公有云上，需要为公司选择合适的公有云平台申请云主机。

需求描述

- 在新服务器上安装 Windows Server 2016 操作系统。
- 开启 Intel-VT 支持。
- 安装 Hyper-V 角色，创建虚拟交换机。
- 创建 5 台虚拟机并安装操作系统。
- 到阿里云、华为云和腾讯云等公有云平台申请账号，购买云主机服务。

12.8　习题

- 对安装 Hyper-V 的计算机硬件有哪些要求？
- Hyper-V 的虚拟交换机有几种类型？各种虚拟交换机的用途是什么？
- 查找资料，了解当前有哪些公有云平台。

第13章

备份与常见故障排除

项目需求：

ABC 公司每天要向其文件服务器中保存一些重要文件，希望能自动备份每天增加的文件，以便在数据损坏或丢失后能够及时恢复。另外，公司内的一些计算机经常遭受病毒或误操作等破坏而无法启动，需要做好系统备份，快速恢复系统。

学习目标：

- 理解备份的作用，掌握备份方式
- 会备份和还原数据
- 会使用 Windows 高级启动选项解决启动问题

本章单词

- Backup：备份
- Bare Metal：裸机
- Recovery：还原，复原，恢复
- Display：显示
- Edit：编辑
- Boot Menu：启动菜单，引导菜单
- Log：日志

13.1 Windows 备份工具

存储在磁盘上的数据可能会因为不可抗力、人为失误和设备故障等因素而丢失，从而造成公司或个人的严重损失。只要定期备份磁盘，并将其存放在安全的地方，利用备份信息还原数据，可减小或避免损失。

Windows Server 2016 操作系统利用 Windows Server Backup 进行数据的备份和还原，它支持以下两种备份方式。

- 完整服务器备份：备份服务器内所有的磁盘分区内的数据，即磁盘上的所有文件，包含应用程序和系统状态。可以使用此备份来将整台计算机还原，包括 Windows Server 2016 操作系统和所有其他文件。
- 自定义备份：可以选择备份系统保留分区、常规磁盘分区（如 C:和 D:），也可以选择备份磁盘分区内指定的文件或备份系统状态等。甚至可以选择裸机还原（Bare Metal Recovery）备份，也就是备份整个操作系统，包含系统状态、系统保留磁盘分区与安装操作系统的磁盘分区，日后可利用此裸机还原备份来还原整个 Windows Server 2016 操作系统。

Windows Server Backup 还提供了两种选择来执行备份操作。

- 备份计划：可以制订备份计划，以便在指定的日期和时间自动执行备份工作，备份数据可以存储在本地磁盘、USB 盘或外接式磁盘和网络共享文件夹中等。
- 一次性备份：手动立即执行单次备份工作，备份数据可以存储在本地磁盘、USB 盘或外接式磁盘和网络共享文件夹中，如果计算机安装了 DVD 刻录机，还可以备份到 DVD 内。

13.2 备份与还原数据

13.2.1 备份数据

ABC 公司每天都要向其文件服务器中保存一些文件，工作时间备份会影响服务器的使用，要求在非工作时间自动备份。

Windows Server Backup 作为一个可选的功能组件，在默认状态下没有安装启用，因此需要添加 Windows Server Backup 功能，具体步骤如下。

STEP1 在“服务器管理器”窗口选择“仪表板”项，单击右侧窗格中的“添加角色和功能”，持续单击“下一步”按钮，直到出现“选择功能”界面，在该界面中勾选“Windows Server Backup”，如图 13-1 所示，单击“下一步”按钮，在出现的“确认安装所选内容”界面中单击“安装”按钮，安装成功后单击“关闭”按钮。

STEP2 安装完毕后，可以在“Windows 管理工具”中打开“Windows Server Backup”窗口，如图 13-2 所示。从该图中可以看到有两种备份方式：“备份计划”可定期自动运行备份；“一次性备份”可完成一次手动备份。

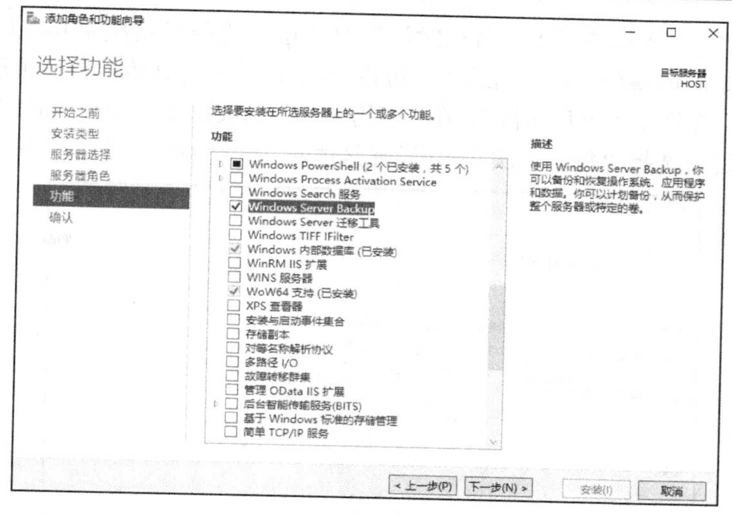

图 13-1　选择功能

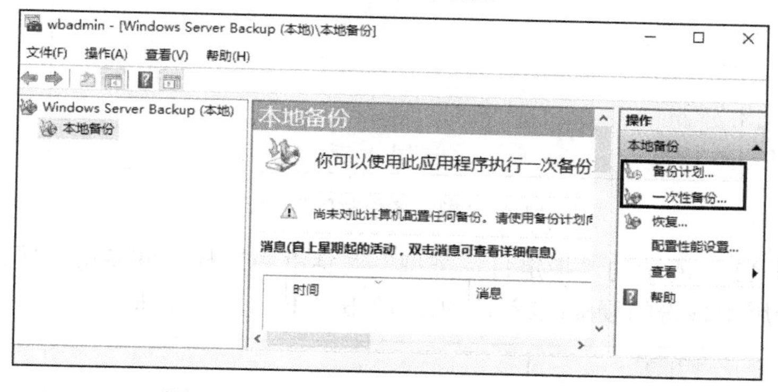

图 13-2　“Windows Server Backup”窗口

STEP3 在如图 13-2 所示的“Windows Server Backup”窗口右侧“操作”窗格中单击“备份计划”，在打开的“备份计划向导”对话框中单击“下一步”按钮，打开如图 13-3 所示的“选择备份配置”对话框，选择“整个服务器(推荐)”，备份所有卷内的数据，包含应用程序和系统状态，单击“下一步”按钮。

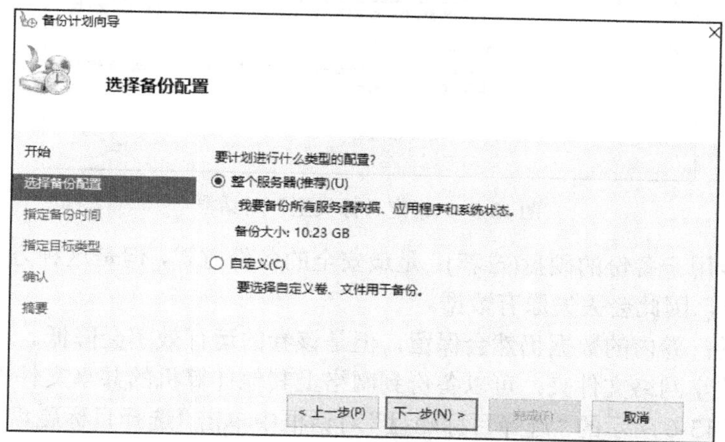

图 13-3　“选择备份配置”对话框

STEP4 在如图 13-4 所示的“指定备份时间”对话框中选择备份频率和备份时间，如希望每天特定时间备份一次，需选中“每日一次”，并设置具体时间；如希望每天多次执行备份，需选中“每日多次”，在“可用时间”列表框中选择开始时间，单击“添加”按钮。这里选择“每日一次”，并设置具体时间“19:00”，单击“下一步”按钮。

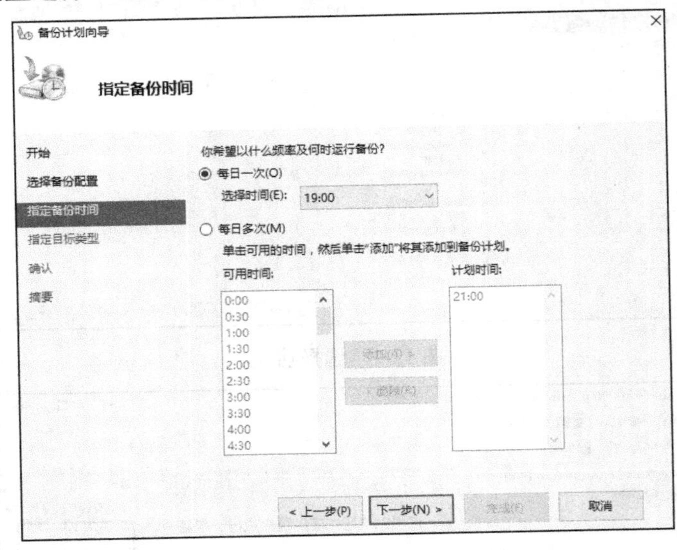

图 13-4 “指定备份时间”对话框

STEP5 在如图 13-5 所示的“指定目标类型”对话框中选择存储备份位置，这里选择“备份到专用于备份的硬盘(推荐)”项，单击“下一步”按钮。

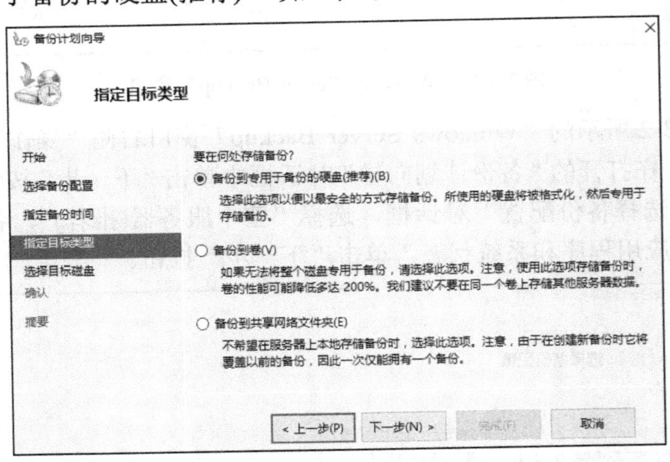

图 13-5 “指定目标类型”对话框

- 备份到专用于备份的硬盘(推荐)：是最安全的备份方式，但是这种方式会将此专用硬盘格式化，因此会丢失原有数据。
- 备份到卷：卷内的数据仍然会保留，但是该卷的运行效率会降低。
- 备份到共享网络文件夹：可以备份到网络上其他计算机的共享文件夹中。

STEP6 在如图 13-6 所示的“选择目标磁盘”对话框中单击“选择目标磁盘”，然后单击“下一步”按钮。

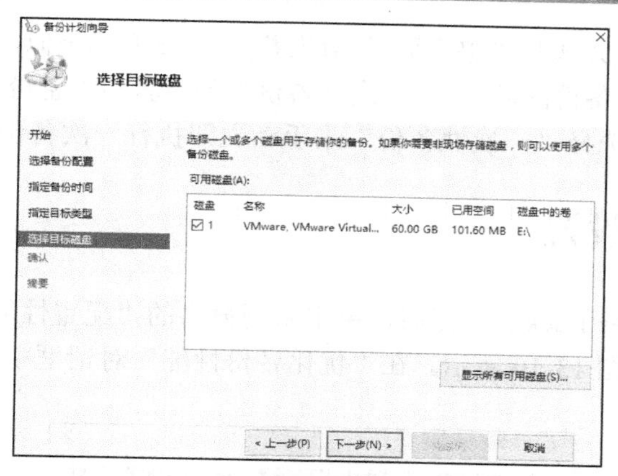

图 13-6 “选择目标磁盘”对话框

STEP7 系统提示备份目标磁盘将被格式化，其中现有数据将被删除，因此目标磁盘不可以包含在要备份的磁盘内，因为在图 13-3 中选择了备份“整个服务器”，会备份所有磁盘，目标磁盘 E:包含在内，所以会出现从备份中删除卷 E:的消息框，如图 13-7 所示，单击“确定”按钮。出现如图 13-8 所示的格式化提示的消息框，单击“是”按钮。

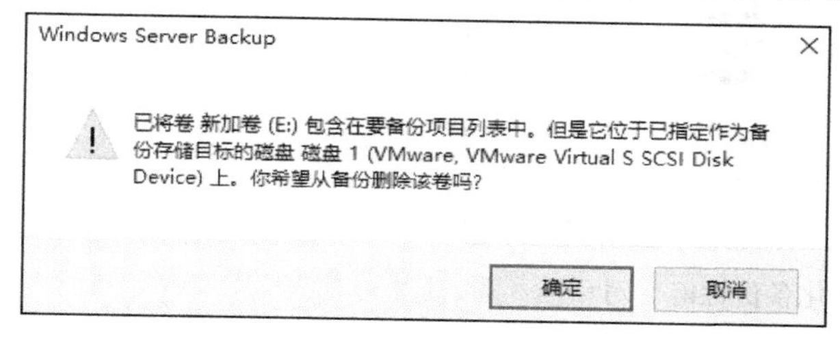

图 13-7 删除卷 E:的消息框

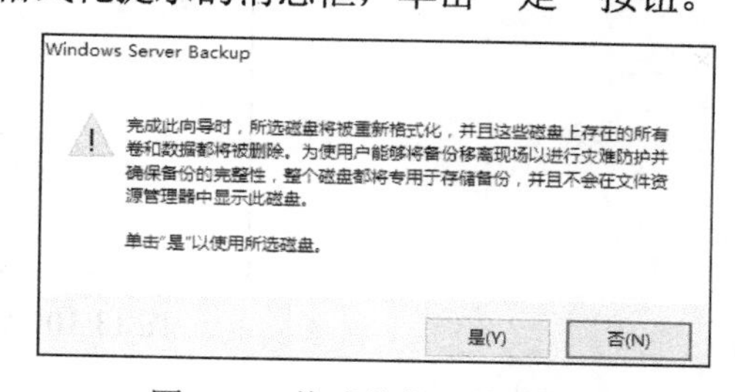

图 13-8 格式化提醒的消息框

STEP8 在弹出的“确认”对话框列出了备份信息，如图 13-9 所示，在该图中的标签列可看到此备份的识别标签，后续还原时通过该标签来识别此备份，单击“完成”按钮确认备份。打开“摘要”对话框，可以看到系统开始对目标磁盘进行格式化，格式化完毕，单击“关闭”按钮。通过以上步骤，备份计划配置完成，在每天的 19:00 将自动执行备份操作。

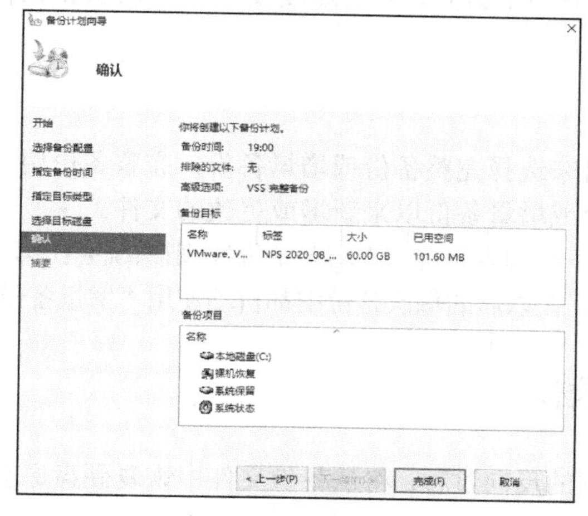

图 13-9 确认备份

“自定义”备份配置方式与“整个服务器(推荐)”备置方式类似，在图 13-3 中选择“自定义”，需要手动添加要备份的项目。“一次性备份”的步骤与“备份计划”类似，在图 13-2 中右侧“操作”窗格中选择“一次性备份”来手动立即执行一次备份操作。

13.2.2 备份设置

在“Windows Server Backup”窗口，单击右侧窗格的“配置性能设置”，将出现“优化备份性能”对话框，如图 13-10 所示。在“优化备份性能”对话框中可以针对备份性能进行高级设置。

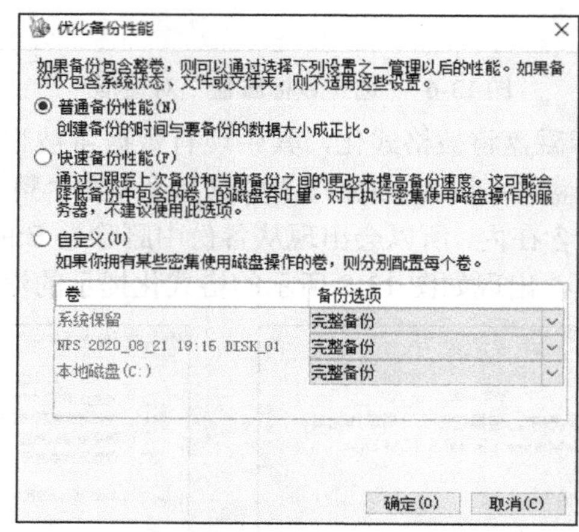

图 13-10 “优化备份性能”对话框

（1）普通备份性能

创建备份的时间会与所备份的数据量成正比，这种备份方式不会降低服务器的运行性能。

（2）快速备份性能

在所选磁盘上只有新建的文件或有变动的文件才会被备份，以前备份过但没有再变动的文件不再备份。这种增量备份的方式，备份速度较快，但是追踪文件变动状态的操作会降低整体系统性能。

（3）自定义

可以针对不同的磁盘来选择完整备份或增量备份，完整备份用于备份所有选定的文件，增量备份仅备份上次完全或增量备份以来新增或更改的文件。

如果在“备份选项”下拉列表中选择“增量备份”，则系统会在第一次对数据进行备份的时候使用“完整备份”方式，在以后的每次备份中都自动使用“增量备份”方式对数据进行备份。

13.2.3 还原数据

还原数据是备份数据的反向过程，将从备份文件中恢复硬盘原有文件和数据，具体步骤如下。

STEP1 在“Windows Server Backup”窗口，单击右侧窗格的“恢复”。在如图 13-11 所示的“开始”对话框中选择备份数据的来源（存储位置），单击“下一步”按钮。

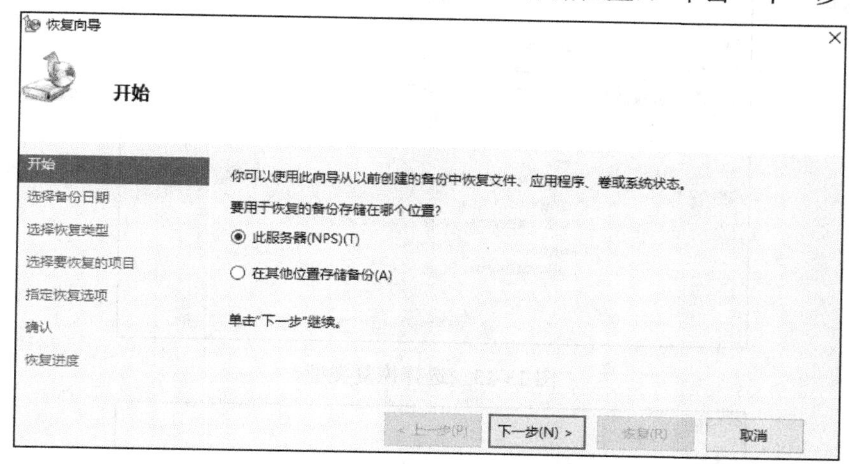

图 13-11　选择备份存储位置

STEP2 在如图 13-12 所示的在“选择备份日期”对话框中选择要恢复的备份日期和时间，单击“下一步”按钮。

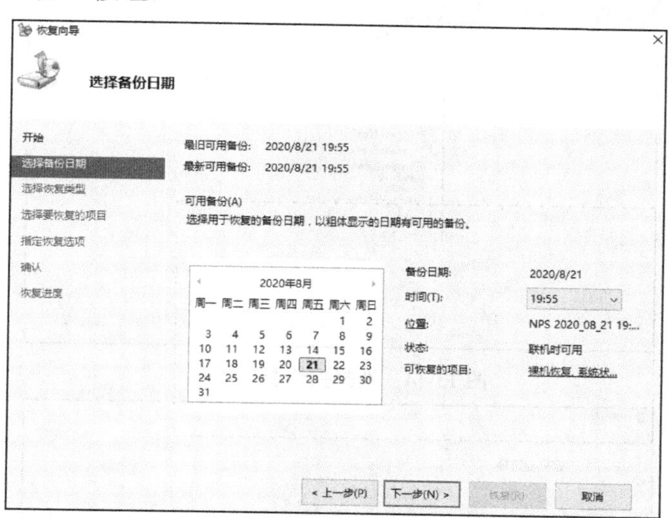

图 13-12　选择要恢复的备份日期和时间

STEP3 在如图 13-13 所示的“选择恢复类型”对话框中选择要恢复的内容，这里选择“文件和文件夹”项。单击“下一步”按钮。在如图 13-14 所示的“选择恢复的项目”对话框中选择要还原的文件或文件夹，单击“下一步”按钮。

STEP4 在如图 13-15 所示的“指定恢复选项”对话框中选择恢复目标位置、目的地已存在该文件或文件夹时的处理方式、是否还原其原有的安全设置（权限），单击“下一步”按钮。在“确认”对话框中确认恢复信息，单击“恢复”，显示恢复进度，恢复完成后单击“关闭”按钮完成恢复操作。

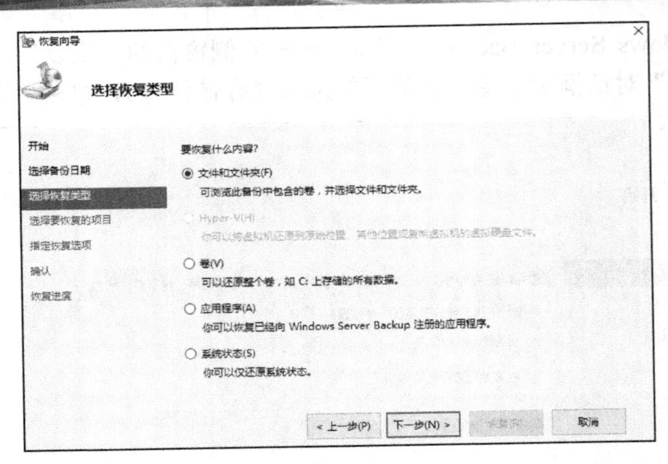

图 13-13　选择恢复类型

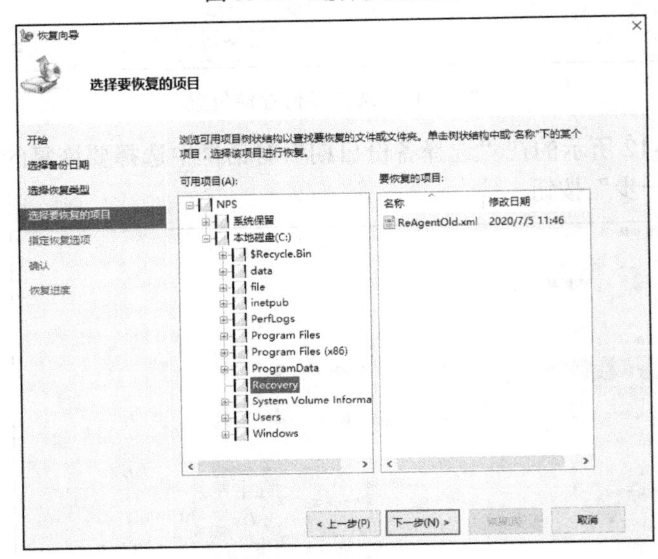

图 13-14　选择要恢复的项目

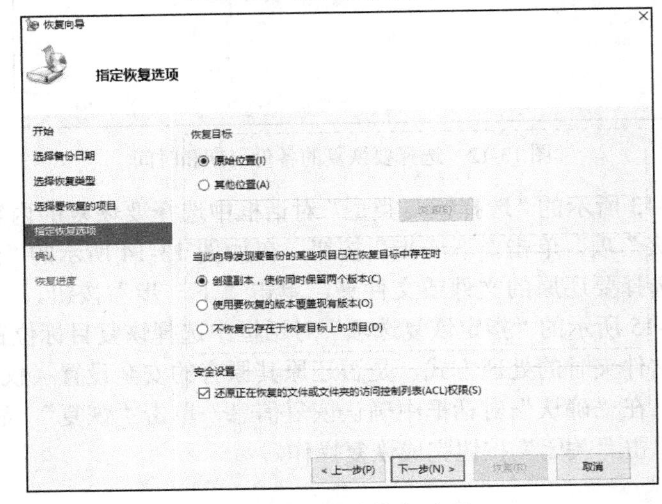

图 13-15　指定恢复选项

13.3 排除系统启动的疑难故障

在 Windows 系统使用中，有时会因为安装了某个软件而使系统无法启动，或者在安装、升级某个硬件驱动程序后出现蓝屏。要解决这些问题，使用 Windows 高级启动选项会有所帮助。

要想进入 Windows 高级启动选项，在 Windows 命令提示符下执行命令 Bcdedit /set {bootmgr} displaybootmenu yes，重新启动后将出现图 13-16 所示的“Windows 启动管理器”界面，此时需要在 30 秒内按 F8 键，进入如图 13-17 所示的“高级启动选项”界面。

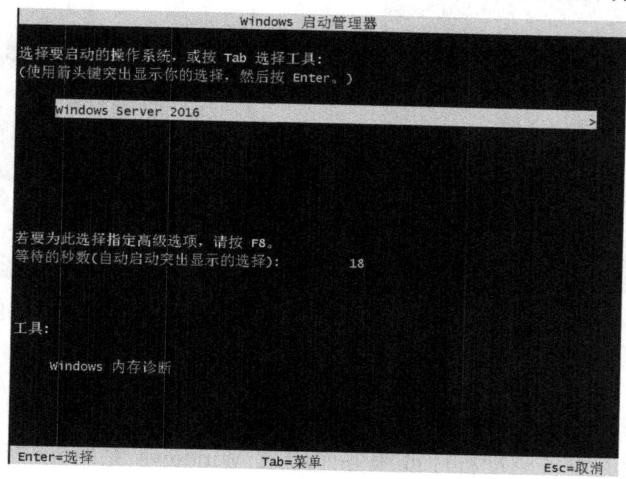

图 13-16 “Windows 启动管理器”界面

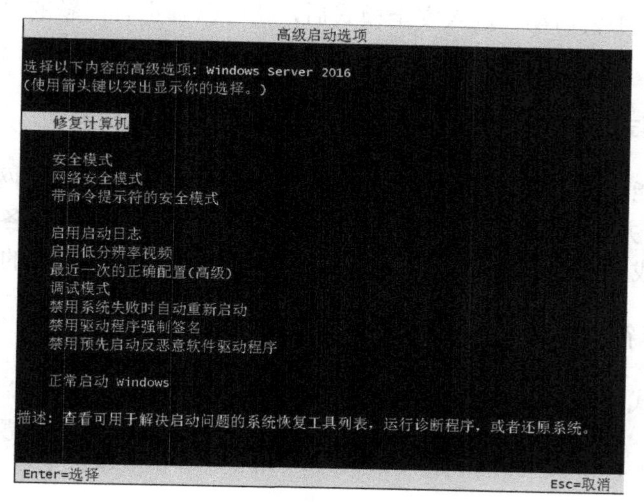

图 13-17 “高级启动选项”界面

提示：

如果希望启动不显示“Windows 启动管理器”界面，执行 Bcdedit /set {bootmgr} displaybootmenu no 命令即可。也可以通过重新启动，完成自我测试后，系统启动初期立刻按 F8 键的方式，此方法不容易抓住按 F8 的时机。

1．修复计算机

选择“修复计算机”项，出现如图 13-18 所示的“继续”“疑难解答”“关闭电脑”三个修复计算机选项，选择“疑难解答”，出现如图 13-19 所示的高级选项，可以进行系统映像恢复、命令提示符和启动设置操作。

图 13-18　修复计算机选项

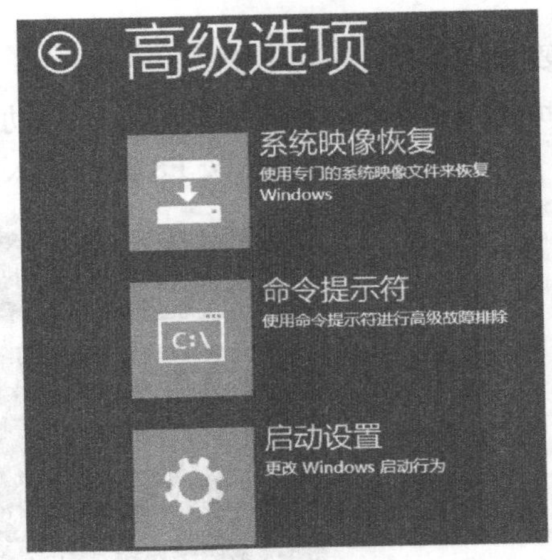

图 13-19　高级选项

2．安全模式

若是因为不适当的设备驱动程序或服务而造成 Windows 系统无法正常启动，此时可以尝试使用安全模式来启动。此模式只会启动一些基本服务与设备驱动程序，其他非必要的服务与设备驱动程序并不会启动。进入安全模式后，就可以修正有问题的设置，然后重新以普通模式来启动系统。

3．网络安全模式

加载了网络功能的安全模式，在启动时会加载网络设备驱动程序和网络服务，能够访问局域网和 Internet，并能从网上下载相应的修复工具和驱动程序来解决各种软件问题或因为硬件驱动程序而造成的问题。如果所发生的问题是因为网络功能所造成的，不能选择此选项。

4．带命令提示符的安全模式

类似于安全模式，但没有网络功能，只使用基本的文件和驱动程序启动，启动后直接进入命令提示符界面，而非 Windows 图形界面，需要通过命令来解决问题，如将有问题的驱动程序或服务停用。

5．启用启动日志

以普通模式启动 Windows 系统，在系统启动后生成一个名为 ntbtlog.txt 的文件，将系统启动过程中加载和未加载的驱动程序记录到该文件中，文件 ntbtlog.txt 位于%systemroot%目录。

6. 启用低分辨率视频

使用当前的显卡驱动程序来启动 Windows 系统，但会使用低分辨率（如 800×600）与低刷新频率来启动。在安装了有问题的显卡驱动程序或显示设置错误而无法正常显示或工作时，可以通过此选项来启动。

7. 最近一次的正确配置（高级）

只要 Windows 系统正常启动，用户能登录成功，系统就会将当前的系统配置存储到最近一次正确配置内。如果用户因为更改系统设置，造成下一次无法正常启动 Windows 系统，就可以选用最近一次正确配置正常启动系统。在安装了新的设备驱动程序或有些关键性的设备驱动程序被禁用而导致系统无法正常启动时，可以选择此选项来启动。它不能解决由于硬件故障或系统文件损坏、丢失所导致的问题。

8. 目录服务修复模式

此模式只用于恢复 Active Directory 数据库，此功能只适用于域控制器。

9. 调试模式

供 IT 专业人员与系统管理员使用，会以高级的排错模式来启动系统。

10. 禁用系统失败时自动重新启动

可以使 Windows 系统失败时不要自动重新启动。如果 Windows 系统失败时自动重新启动，重新启动后失败又重启，如此循环不停，此时需要使用该选项。

11. 禁用驱动程序强制签名

允许系统启动时加载未经过数字签名的驱动程序。

12. 禁用预先启动反恶意软件驱动程序

系统在开机初期会视驱动程序是否为恶意软件来决定是否要初始化该驱动程序，系统将驱动程序分为以下几类。

- 好：驱动程序已经过签署，且未遭窜改。
- 差：驱动程序已被识别为恶意代码。
- 差，但启动需要：驱动程序已被识别为恶意代码，但计算机必须加载此驱动程序才能成功启动。
- 未知：此驱动程序未经过“恶意代码检测应用程序”的识别，也未经“提前启动反恶意软件引导启动驱动程序”来分类。

当系统启动时，默认会初始化被判断为“好”“未知”或“差，但启动需要”的驱动程序，不会初始化被判断为“差”的驱动程序。可以在开机时选择此选项，以禁用此分类功能。

13.4 实训

实训环境

HT 公司有一台操作系统为 Windows Server 2016 的文件服务器，为防止系统出现问题，需要对服务器的系统分区进行备份，并在出现问题时进行还原。

需求描述

- 添加 Windows Server Backup 功能。
- 备份系统分区。
- 还原系统分区。

13.5 习题

- Windows Server Backup 支持哪两种备份方式？
- 在选择“备份到专用于备份的硬盘”时，要注意什么？
- 如何进入 Windows 高级启动选项？
- Windows 高级启动选项中有哪些常用选项？
- “安全模式”启动可以解决哪些问题？